谨以此书献给我们的亲人，
是你们的无私付出和全力支持成就了此书。

本书获国家自然科学基金青年项目71403240、浙江省自然科学基金
LY13G020001、浙江省教育科学规划项目SCG9资助

· 何以新之丛书 ·

A HANDBOOK OF INNOVATION
FOR ENGINEERS
THE SYSTEMATIC APPROACH TO INVENTIVE PROBLEMS

工程师创新手册
发明问题的系统化解决方案

姚威　朱凌　韩旭◎编著

TRIZ

ZHEJIANG UNIVERSITY PRESS
浙江大学出版社

序 一

研究表明,经 TRIZ 培训两天后,有 5% 的人会对 TRIZ 着魔。本书作者正是为 TRIZ 着魔的那 5% 中的一员。

我与本书作者相识于 2009 年中科院院所联谊会组织的 TRIZ 培训班上,当时我就对他印象深刻,他思维开阔,虚心好学,既创意十足又不失严谨务实,这大概源于他文理交叉的教育背景和认真刻苦的钻研精神。之后我们常常联系,相互学习和切磋。五年之后,当他拿着打印的书稿出现在我面前时,我异常欢喜,就好像自家孩子把奖状捧回家那种感觉。

自 2008 年《关于加强创新方法工作的若干意见》正式实施以来,相关的著作可谓卷帙浩繁。通读本书,感觉与众不同之处有三:

第一,深入浅出。作者多年面向高校及企业开展 TRIZ 理论的培训推广,积累了丰富教学经验。可贵的是,作者仍能站在初学者的角度引导读者去不断探寻和挖掘 TRIZ 迷宫中的宝藏。本书概念很清晰,结构很合理,案例很生动,很多案例甚至十分有趣,因此这是一本可读性很强的优秀教材。

第二,内容全面,本书结合 TRIZ 理论研究的最新发展,对经典 TRIZ 理论进行了非常全面深入的介绍,包括国内其他著作里鲜有提及的 2003 矛盾矩阵、知识效应库、物-场模型等内容。同时对 TRIZ 理论和工具体系进行了梳理,阐明了 TRIZ 各种工具间的有机联系。

第三,大胆创新,本书结合国内外最新研究成果,深入地剖析了 TRIZ 理论应用于非技术领域的可能性和实现路径,对增加 TRIZ 理论的受众,提升 TRIZ 理论影响力大有裨益。

我与本书作者相识多年,彼此对 TRIZ 理论的研究更有频繁交流。本书的理论价值无需赘言,对于此书编著过程中的辛劳,我更是感同身受,"呕心沥血,著书立说",是以为序。

2015 年 1 月于求是园

序 二

党的十八大报告明确提出："实施创新驱动发展战略"。科技创新是提高社会生产力和综合国力的战略支撑，必须摆在国家发展全局的核心位置。要坚持走中国特色自主创新道路，以全球视野谋划和推动创新。

至此创新被提升到了一个前所未有的高度，可以说创新就是"中国梦"，也是每个人的梦想。然而对大多数人来说，创新又是陌生而神秘的，似乎它只是少数天才的专利。传统的创新方法虽然很容易理解，也能解决一些问题，但是，效率很低，成本很高，过程漫长以及失败的可能性非常大等。事实上，创新是有方法的，一旦我们掌握了创新方法，人人都可以成为发明家。

在创新方法中，被世界越来越多的国家所竞相接受、公认为卓有成效的就是 TRIZ——起源于苏联发展于欧美并被喻为"神奇点金术"的发明问题解决理论。TRIZ 理论的核心优势，在于其开发了一套系统化的思维流程，并辅之以完善的知识库。这样的理论体系能够大大提高解决方面问题的效率，其系统化的结构也有利于大范围推广，从而成功将创造力的奥妙展示给每一个需要的人。

作为本书作者的博士导师，我与作者相识多年，在我眼中，他不光是一名勤奋刻苦的学生，更是一位卓有天赋值得信赖的合作伙伴。作者在本书中，文字精炼、图文并茂，精辟地将经典 TRIZ 作了非常全面的介绍，并对经典 TRIZ 理论存在的问题、今后应当努力改进、完善及其发展的方向提出了自己的看法，对广大科技人员、工程技术人员、教师、机关企业领导和管理干部学习创新方法、开拓创新思维、全面掌握 TRIZ 理论无疑是一本好书，给从事 TRIZ 理论研究工作者们提供了一个极好的鉴见。是以为序。

陈 劲

2015 年 3 月于清华园

前　言

　　"自主创新,方法先行。"TRIZ 理论(俄文"发明问题解决理论"的缩写)是当下最高效的创新方法,是苏联的 1500 多名专家经过数十年对数以百万计的专利文献加以搜集、研究、整理、归纳、提炼和重组,建立起来的一整套体系化的、实用的解决发明问题的理论方法体系。因此,TRIZ 理论的本质是对天才创造成果和创造思维的总结,学习 TRIZ 理论可以使人们快速拥有天才发明家的经验和知识,所以我们说 TRIZ 理论是工程技术人员的"孙子兵法"。

　　本书将 TRIZ 理论总结为三大核心要素——"理想化的方向"、"系统化的流程"和"结构化的知识库",内容围绕这三个要素具体展开,共分七章。第一章对 TRIZ 理论的缘起和国内外研究及应用情况进行介绍。第二章介绍 TRIZ 理论的基本概念和主要工具,帮助读者迅速建立起对 TRIZ 理论的整体认识。第三章围绕"理想化的方向"重点介绍"技术系统的进化理论",着重强调理想度的概念、最终理想解、进化法则以及进化树。第四章以 2003 矛盾矩阵为基础,介绍矛盾分析和创新原理的辨析及应用。第五章主要介绍物-场模型和 76 个标准解,并对每个标准解给予详细的案例说明。第六章介绍知识效应库。第七章主要介绍经典 TRIZ 理论体系的局限及未来发展趋势。

　　本书强调对 TRIZ 理论中关键概念的剖析和比较,所选教学案例和练习题尽可能贴近生活实际,趣味性和可读性较强,因此适用于广大高校在校大学生和研究生作为系统学习 TRIZ 理论的教材;同时结合编著者多年的 TRIZ 推广经验和实际咨询经历,本书根据 TRIZ 理论研究的最新进展介绍了前人较少涉及的最新研究成果(如 2003 矛盾矩阵、知识效应库、进化树等),优化了各 TRIZ 工具的使用流程,强化了待解决问题与 TRIZ 理论工具间的对应关系,同时也提供了部分实用性较强的综合案例,因此本书也适用于广大一线工程技术人员作为实际应用 TRIZ 理论的指导手册。

　　感谢国家自然科学基金、浙江省自然科学基金以及浙江省教育科学规划项目对本研究和本书出版的资助,使得本研究团队有幸成为 TRIZ 理论的学习、研究、应用与推广的探索者。同时感谢浙江大学出版社出版此书。

　　衷心希望本书能够为更多志同道合的同仁们打开一扇大门,使得更多人关注并投入到 TRIZ 理论的学习和应用中来,共同为实施"创新驱动"战略做出更多的、实际的贡献。

　　由于水平和时间有限,错漏之处在所难免,敬请广大读者批评指正。

编　者

2015 年 7 月于求是园

根里奇·阿奇舒勒(1926—1998)

目 录

06 科学效应知识库

07 TRIZ 的未来发展趋势

01 TRIZ 的缘起及发展

> 一个人在黑暗的迷宫中摸索——
> 或许,会找到一些有用的东西;
> 或许,会撞得头破血流。
> 另一个人举着一盏小灯,灯在黑暗中闪烁。
> 征途中,灯越来越亮,最终变成一盏光芒四射的明灯,
> 照耀着万物,一览无余。
> 现在我问你,你的灯在哪里?
>
> ——D. I. 门捷列夫

1.1 TRIZ 的发展历程

进入 21 世纪以来,"创新"似乎成了最炙手可热的汉语词汇。人人、时时、处处都在谈论"创新"。党的十八大明确提出实施"创新驱动"战略,将"创新"提升至前所未有的高度。但到底什么是创新,怎样创新?

创新,在很大程度上意味着现实问题的创造性解决。各类创新技法在 20 世纪中叶开始大量涌现。起初研究者们多是对创造性个体所具备的特质进行分析,以分析创造力与人格特征之间的联系;另外一部分研究者,则把重点放在创造力产生的过程中,希望能够找出创造力形成的科学流程,并据此开发出一套适用人群更加广泛的创造力提升方法。这其中,苏联发明家根里奇・阿奇舒勒 (Genrich S. Altshuller)所创立的"发明问题解决理论"脱颖而出,该理论通过对高水平发明专利的分析挖掘,总结出各种技术发展进化遵循的客观规律,并提炼出指导人们进行发明创新、解决工程问题的系统化的方法学体系以及知识库。

　　"发明问题解决理论"的俄文名称为"теории решения изобретательских задач",将俄文转译成罗马字母之后变为"Teoriya Resheniya Izobreatatelskikh Zadatch",其首字母缩写为"TRIZ",此即该理论最常用的称呼,发音/tri：z/。英语通常译作"TIPS"(Theory of Inventive Problem Solving),汉语译作"萃智",在我国更常见的是直接拼出其英文发音"TRIZ"。

　　有关 TRIZ 理论的缘起,还要追溯到 20 世纪 40 年代,当时年轻的阿奇舒勒担任苏联海军专利调查员。在因为工作的需要阅读了大量专利文本之后,他敏锐地注意到在这些貌似孤立的专利中存在一些解决问题的通用模式——也就是说,每一个具有创意的专利,基本上都是在解决冲突和矛盾的问题,解决这些冲突和矛盾的基本原理被一再地使用,而且通常是在隔了数年之后。阿奇舒勒据此推论,解决发明问题过程中所寻求的科学原理和法则是客观存在的,大量发明面临的基本问题和矛盾也是相同的,同样的技术创新原理和相应的解决问题方案,会在后来的一次次发明中被重复应用,只是应用的技术领域不同而已。因此将那些已有的知识进行提炼和重组,形成一套系统化的理论,就可以用来指导后来者的发明创新。如果后来的发明家能够拥有早期解决方案的知识,那么他们的发明创新工作将会更为容易。他在当时的笔记中记录下来了他的设想:"一旦我们对大量好的专利进行分析,提取它们的问题解决模式,人们就能够学习这些模式,从而获得创造性解决问题的能力。"

　　阿奇舒勒随即着手开始验证自己的设想,开发 TRIZ 理论并举办早期研讨班。他于 1956 年首次发表文章"发明创造心理学和技术进化理论",该文是第一篇正式发表的 TRIZ 论文,介绍了技术冲突、理想化、创造性系统思维、技术系统完整性定律、发明原理等,标志着 TRIZ 理论逐渐进入公众视野。此后,TRIZ 理论在阿奇舒勒全情倾注的耕耘下蓬勃发展,于 1961 年首次出版书籍《如何学会发明》,TRIZ 理论在苏联境内的影响力逐渐提升,成为苏联科学家、发明家以及工程师解决问题的有力武器。20 世纪 70 年代,则诞生了物-场分析、标准解系统、学科效应库等工具的初始版本,TRIZ 理论体系逐步完善。进而,阿奇舒勒于 1985 年提出了经典的 ARIZ-85C,1989 年俄罗斯 TRIZ 学会成立。值此,越来越多的 TRIZ 研究者的加入,为 TRIZ 理论的发展注入新的活力。有关 TRIZ 理论发展历史详细列表,请参见附录 8.5"TRIZ 发展历史简表"。

1.2 TRIZ 在各国的推广应用

TRIZ 理论诞生于 20 世纪 40 年代后期的苏联,其理论深深扎根于工业生产实践中,并通过问题的解决逐步自我完善,在工业、军事以及航空航天领域展现出前所未有的威力,成为工业时代的"点金术",在第二次世界大战后为苏联的工业发展提供了强大的推动力,被列为苏联的国家机密。苏联曾经无比强大的综合国力,源自于对创新的重视。其在工业设计部门开展创新实践时规定,设计工程师和创新发明工程师的比例至少为 7∶1,也就是说一个 7 人组成的设计工程师团队中至少要配备 1 名创新发明工程师,以保证产品的创新性。与此同时,苏联,以及现今的俄罗斯,对 TRIZ 理论的重视尤其体现在教育方面——苏联曾将注重国民创新能力开发的内容写入宪法中。在阿塞拜疆的巴库、圣彼得堡等地建立了许多具有代表性的 TRIZ 学校,其主要宗旨是训练学生的创新思维,扎实掌握 TRIZ 方法,从而具备解决各种发明创造问题的能力。

在现今的俄罗斯,TRIZ 发展的重心进一步侧重于教育。2012 年,时任俄罗斯 TRIZ 协会会长的基斯洛夫·亚历山大在"科技创新与方法应用国际研讨会"上介绍,当下俄罗斯的 TRIZ 工作,接近一半是面向从少年儿童到大学生等学生群体的推广教育。莫斯科鲍曼国立技术大学、莫斯科国立交通大学等院校开设了"工程创作和科研基础"、"工程创作方法和模型"等一系列基于 TRIZ 的课程,供相关专业的学生修读。针对少年儿童,也有《看,发明家来了!》等一系列经典教材,用生动有趣、浅显易懂的案例为其讲授 TRIZ,并且举办各种类型的创新设计比赛供其大显身手。

TRIZ 理论真正在国际范围内得到充分而广泛的研究,是在苏联解体之后,相当一部分 TRIZ 专家移居西方国家(以美国、英国和以色列居多)。他们将 TRIZ 理论带出苏联,在世界各地开花结果,从而使得 TRIZ 得到了极大的丰富和拓展。世界各国陆续成立了 TRIZ 协会以及相应的研究机构,其主要研究者及成果参见附录 8.6"TRIZ 全球研究情况"。

具体来讲,TRIZ 在世界各国的研究和推广,取得了以下几个方面的成果:

第一,TRIZ 理论自身的发展完善。以色列的 TRIZ 专家 Filkovsky 认为,对 TRIZ 庞大理论体系的简化和整合势在必行,他以 TRIZ 理论中经典的"小人法"为出发点,提出了 TRIZ 的简化模型——系统化创新思想(Systematic Inventive Thinking,简称 SIT)。1995 年,Sickafus 博士将 SIT 思想应用到福特公司,并据此建立了一套专用于企业内部培训的方法体系,称为统一结构化创新思维 USIT(Unified Structured Inventive Thinking),该方法致力于短期内(3~7天)使被培训者掌握系统化的解决创新问题的流程,从而更加有利于大规模传授推广。

第二,TRIZ 与其他先进设计方法的融合,其中美国和日本在该领域占主导地位。20 世纪 90 年代中期以来,美国供应商协会(American Supplier Institute,简称 ASI)一直致力于 TRIZ 理论与六西格玛(6σ)、质量功能展开(Quality Function Development,简称 QFD)、田口方法(Taguchi Method)等现代管理方法的整合提升,改进产品设计与生产的哲学理念,推进现代化制造业的本质提升。

第三,以 TRIZ 理论为基础的计算机辅助创新(Computer Aided Innovation,简称 CAI)是现今新产品开发中的一项关键技术。当下的产品开发设计愈发复杂,单凭人脑已经无法搜集并分析海量的专利方案以及设计信息,计算机辅助创新能够极大地提高创新设计人员的工作效率和效果,将知识转化为有组织的、可搜索的、可共享的。因此,各国都致力于 CAI 的研究和相应软件的开发,目前较为成熟的创新方法软件有:美国 Invention Machine 公司的 Goldfire Innovator、美国 Ideation International 公司的 Innovation WorkBench(IWB)、美国 IWINT 公司的 Pro/Innovator(中国的亿维讯公司被授权使用该平台)、比利时 CREAX 公司的 CREAX Innovation Suite 以及乌克兰 TriSolver GmbH & Co. KG 公司的 TriSolver 等。我国的 CAI 软件有河北工业大学 TRIZ 研究中心研发的 Invention Tool 软件。

第四,TRIZ 在各行各业中被广泛应用,帮助解决实际问题。其范畴不仅局限于化工、医药、机械、电子等工程技术领域,生物科学、社会科学、政府管理等非工程技术领域也已经涵盖在内。其中,美国的福特、波音、通用汽车、3M,德国的博世、西门子以及韩国的三星电子等公司都是 TRIZ 理论的受益者。从 1997 年开始,三星公司开始了 TRIZ 理论的学习和应用研究,制定出了价值创新计划(Value Innovation Program),并且邀请了俄罗斯 TRIZ 专家在研发部门进行技术创新理论的培训。1998 年,三星先进技术研究院(SAIT)应用 TRIZ 理论为该公司解决了大量的技术创新问题,节省了千万美元的研发资金。此后,三星公司在美国的发明专利授权量和排名呈稳步上升趋势。2001 年,三星公司引入了创新能力认证计划(Innovation Master Program),将 TRIZ 理论成功地应用到半导体和打印机的设计项目中,为公司创造了巨大的经济效益,并产生了数十项发明专利。2002 年,三星公司开始实施创新能力认证计划,TRIZ 理论被引入到六西格玛黑带课程中,公司也首次举办了年度 TRIZ 节。

在社会工作以及政府管理领域,TRIZ 理论的成功应用是在 2003 年"非典"

肆虐亚洲许多国家时,新加坡的研究人员利用 TRIZ 理论中的 40 条发明创造原理,提出了预防、检测和治疗"非典型肺炎"的一系列创新方法和措施,其中多项措施被新加坡政府采纳并应用于实际工作中,取得了很好的成效,本书也将在"发明原理"部分对其进行详细介绍。

1.3　TRIZ 在中国的推广应用

1.3.1　政府力推

创新方法得以重视,源于 2006 年我国著名科学家王大珩、刘东生、叶笃正三名院士联名向温家宝总理提出的《关于加强创新方法工作的建议》。三位院士指出,创新方法工作相对薄弱是制约自主创新、建设创新型国家的源头问题。温总理对此迅速作出批示:"自主创新,方法先行"、"创新方法是自主创新的根本之源"。

2007 年 8 月,国家科学技术部已经正式批准黑龙江省和四川省为"科技部技术创新方法试点省"。2008 年 4 月,开始了全国性的技术创新方法的培训工作。与此同时,国家科技部、发改委、教育部和中国科协联合发布《关于加强创新方法工作的若干意见》,主要内容包括"推进技术创新方法的引进与发展;针对建立以企业为主体的技术创新体系的重大需求,推进 TRIZ 等国际先进技术创新方法与中国本土需求融合;推广技术成熟度预测、技术进化模式与路线、矛盾解决原理、效应及标准解等 TRIZ 中成熟方法在企业的应用"等。至此,创新方法的研究工作开始在全国稳步推进,如图 1.1 所示。

2009 年,我国正式开始创新方法试点推广工作,同时第一届创新方法高层论坛召开,创新方法工作受到各级政府部门的重视,国家及部分省区市都出台了相应的基金项目为 TRIZ 的发展提供了资金的支持。截至 2009 年 12 月,国家科技部已同意包括黑龙江、四川、江苏、上海、浙江、湖北等 9 个省市,以及钢铁研究总院等 4 家科研院所、海尔集团等 2 家企业开展创新方法试点工作。中国科协也在全国范围内启动"技术创新方法培训"工作。

随着这些试点工作取得良好的示范和促进作用,技术创新方法工作必将在全国范围内广泛开展。全国范围内的企业、高校和科研机构都将积极开展 TRIZ 理论学习和应用,与 TRIZ 相关的培训咨询和内容服务、基于 TRIZ 的解决方案服务、TRIZ 工具的开发和服务等相关行业都将蓬勃发展。

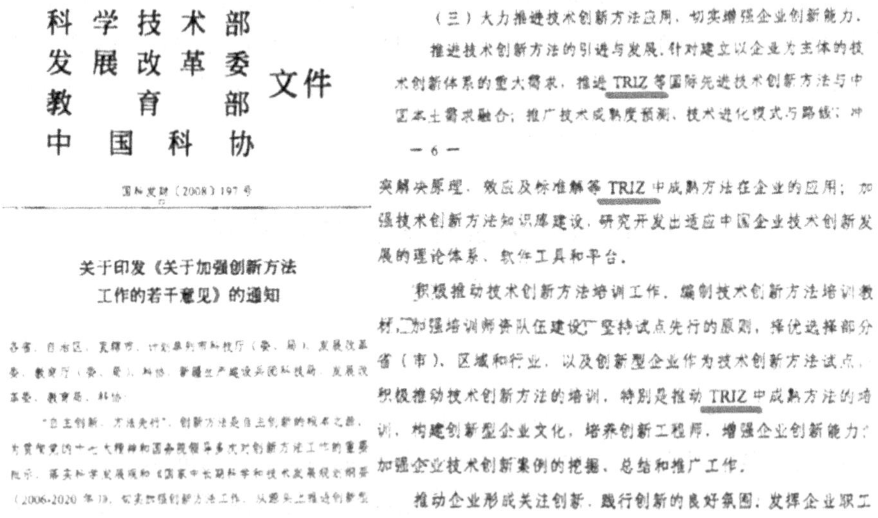

科　学　技　术　部
发　展　改　革　委　文件
教　育　部
中　国　科　协

国科发财〔2008〕197 号

关于印发《关于加强创新方法
工作的若干意见》的通知

各省、自治区、直辖市、计划单列市科技厅（委、局）、发展改革
委、教育厅（委、局）、科协、新疆生产建设兵团科技局、发展改
革委、教育局、科协：

"自主创新，方法先行"，创新方法是自主创新的根本之源。
为贯彻党的十七大精神和国务院领导多次关于创新方法工作的重要
批示，落实科学发展观和《国家中长期科学和技术发展规划纲要
（2006-2020 年）》，切实加强创新方法工作，以源头上推动创新型

（三）大力推进技术创新方法应用，切实增强企业创新能力。

推进技术创新方法的引进与发展。针对建立以企业为主体的技
术创新体系的重大需求，推进 TRIZ 等国际先进技术创新方法与中
国本土需求融合；推广技术成熟度预测、技术进化模式与路线、冲

—— 6 ——

突解决原理、效应及标准解等 TRIZ 中成熟方法在企业的应用；加
强技术创新方法知识库建设，研究开发出适应中国企业技术创新发
展的理论体系、软件工具和平台。

积极推动技术创新方法培训工作，编制技术创新方法培训教
材，加强培训师资队伍建设。坚持试点先行的原则，择优选择部分
省（市）、区域和行业，以及创新型企业作为技术创新方法试点，
积极推动技术创新方法的培训，特别是推动 TRIZ 中成熟方法的培
训，构建创新型企业文化，培养创新工程师，增强企业创新能力；
加强企业技术创新案例的挖掘、总结和推广工作。

推动企业形成关注创新、践行创新的良好氛围，发挥企业职工

图 1.1　《关于加强创新方法工作的若干意见》文件节选

1.3.2　行业应用

由政府以及学界大力推广的 TRIZ 理论，正逐渐被我国企业所接受。其中，中兴通讯于 2005 年首次在企业技术创新过程中引入 TRIZ 体系。在培训期间，就有 21 个技术难题取得了突破性进展，6 个项目已在申请相关专利。在中兴通讯发布会上，来自国际 TRIZ 协会（MATRIZ）的副主席、特聘讲师之一的 Sergei Ikovenko 先生说：此次参加培训的人员所完成的项目水平之高，令他非常高兴，每一个项目报告都达到了国外相关行业水平，这在以往 TRIZ 培训中是不多见的。将 TRIZ 与 CAI 软件结合在一起，那么创新就会"像借助计算器进行数学运算一样方便高效"。

中兴通讯之外，另外一个典型案例是莱芜钢铁集团有限公司[①]。莱钢集团素有高度重视技术创新工作的优良传统，在机缘巧合接触并了解了 TRIZ 理论之后，莱钢的管理者认识到，公司过去主要从条件保障、激励机制等外部因素上加强技术创新工作，却忽略了关注和运用创新方法这一关键的内在因素，技术创新方法的滞后严重影响了技术创新效率。进而，莱钢将 TRIZ 理论积极引入公司内部，作为技术创新的关键环节，于 2009 年 11 月份举办了莱钢首期 TRIZ 创新方法指导培训班，由莱钢集团培训中心承办，截至 2011 年年底已经举办培

---

① 资料来源：莱钢 TRIZ 创新方法自主培训班学员李春波提供，在此表示衷心感谢。

训班 65 期,培训对象首先选择的是 TRIZ 理论推广应用氛围较好的型钢厂和运输部两家单位。TRIZ 项目指导培训是以解决问题为抓手,以提高学员的创新能力为目的。根据与两家受培单位协商的意见,学员至少要带一项工作中的技术课题参加培训。培训以知识讲授与项目指导相结合,培训师在讲授 TRIZ 方法应用知识的同时要对学员的项目给予工具应用的指导和思路的启发。

两年的 TRIZ 创新培训班取得了丰硕的成果,受益的工程技术人员达到 2975 人,应用 TRIZ 创新方法解决技术难题 160 余项,部分成果取得经济效益 3500 余万元。2009 年之前莱钢年均专利申报量仅为 19 项。推广 TRIZ 创新方法之后,2009 年申请 159 项,2010 年申请 223 项。其中 2011 年申请专利 283 项,是 2006 年之前专利总和的 3 倍。

随着 TRIZ 教育的重视和在各大高校的逐步推行,将有越来越多受过 TRIZ 教育的高校毕业生走向工作岗位,他们将在实践中应用与检验 TRIZ,使理论知识转化为现实生产力,从而进一步催化和促进 TRIZ 在企业中的应用与发展。

02 TRIZ 理论的基本概念和工具概览

与传统的创新方法相比，TRIZ 在指导思想以及工具体系上都有着巨大的突破。本节内容旨在对 TRIZ 理论大厦的主要构成进行概述，着重介绍初学者必须掌握的基本概念，每种方法的使用原则、流程以及适用解决的问题类型，具体的细节信息将在后续章节详细介绍。

2.1　TRIZ 的基本概念

2.1.1　发明等级

在阿奇舒勒开始对大量专利进行分析、研究之初，他就遇到了一个无法回避的问题：如何评价一个专利的创新水平？海量的专利之中，有的是在原有基础上，对技术系统内某个性能指标进行简单改进；有的专利则是提出了原来根本不存在的全新技术系统（如蒸汽机、飞机、互联网的发明），这些是人类科技发展史上的里程碑，具有极高的技术含量。显然，这两种专利在创新水平上是有差距的，那么该如何制定一个相对客观的标准来评价它们在创新水平上的差异？这样的标准可以将专利分门别类，以便更加科学、有效地进行剖析。阿奇舒勒认为，克服技术系统中存在的矛盾，是创新的最主要特征之一。而通过何种方式克服矛盾，则是专利中最核心的部分。基于这样的思想，阿奇舒勒提出了发明专利的五个级别，如表2.1 所示。

表 2.1　发明的五个等级

发明等级	重要特征	
第一级发明 合理化建议 （占总体的 35%）	原始状况	带有一个通用工程参数的课题
	问题来源	问题明显且解题容易
	解题所需知识范围	基本专业培养
	困难程度	课题没有冲突
	转换规律	在相应工程参数上发生显著变化
	解题后引起的变化	在相应特性上产生明显的变化
第二级发明 适度新型革新 （占总体的 45%）	原始状况	带有数个通用工程参数、有结构模型的课题
	问题来源	存在于系统中的问题不明确
	解题所需知识范围	传统的专业培训
	困难程度	标准问题
	转换规律	选择常用的标准模型
	解题后引起的变化	在作用原理不变的情况下解决了原系统的功能和结构问题
第三级发明 专利 （占总体的 16%）	原始状况	成堆工作量，只有功能模型的课题
	问题来源	通常由其他等级系统和行业中的知识衍生而来
	解题所需知识范围	发展和集成的创新思想
	困难程度	非标准问题
	转换规律	利用集成方法解决发明问题
	解题后引起的变化	在转变作用原理的情况下使系统成为有价值的、较高效能的发明
第四级发明 综合性重要专利 （占总体的 3%）	原始状况	有许多不确定的因素，结构和功能模型都无先例的课题
	问题来源	来源于不同的知识领域
	解题所需知识范围	渊博的知识和脱离传统概念的能力
	困难程度	复杂问题
	转换规律	运用效应知识库解决发明问题
	解题后引起的变化	使系统产生极高的效能、并将会明显地导致相近技术系统改变的"高级发明"

续表

发明等级	重要特征	
第五级发明 新发现 （占总体的1%）	原始状况	没有最初目标，也没有任何现存模型的课题
	问题来源	来源或用途均不确定
	解题所需知识范围	运用全人类的知识
	困难程度	独特异常问题
	转换规律	科学和技术上的重大突破
	解题后引起的变化	使系统产生突变，并将会导致社会文化变革的"卓越发明"

来源：张武城著：《技术创新方法概论》，北京：科学出版社，2009年，第150页。

下面以飞机设计和制造领域的案例具体解释这五级发明的内涵：

第一级发明：解决方案明显，属于常规设计问题或者是技术系统的简单改进，可以利用个人的、本领域的相关专业知识加以解决，大约35%的问题属于这一级。例如将单层玻璃改成双层玻璃，以增加飞机客舱的保温和隔音效果；再比如运用高强度工程塑料代替飞机上的某些传统金属部件，既能够保证材料强度，又能够减轻重量，易于加工，方便个性化定制——这是技术系统的简单改进，属于一级发明。

第二级发明：对技术系统的局部进行改进，所需知识仅涉及单一工程领域，常常需要降低技术系统内存在矛盾的危害性，大约45%的问题属于此等级。例如，需要增加某型号飞机的发动机功率，然而问题在于，发动机功率越大，工作时需要的吸入空气越多，发动机整流罩的直径就要增大。整流罩增大，从而机罩离地面的距离就会减小，而该距离的减小是不允许的，此为一对矛盾。解决方案的思路是这样的：增大整流罩直径，以便增加空气的吸入量，但为了不减少与地面之间的距离，将整流罩底部的曲线变为直线，以增加离地面的距离，这样的解决方案属于二级发明，如图2.1及图2.2所示。

第三级发明：对技术系统进行本质性的改进，大大提升了系统性能，这其中所需的知识涉及不同工程领域，设计过程需解决矛盾，大约16%的问题属于此等级。例如，将传统的活塞式发动机改进为喷气式发动机，能够把吸气、压缩、燃烧、做功四个工作过程连接起来，增加了能量密度，属于三级发明。

第四级发明：全面升级现有技术系统，引入完全不同的体系和全新的工作原理来完成技术系统的主要功能，这需要不同科学领域的知识，大约3%的问题属于此等级。例如，在制造飞机高强度部件时，需要用到金刚石刀具进

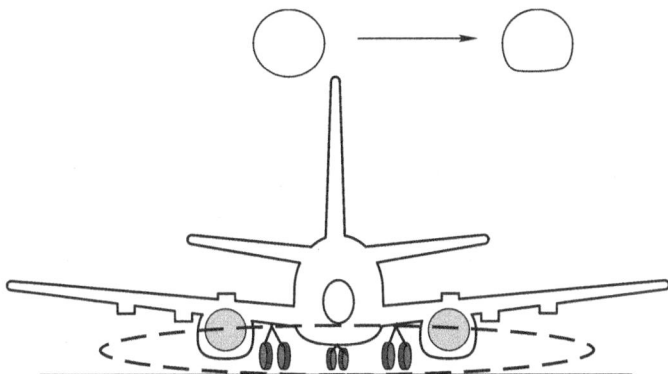

图 2.1　飞机整流罩改进过程

张武城著:《技术创新方法概论》,北京:科学出版社,2009 年,第 167 页。

图 2.2　飞机整流罩改进后实物

行切割,此时不希望金刚石内部有微小裂纹。因此需设计一种设备,可以将大块金刚石沿已存在的微小裂纹的方向将其分解为小块,保证每个小块内部没有裂纹。

　　该问题的解决,需要用到其他领域的知识。在食品工业中,将胡椒的皮与籽分开采用升压与降压原理。首先将胡椒放在容器中,将容器中的空气升至 8 个大气压,之后快速降压,胡椒的皮与籽就分开了。采用同样的道理,设计一个耐压容器,将大块的金刚石放入,之后升压(具体压力值可由实验得到),突然降压,大块金刚石将沿内部微裂纹分开。通过升压/降压分解金刚石的原理来自于机械行业以外其他科学领域的知识,属于四级发明。

第五级发明:通过发现新的科学现象或新物质来建立全新的技术系统,所需知识涉及整个人类的已知范畴,只有1%的问题属于此等级。在这个过程中,新的技术系统逐步融合到社会发展过程中,原有技术系统被逐步淘汰。例如,电磁感应的发现成为发电机发明的基础,蒸汽机和内燃机逐步退出历史舞台;质能方程的提出为后续原子弹的发明做了根本性铺垫,这些都是人类科技发展史上的里程碑,属于五级发明。当前磁流体发动机的飞速发展将有可能取代现有的涡轮或冲压发动机,使低成本的超音速飞行成为可能,但为适应超音速飞行,飞机的气动布局、航控系统等都将进行相应调整,从而颠覆整个传统的飞机制造领域,也可视为五级发明。

阿奇舒勒认为,第一级的发明,只是对现有的系统的某些参数进行简单改进,并没有针对性地解决矛盾,因此归类为一级发明;而对于第五级的发明,通常起源于重大的科学或者技术的进步,进而引起人类社会的巨大变革,而这样的发明不到发明总数的1%。研究表明,TRIZ可以帮助人们完成至少80%的创新产品技术课题;通过不断地、充分地实践,学会综合利用TRIZ所有工具,则实际上可以帮助人们程序化地迅速解决95%的课题。

TRIZ理论对解决第二级到第四级的发明问题是非常有效的。据美国专利数据库对2006—2008年授予的专利中在不同的行业学科各随机选中100项专利,对其发明等级进行分析,结果显示:二级发明的百分比在上升,而位于三级和四级的发明则相应减少。如图2.3所示。

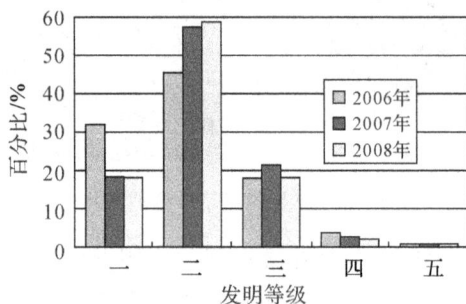

图2.3　发明等级的变化

2.1.2　技术系统

技术系统,是指人类为了实现某种功能而设计、制造出来的一种人造系统。该定义阐述了技术系统的两点本质,第一,技术系统是一种人造系统,它是人类为了实现某种目的而创造出来的,这也是与自然系统的最大差别;第二,技术系统能够提供某种功能,实现人类期望的某种目的,因此,技术系统具有明显的"功能"特征,在对技术系统进行设计、分析的时候,应该牢牢地把握住"功能"这个概念。①

一个技术系统,往往是由多个零件(这个概念不仅仅局限于实体零件,虚拟的也可)按照一定的关系组合在一起形成的。系统中最小的零件或零件之间的连接关系,通常被称为系统的元素。由这些元素组成的、具有一定功能的集合体通常被称作子系统。一个能够完成一定功能的技术系统往往是由多个子系统构成的。

任何技术系统包括一个或多个子系统,每个子系统执行自身功能,它又可分为更小的子系统。TRIZ 中,最简单的技术系统由两个元素以及两个元素间传递的能量组成。例如,技术系统"汽车"由"引擎"、"换向装置"和"刹车"等子系统组成,而"刹车"又由"踏板"、"液压传动装置"等子系统组成。所有的子系统均在更高层系统中相互连接,任何子系统的改变将会影响到更高层系统。当解决技术问题时,常常要考虑与其子系统和更高层系统之间的相互作用。

子系统是当前系统的一部分,而当前系统则可视为超系统的一部分。"超系统"是系统之外的高层次系统,例如以一部手机为当前系统进行研究,其子系统为"触摸屏"、"信号收发系统"、"CPU"等,其超系统为"移动通信网络"。

需要注意的是,"超系统"的概念与"环境"的概念类似,但是二者略有区别。系统—环境是一对对应的概念,而子系统—当前(技术)系统—超系统是一组层次不断提升的概念。子系统是技术系统的一部分,而技术系统是其所处的超系统中的一部分,可以认为,"超系统"的概念比"环境"的概念更加广泛。

最后,不同的领域及学科研究表明:任何系统(包括生物系统、技术系统、信息系统、社会系统等)的发展,在本质上都遵循着相似的规律。人类已经建立了关于生物系统(达尔文进化论)的进化理论,而对技术系统进化规律的研究,是 TRIZ 体系的关键环节,本书也将对该内容作详细介绍。

2.1.3　矛盾

通过对大量发明专利的研究,阿奇舒勒发现,真正的"发明"往往需要解决隐藏在问题当中的矛盾。这意味着,矛盾是发明问题的核心,是否存在矛盾是区分发明问题与普通问题的标志,解决矛盾就成为 TRIZ 最根本的任务。

---

①　来源:李海军、丁雪燕编著:《经典 TRIZ 通俗读本》,北京:中国科学技术出版社,2009 年,第 29 页。

科学合理地刻画和描述矛盾，是解决矛盾的关键步骤之一。面对千千万万个技术系统和其中存在的变化多端的矛盾，每位技术人员的描述方法都不尽相同，这样就对寻求不同矛盾中的共性方面，归纳标准化的流程和解法造成了困难。因此，TRIZ研究者通过对大量专利的总结，确定了"工程参数"的概念（最初通用工程参数有39个，现已扩展到48个），用这一套明确的体系来描述纷繁复杂的具体矛盾，从而使得对矛盾进行清晰地分类、分析成为可能。"工程参数"的概念和内涵将在本书后续章节加以详细介绍。

在"工程参数"概念之上，TRIZ理论明确地将矛盾分为两种类型，第一种为"技术矛盾"，也就是当技术系统的某个工程参数得到改善时，引起了另外的工程参数的恶化，这种情况下存在的矛盾被称为"技术矛盾"（Technical Contradiction）。例如，增加坦克装甲的厚度，使得其抗打击能力得到提升，然而却引发了速度、机动性、耗油量等一系列指标的恶化；再比如增大智能手机的触摸屏面积以利于用户操作，却导致了手机屏幕更加易碎、耗电量更大等副作用的产生——总结来说，这样的一对"此消彼长"就是技术矛盾。

技术矛盾出现的几种常见情况如下：

（1）在一个子系统中引入一种有用功能，导致另一个子系统产生一种有害功能；

（2）消除一种有害功能，导致另一个子系统有用功能减退；

（3）有用功能的加强或者有害功能的减少，使另外一个子系统变得太复杂。

与技术矛盾相对应的另一种矛盾类型是"物理矛盾"（Physical Contradiction）。其定义为，为了实现某种功能，对同一个对象（或者同一个子系统）的某个工程参数提出了互斥的要求。例如，为了增加飞机的巡航距离，需要携带更多的燃油以提供能源。但同样是为了增加飞机的巡航距离，需要减轻飞机的重量，在飞机整体材料重量不变的情况下就要求携带更少的燃油——为了实现增加巡航距离的目标，既需要飞机多带燃油以提供能源，又需要飞机少带燃油以减轻重量，这种对同一个因素截然相反的要求就是物理矛盾。

物理矛盾出现的几种情况如下：

（1）一个子系统中有用功能加强的同时导致该子系统有害功能的加强；

（2）一个子系统中有害功能降低的同时导致该子系统有用功能的减退。

最后需要重点强调的是，技术矛盾的背后往往隐含着物理矛盾，技术矛盾可以转化为物理矛盾加以解决。以上面有关技术矛盾的例子来说明，坦克耐打击性的提升，与机动性减退构成一对技术矛盾，但是其背后隐藏着的物理矛盾是"既要求坦克重量提升（装甲厚），又同时要求坦克重量减小（装甲薄）"；类似的，手机屏幕的易操作性与耗电量形成一对技术矛盾，然而其背后隐藏着"手机屏幕既要大又要小"这样截然相反的要求。通过此种方式,技术矛盾能够转化为物理矛盾,因而物理矛盾是最尖锐、最核心的矛盾类型。TRIZ 提供了针对技术矛盾和物理矛盾的分析原则和解决办法,两种矛盾之间可以相互转化,其解决方案之间也存在相关关系,本书在后续章节中会详加阐述。

2.1.4 资源

资源最初的含义更多是指金属、木材、煤炭、石油等自然资源。在 TRIZ 理论中,资源是一个更加广泛的概念,指的是那些可获得的,可以用来解决技术系统矛盾,推动技术系统进化的物质、信息、能量及特性等等。

对资源进行分类,并以此为基础加以分析和理解是解决创新问题的必经之路。根据资源来源不同,可以分为来自系统内部的资源,以及来自外部环境(超系统)的资源。根据资源可利用的情况,可以分为直接应用资源和间接应用资源,例如,太阳能能够提供充足的动力,但普通汽车却无法直接应用这样的资源,而加装太阳能转化系统(汽车系统的一个子系统)之后,太阳能就能够为汽车前进提供动力。最后,根据资源的不同类型,可以做出以下的分类,这也是较为经典的一种分类方式:

(1)物质资源。金属、塑料、煤炭、石油等等,都是我们最常见的物质资源。

(2)能量资源。热能(如太阳能,还有煤炭燃烧所产生的能量等)、物体运动所产生的动能(如风能、水能等)、物体所处位置蕴含的势能,都可以归为能量资源。

(3)场资源。地球的重力场和磁场,是最常见的场资源。

(4)时间资源。包括了动作开始前、结束后以及动作周期中的时间间隔。有效利用时间资源有以下几个方法,第一,在动作开始前可以采取预先作用;第二,在动作结束之后进行相应的补偿或者辅助工作,拆除、修复、精加工或者清洗均可;第三,可以在动作进行的间歇中进行测量、调整、重置等工作;第四,在动作的进行过程中同时完成其他功能,可以提高时间资源的利用率。

(5)空间资源。采用嵌套式结构的俄罗斯套娃、采用层叠式结构的组合衣柜等物品,都是充分利用空间资源的典型实例。

(6)信息资源。与其他种类的资源相比,信息资源更加抽象,但是却具有非常重要的意义。例如,通过汽车发动机传出的声音来获取发动机的运行情况,中医通过望闻问切来估计患者的病情,人们通过观察一个人的脸色来判断其健康状况。这其中发动机的声音、患者的脉搏、个人的脸色都是信息资源,能够被人们获取并加以有效利用。

(7)功能(效应)资源是一种特殊的资源,其源自于某一物质自身的特性,或者两个物质之间的相互作用,这种功能(效应)能够被利用,故称之为资源。例如,劈木材时要沿着其本身的纹路劈最省力,这就是木材本身所体现的特性,能够被人们利用;一个零件内部结构的不同,会表现为对声波不同的反射性能,这使得超声探伤成为可能;再比如,不同类型的血液相遇会发生凝血效应,将吸有不同血型的医用棉覆盖在伤者的出血部位,可以实现快速止血——这些都是应用功能(效应)资源解决问题的实例。

在设计中,认真考虑各种资源有助于开阔设计者的眼界,使其能够打破问题的框架,获得创造性的解决方案。TRIZ 在运用资源的概念时,更多地是与其他的内容相结合,包括资源与理想度的提升,资源与技术系统的进化方向,资源与矛盾分析、功能分析的结合,具体内容将在后文加以介绍。

2.2 TRIZ 体系之"理想化的方向"

在面对创新问题时,传统创新方法和思维习惯之所以不能经常奏效,究其根源在于"茫忙"二字。"茫"即迷茫,不知从何处下手,只能依靠不断试错和所谓"灵感"——而这两点都要依赖远在星辰之外的好运气。"忙"即匆忙,因试错和依赖灵感导致创新的成本高、风险大,尤其是时间成本令人难以忍受,于是人们习惯匆忙地运用折中法进行设计以回避矛盾,因而创新问题没有得到根本解决。

阿奇舒勒通过对大量专利进行挖掘和分析,发现不同领域的技术(系统)的进化都遵循着同样的规律,即技术进化法则(详见第三章),而其中一条法则是所有技术都朝着"理想化"的方向进化。而所谓"理想化"状态,就是指没有物质形态(没有重量、体积),不消耗资源和能量,却能实现所需功能。进而达到"理想化"状态的系统,被称之为"理想化系统"。进而能够实现理想化状态的方案,被称为最终理想解(Ideal Final Result,简称 IFR)。

理想化状态在现实生活中是不存在的,但是对解决创新问题具有极其重要的意义——首先,明确最终理想解所在的方向和位置,能够保证在问题解决过程中始终沿着理想化的方向前进,从而避免了狭隘的视野以及盲目无头绪的试探,破除了传统方法中缺乏目标引导的弊端。其次,理想系统的构建,也能规避因客观条件限制而被迫做出折中妥协的弊端,避免了心理惯性,提高了创新设计的效率。

在达成理想状态的过程中,始终需要以最终理想解(IFR)为指引,打破刻板思维的束缚,考虑直接解决矛盾而不是向矛盾妥协,这是 TRIZ 理论的核心思想和创举之一。因此"理想化"概念的意义在于,针对试错和依赖灵感等传统思维和创新方法的弊端,TRIZ 理论在解决问题之初,首先明确了努力的方向,强调抛开各种客观条件的限制,寻求理想化的状态。

2.3   TRIZ 体系之"系统化的流程"

作为一种系统化的创新方法,TRIZ 理论的基本思想是将一个待解决的具体问题转化成典型问题的模型(步骤①),然后根据问题的属性,有针对性地应用不同的 TRIZ 工具,并采用相应的流程,得到典型解决方案模型(步骤②),最后结合实际情况得到具体解决方案(步骤③),如图 2.4 所示。这一思路是与关注发散性思考的传统创新方法存在本质上的不同。

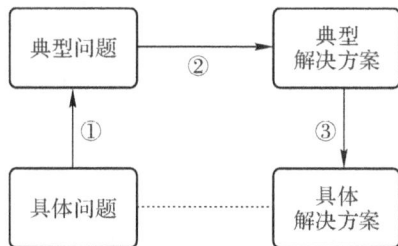

图 2.4   TRIZ 解决问题的基本思想

TRIZ 解决发明问题的思路类似于我们解一元二次方程的过程,如对于一般形式的方程(具体问题),有 $2x^2+3x+1=0$。将其转化为典型形式(典型问题)$ax^2+bx+c=0$。解一元二次方程的典型解决方案为应用求根公式(配方法、因式分解法等为非典型方法),有求根公式:$x = \dfrac{-b \pm \sqrt{\Delta}}{2a} = \dfrac{-b \pm \sqrt{b^2-4ac}}{2a}$;结合具体情况,加 a,b,c 实际值代入求根公式,得 $x_1=-1,x_2=-2$。因此 TRIZ 方法的妙处即在于将解决复杂创新问题从漫无目的乱猜乱碰变成像解方程一样。而根据问题属性的不同,TRIZ 理论也提供了相应的工具进行处理,如表 2.2 所示。

表 2.2　TRIZ 不同的解题工具

技术系统问题属性	问题根源	表现形式	问题模型	解决问题工具	解决方案模型
参数属性	技术系统中两个参数之间存在着相互制约		技术矛盾	矛盾矩阵表	P40 创新原理
参数属性	一个参数无法满足系统内相互排斥的需求		物理矛盾	分离原理	P40 创新原理
结构属性	实现技术系统功能的某结构要素出现问题		物-场	标准解系统	标准解
资源属性	寻找实现技术系统功能的方法与科学原理		知识使能 (How to)	知识库与效应库	解决方案与效应

来源:施荣明、赵敏等著:《知识工程与创新》,北京:航空工业出版社,2009 年,第 43 页。

2.3.1　工程参数、矛盾矩阵及发明原理

　　如果具体问题的属性是参数属性,则可以选用矛盾矩阵以及发明原理加以解决。具体流程为:描述问题、选择工程参数、确定矛盾、应用参数矩阵、对照发明原理构建解决方案。

　　如前所述,TRIZ 理论认为"矛盾是发明问题的核心"。但在面对一个具体的发明问题时,矛盾不会自己主动出来站在我们面前。矛盾分析——也即如何准确而合理地将问题中蕴藏的矛盾抽取出来,将千奇百怪的具体问题转化为规范的典型问题,直接影响到后续解决矛盾的效率和效果。在本过程中最重要的是理解工程参数的概念并掌握其使用方法。

　　阿奇舒勒在对大量的发明专利进行分析后,总结出 39 个适用范围广泛的通用工程参数(包括了质量、体积、速度、功率、结构的稳定性、可靠性等等),近年来被研究者扩充为 48 个,TRIZ 使用者需要做的,就是将具体问题中的技术矛盾用合适的通用工程参数进行描述。例如,在坦克装甲加厚导致机动性下降这一对技术矛盾中,我们可以用"运动物体的质量"(改善的参数)和"速度"(恶

化的参数)两个工程参数进行描述,从而将具体问题转化为典型问题。

需要加以说明的是,用工程参数描述技术矛盾,这个过程没有标准答案,也不必拘泥于唯一的答案,可将你认为的矛盾统统列出,最终你会发现,对于同一问题,不同的矛盾可能会用到相同的发明原理,颇有所谓"殊途同归"之妙。

进而需要找出典型问题所对应的典型解决方案。阿奇舒勒的研究表明,绝大多数的专利都是在解决矛盾,而且相似的矛盾之间,其解决方案在本质上也具有一致性。基于这些解决方案,他分析、提炼并总结出了解决矛盾的 40 个发明原理,这 40 个创新原理具有良好的普适性,能够指导人们解决大部分的发明问题。

为了方便使用者更有效地分析技术矛盾并且应用相应的发明原理,阿奇舒勒构建了一个 39×39(称之为经典矩阵,本书使用的为 48×48 的 2003 矩阵)的二维矩阵,矩阵的纵轴表示希望得到改善的参数,横轴则表示某技术特性改善引起恶化的参数,横、纵轴各参数交叉处的数字表示用来解决技术矛盾时所使用创新原理的编号。使用者通过查表(如表 2.3 所示),得到 TRIZ 建议的某典型问题的典型解法(即若干条发明原理),然后根据这些原理的提示得到典型解决方案,据此开发具体解决方案。

表 2.3　矛盾矩阵查表示例

		恶化参数			
		力	应力或压力	形　状	结构稳定性
改进参数	力		18,21,11	10,35,40,34	35,10,21
	应力或压力	36,35,21		35,4,15,10	35,33,2,40
	形　状	35,10,37,40	34,15,10,14		33,1,18,4
	结构稳定性	10,35,21,16	2,35,40	22,1,18,4	

在矩阵中,对角线处的空格代表同一个参数即是改善的参数,也是恶化的参数,即物理矛盾。在经典矩阵(39×39)中,对照线是空白的。在 2003 矩阵(48×48)中,TRIZ 研究者们经过研究总结了与每个参数关联最大的若干创新原理,将相应的内容填入对角线处,构成了完整的矛盾矩阵表。矛盾分析适用于能够明确找出技术矛盾或物理矛盾的问题,成为 TRIZ 最为完整的发明问题解决工具之一。

2.3.2　物-场模型及 76 个标准解

阿奇舒勒认为,每一个技术系统都可由许多功能不同的子系统组成。从系统、子系统、直至微观层次,每一个部分都具有一定的功能,而所有的功能都可用两种物质(分别为对象物质 S_1 和工具物质 S_2)和一种场(物质之间的相互作用)的基本模式来描述,如图 2.5 所示。

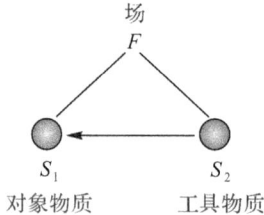

图 2.5 物-场模型图

在物-场模型的定义中,物质可以指某种物体或过程,可以是整个系统,也可以是系统内的子系统或单个的物体,甚至可以是环境,取决于实际情况需要;场是指完成某种功能所需的手法或手段,通常是一些能量形式,如磁场、重力场、热力场、机械场等等。通过物-场模型,功能可以这样描述:物质 S_2 通过场 F 作用于物质 S_1,实现一定的功能。

根据物-场模型可以对系统功能进行详细分析,如功能三元件是否完备,是否存在有害功能等。如果构建的物-场模型表示出系统缺乏基本要素,或有益作用不足,或存在有害作用,TRIZ 则给出了相应的 76 个标准解来解决问题。根据所针对问题类型的不同,76 个标准解分为五级。使用者首先要根据物-场模型识别问题的类型,然后选择相应的标准解系列,从而可以将标准问题在一两步中快速解决。

标准解系统是阿奇舒勒于 1985 年创立的,是其后期进行 TRIZ 理论研究最重要的课题。标准解系统的本质思想,也是通过物-场模型的建立,将具体问题转化为典型问题,继而通过 76 个标准解(也即典型问题的典型解法)所给出的建议,找到具体问题的解决方案。这与矛盾矩阵和发明原理的本质相同,表象不同,而物-场模型与标准解系统特别适用于难以明确地描述系统中存在的矛盾、想要消除某种有害功能或实现有益功能,以及在系统内实现测量和检测功能的情况。

2.3.3 科学知识效应库

阿奇舒勒通过对大量的专利研究发现,许多发明实际上是同样的科学原理在处理不同行业的问题时的创造性应用。例如,在食品工业中,将胡椒的皮与籽分开采用升压与迅速降压原理。同样的原理可以应用在将大块的金刚石按照本身的裂纹分开,而不需要人工击碎。

敏锐的发明家意识到,这些不胜枚举的科学效应和现象,对于在不同领域开展发明创造具有非常重要的价值——某一个领域的经典现象,移植到另外的领域里,可能诱发高等级发明的出现,从而打破小修小补的局限,使技术系统产生突破性变革。认识到这样的重要性,阿奇舒勒及后续研究者,将大量的、能够被应用在发明创造中的科学效应和现象整合,按照功能/知识的逻辑进行编排,形成完整的知识库。使用者依照自己的需求,通过标签和索引来寻找知识,解决问题。这种新的组织方式可以大大缩短所需效应的搜索时间,提升效应库的使用效率,在 CAI 软件的帮助下,TRIZ 中的知识库更是得到了极大的丰富,搜索使用也更加便捷。

科学效应和现象知识库可能是 TRIZ 体系中最容易应用的工具。一般而言,一个工程人员能掌握 100 个左右本专业的效应知识,而自然界的各种效应林林总总、数以万计。研究者对本专业之外的知识不熟悉,从而使大量的创新机会在眼前流失。TRIZ 的知识库有针对性地解决了这样的问题,该库集中了包括物理、化学、生物以及几何等方面的专利和技术成果,工程人员首先决定创新问题需要解决的功能,然后根据相应功能很容易选择所需要的效应。效应被当作"黑箱"系统,没有内部结构,不能进一步分解,只对特定输入产生特定响应。科学效应和现象知识库特别适用于需要系统达成明确的功能的情况。

2.3.4 发明问题解决算法

TRIZ 认为,解决某个创新问题的困难程度,取决于对该问题描述的标准化程度,这也是 TRIZ 各基本工具将特殊问题转化为标准问题的指导思想。然而,如果一个创新问题过于复杂,难以简单地运用矛盾分析或者物-场模型的构建来进行标准化,又该如何处理? 这样复杂的问题恰恰是日常实践中大量出现的。为了解决这样的问题,阿奇舒勒开发了发明问题解决算法(Algorithm for Inventive-Problem Solving,简写为 ARIZ),它整合了上述提到的 TRIZ 之中许多概念和方法,通过系统的、逻辑化的思维方式,层层深入,抽丝剥茧,将非标准问题转化、拆解,转化为标准问题,然后应用标准解法来获得解决方案。

ARIZ 最初由阿奇舒勒于 1956 年提出,自其诞生后,阿奇舒勒本人和若干TRIZ 专家们一直在不断对其进行完善和修订,以保证 ARIZ 的与时俱进。ARIZ 有许多个版本,ARIZ-85C 是阿奇舒勒本人开发的最后一个版本,成为经典。后来,其他 TRIZ 专家和商业公司陆续推出 ARIZ 的新版本,如 ARIZ-KE-

89/90，ARIZSM VA91(E)，ARIZ2000。随着时间的推移，ARIZ 的一些早期版本已经不再使用。ARIZ 每一个新版本对前面的版本来说都有提升和改进，其解决问题的基本思路一致，只是步骤有所不同。在此重点介绍由阿奇舒勒本人提出的 ARIZ-85C 的理论方法和步骤，如表 2.4 所示。

表 2.4　ARIZ-85C 流程

序　号	步　骤	子步骤
1	问题的分析	①陈述"焦点"问题；②定义矛盾因素；③建立技术矛盾模型；④为后续确定模型图；⑤强化矛盾；⑥建立陈述问题的模型；⑦标准解法解题
2	问题模型的分析	①绘制运作区(operating zone)矛盾建模的简化框架图；②定义操作时间(OT)；③定义物质和物-场资源
3	陈述理想的最终解和物理矛盾	①确定 IFR-1 的表达式；②强化 IFR-1；③表述物理矛盾(宏观)；④表述物理矛盾(微观)；⑤表述 IFR-2；⑥运用标准解法解题
4	运用外部物-场资源	①运用小矮人建模；②从 IFR"返回"；③综合使用物质资源；④使用真空区；⑤使用资源；⑥使用电场；⑦使用场和场效应物质
5	运用效应知识库	①运用标准解法解决物理矛盾；②运用 ARIZ 已有解决非标准问题的方案；③利用分离原理解决物理矛盾；④运用导航知识库来解决物理矛盾
6	改变或重新格式化问题	①如果问题已解决则阐述功能原理，绘制原理图；②检查是否描述的是几个问题的联合体，重新定义；③如果仍不得解，则返回起点，重新根据超系统相应的问题进行格式化。这一循环可以场合多次；④重新定义"焦点"问题
7	分析消除物理矛盾	①检查解决方案；②初步评估解决方案(是否理想地消除物理矛盾)；③通过专利搜索评价方案的新颖性；④子问题预测
8	运用解法方案	①定义系统及超系统的改变；②检查改变的系统的其他用途；③运用解决方案解决其他发明问题
9	分析解决问题的过程	①分析解决问题的过程和 ARIZ 存在的差异，记下编写的内容；②方案与 TRIZ 知识库(标准解法、分离原理、效应知识库等)比较，如有突破，应予以文件化，丰富知识库

来源：张武城著：《技术创新方法概论》，北京：科学出版社，2009 年，第 179 页。

在每一个步骤中，包含有数量不等的多个子步骤。在一个具体的问题解决过程中，并没有强制要求按顺序走完所有的九个步骤，而是一旦在某个步骤中获得了问题的解决方案，就可跳过中间的几个其他步骤而直接完成问题的解决。

必须强调指出，ARIZ 是解决非标准问题的工具，是对创新问题的系统化思考，只有不到 5% 的复杂创新问题才能用到 ARIZ，大多数技术创新问题都可以应用 TRIZ 的各个工具分别解决。因此,在应用 ARIZ 之前需要先进行核查。

2.4 TRIZ 理论与其他创新方法的比较

根据有关统计资料表明,从 20 世纪 30 年代奥斯本创立第一种创造技法——头脑风暴法以来,全世界已经涌现出的有案可查的创造技法有百余种,而常用的只有数十种。将这些创新技法进行合理的分类,有助于人们更好地认识和掌握技法。根据不同创新技法之间的最本质区别,可以将其分为以逻辑思维为主和以非逻辑思维为主两类。其中,以逻辑思维为主的是收敛式创新技法,即创造者立足于创造对象,通过收敛思维达到创新的目的,具有代表性的有形态分析法、奥斯本检核表法、和田十二法、归纳法、类比法、KJ 法等。

以非逻辑思维为主的是发散性创新技法,即创新者尽可能多地提出与创造对象有关的各种设想,从中寻求创新成果的方法。具有代表性的有头脑风暴法(又名智力激励法)、缺点列举法等。更加详细的常用创新技法的分类如图 2.6 所示。

需要指出的是,在运用创新技法解决发明问题的过程中,创新者的思维形式往往是通过逻辑思维和非逻辑思维组合、互补的形式发挥作用的。然而,这些林林总总的传统创新方法均存在一定不足,它们的程序、步骤、措施等大都是以人们克服发明创新的心理障碍和思维定势这一心理机制为基础而设计的,它们在主观或客观上为各领域的基础知识,在方法上高度概括与抽象,具有形式化的倾向,在实际运用过程中,会受到使用者的经验和知识积累水平较大的制约和限制。

与传统的创新方法相比,TRIZ 理论中的原理、法则、程序、步骤、措施等都是建立在科学和技术的方法基础之上的,来源于人们的长期探索和对改造自然的实践经验的总结(发明专利),整个方法学自成体系,具有严密的逻辑性,对学习、培训和应用比较方便。

传统创新方法对于解决相对简单的、发明级别比较低的发明问题是有效的,但是通常无法解决一些比较复杂的、发明级别比较高的发明问题。相比之下,TRIZ 理论最大的优势就是它可以从成千上万的解法中快速地找到解决复杂发明的方案。因此,在 TRIZ 理论的各种创新思维、方法和工具的支持下,运用 TRIZ 理论可以大大加快解决发明问题的进程,发明的级别和效率也得到了很大的提高。TRIZ 与传统创新方法的对比如表 2.5 所示。

主要思维形式　　　　技法原理　　　　　　具体技法名称

```
                    ┌─────────┐                      ┌──────────────┐
                    │ 科学推理型 │──────────────────────│ ◇演绎法       │
              ┌─────┤         │                      │ ◇归纳法       │
              │     └─────────┘     ┌──────────┐      │ ◇类比法       │
              │                     │ ◇组合法   │      │ ◇自然现象和科 │
        ┌─────┤     ┌─────────┐     │ ◇分解法   │      │  学原理探索法 │
        │ 逻辑 │     │         │     │ ◇形态分析法│      │ ◇等价变换法   │
        │ 思维 ├─────┤ 组合型   │─────│ ◇信息交合法│      │ ◇KJ法        │
        │     │     │         │     │ ◇横向思考法│      │ ◇类推法       │
        │     │     └─────────┘     └──────────┘      └──────────────┘
        │     │     ┌─────────┐     ┌────────────┐
┌──────┤     └─────┤ 有序思维型│─────│ ◇奥斯本检核表法│
│ 创新  │           │         │     │ ◇5W1H法     │
│ 技法  │           └─────────┘     │ ◇和田十二法  │
│ 的分  │                           └────────────┘
│ 类    │                           ┌──────────────┐
│      │     ┌─────────┐           │ ◇智力激励法   │
│      │     │ 联想型   │───────────│ （头脑风暴法） │
│      │     │         │           │ ◇联想法       │
│      │     └─────────┘           │ ◇逆向构思法   │
│      │                           └──────────────┘
└──────┤     ┌─────────┐           ┌────────────┐
        │ 非  │     │ 形象思维型│─────│ ◇形象思维法  │
        │ 逻  ├─────┤         │     │ ◇灵感启示法  │
        │ 辑  │     └─────────┘     │ ◇大胆设想法  │
        │ 思  │                     └────────────┘
        │ 维  │     ┌─────────┐     ┌────────────┐
        └─────┤     │ 列举型   │─────│ ◇特性列举法  │
              └─────┤         │     │ ◇缺点列举法  │
                    └─────────┘     │ ◇希望点列举法│
                                    └────────────┘
```

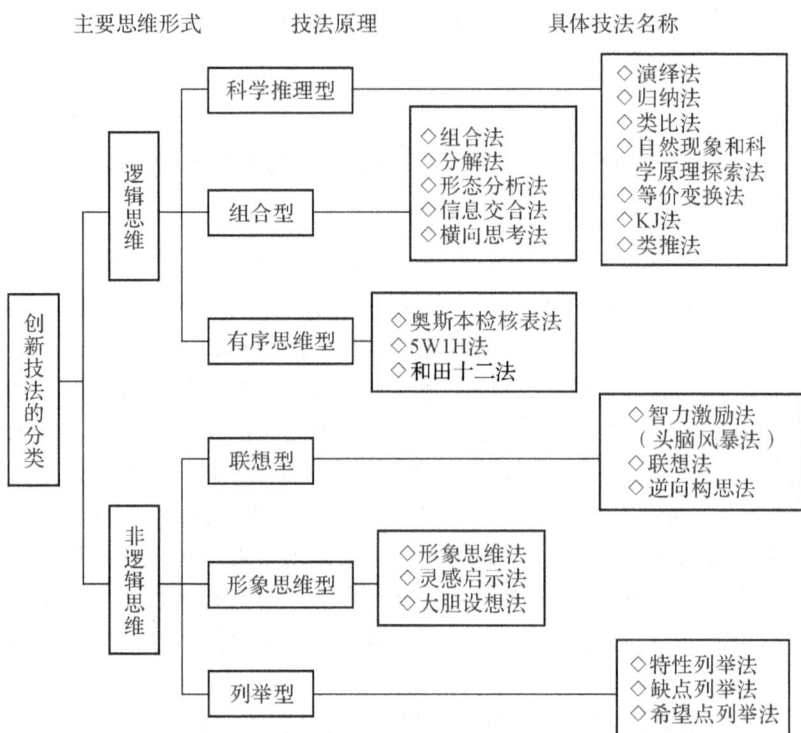

图 2.6　一些常用创新技法的分类

来源：张武城著：《技术创新方法概论》，北京：科学出版社，2009 年，第 76 页。

表 2.5　TRIZ 与传统创新方法对比表格

TRIZ 理论	传统创新方法
来自人类长期工程实践经验，并有海量专利和知识库作支撑	高度概括、抽象、神秘化
系统的结题流程，解决问题效率较高	对经验和知识积累水平有较高要求
适用于第二级到第四级的发明	适用于第一级、第二级的发明，解决更高级别发明的难度呈指数级增加
逻辑思维与非逻辑思维的有机结合	普遍采用逻辑思维或非逻辑思维
理想化指引了创新的方向	发散性技法在思考过程中缺乏方向

2.5 TRIZ 小结

总体而言,TRIZ 是当前最高效的实用性创新方法,其本质是一种系统化创新的方法,使得工程师在创新的过程中不用再依靠试错和灵感,而直接采用系统化的思维方式和结构化的知识库来构建解决方案。Altshuller 通过分析大量发明专利发现,在不同的技术领域,相同的技术进化模式反复出现,相同的发明原理被反复使用。因此他相信专利背后一定隐藏着发明的规律。正是基于这一思想,在 Altshuller 的带领下,动用苏联的 1500 多名专家,经过 50 多年对数以百万计的专利文献加以搜集、研究、整理、归纳、提炼和重组,建立起一整套体系化的、实用的解决发明问题的理论方法体系。因此,TRIZ 理论的本质是对天才创造的成果和思维的总结,学习 TRIZ 理论可以使人们迅速拥有天才发明家的经验,所以我们说 TRIZ 是工程技术人员的"孙子兵法"。

从本质上说,TRIZ 理论包含以下三方面内容:

(1)理想化的方向:TRIZ 理论认为所有技术系统都最终向理想化的方向进化,这使得发明有了明确的方向,不再依赖试错和灵感。

(2)系统化的流程:TRIZ 提供了系统的思维方式,使得发明问题像解数学题一样简单。

(3)结构化的知识库:TRIZ 坚信"某人、某时、某地已经解决了你的问题,因此只需要找到那个答案并应用到你目前的问题上",因此开发了常用知识效应库,采用从功能/属性到所需知识(实现方法)的组织形式,有效帮助创新者迅速准确地找到所需的知识,大大提高了发明的效率。

不过 TRIZ 不是万能良药,却是创新链条的一个重要环节,如图 2.7 所示。

TRIZ 的核心理念可以总结为以下几个方面:

(1)发明问题是无限多的,而发明等级是不多的;

(2)发明问题是无限多的,而发明的方向(理想化)是确定的;

(3)发明问题是无限多的,而矛盾的类型是不多的;

(4)发明就是克服矛盾,而克服矛盾的(发明)原理是不多的;

(5)发明问题是无限多的,而实际用到的知识(库)是不多的。

而所提到的发明等级、理想化、矛盾、发明原理和知识库等是 TRIZ 理论中的重要概念,需要在理论学习和实践的过程中不断加以深入理解。而 TRIZ 理论提供的若干工具与待解决问题之间的对应关系如表 2.6 所示。

NPD 企划 → 概念发展 → 系统设计 → 细部设计 → 测试与改进

DFX VOC → QFD → TRIZ → Taguchi Robust → Tolerance/Reliability Analysis

收集外部客户心声 | 引导工程设计需求 | 激发创新设计概念 | 强化稳健参数设计 | 公差与可靠度分析

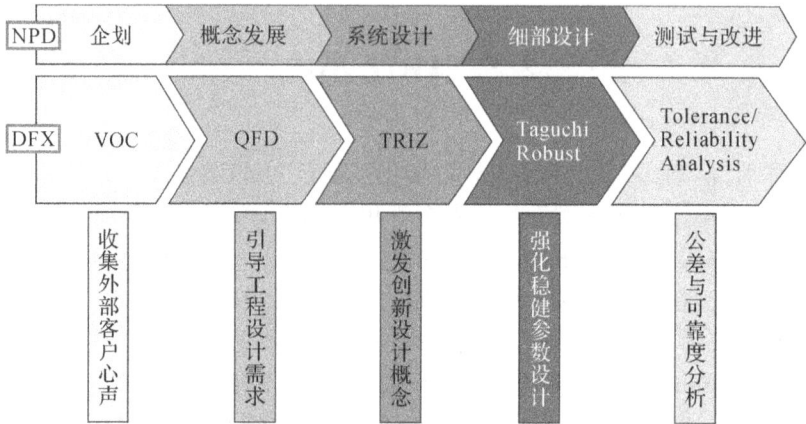

图 2.7 TRIZ 在创新链条中的角色

来源:亿维讯公司 TRIZ 培训资料。

表 2.6 TRIZ 工具与待解决问题的对应关系

问题与备选工具	进化法则/理想化	矛盾分析	物-场分析	科学知识效应库
限制矛盾	√	√		√
不足的作用	√	√	√	√
过分的作用	√	√	√	√
缺少的作用	√		√	√
系统改进	√	√		
测量问题	√		√	√
可靠性问题	√			
降低成本	√	√		
降低风险				√
申请发明专利		√	√	√
专利破解/保护	√			√
机会发现	√			√

来源:改编自 CREAX Innovation Suite 3.1 软件内容。

TRIZ 体系内若干工具间的关系如图 2.8 所示。

发明问题 → 情景分析

发明问题理想解方案

技术系统进化法则

解决发明问题程序（ARIZ）

选择和描述问题

非标准问题

因果分析/功能分析/资源分析/矛盾分析

标准问题

物场模型分析

矛盾定义

分离原理

单一工程参数

76个标准解

技术矛盾

物理矛盾

40个发明原理

经典矛盾矩阵

2003矛盾矩阵

解决发明问题（物理矛盾）引导表

效应知识库

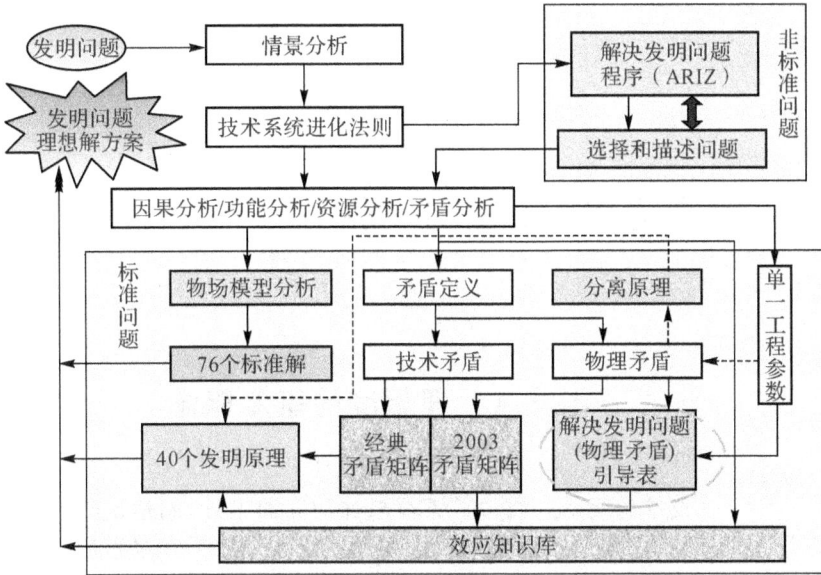

图 2.8　TRIZ 体系内工具间的关系

03 技术系统的进化理论

3.1 理想度的基本概念

技术系统是人类为了实现某种功能而设计、制造出来的一种人造系统,在技术系统使用和改进的过程中,其优劣需要加以评价和比较。在日常生活中这样的实例俯拾即是,如我们需要购置一台笔记本电脑,在下单之前会综合考虑其功能、外观、售价、重量、散热性等多方面因素,然后做出最优选择——简而言之,我们用"性价比"的概念来评价产品。用类似的思路来考察技术系统,在 TRIZ 理论体系中引入了"理想度"的概念。其基本思路为,技术系统能够提供一个或多个有用功能(Useful Function),也会附带若干我们不希望出现的副作用,称为有害功能(Harmful Function)。同时,实现技术系统必须要付出一定的时间、空间、材料、能量等成本(Cost)——综合考察,技术系统的理想度(Ideality)等于系统实现的有用功能/(有害功能+成本)。

技术系统不断改进的过程,表现为理想度的不断提升。以我们最熟悉的手机为例,其诞生初始被人们戏称为"大砖头",重量和体积较大(零件多,制造成本大),信号不稳定(有害功能多),而且也只能实现打电话的功能(有用功能少)。经过若干年的改进,如今的手机已经彻底改头换面,有用功能大大增强(通话、短信、4G 网络、APP 应用、智能终端等),有害功能得到削减(手机辐射、零部件发热等),成本降低也使得手机普及到每一个人手中——这些都表明手机系统的理想度得到了大幅提升。

提升系统的理想度方法,称之为理想化设计。上一段的实例已经表明,增加有用功能、减少有害功能、降低成本等思路均可提升系

统理想度,具体来讲:

第一,增加有用功能的数量,或者提升现有有用功能的质量。通过优化提升系统参数,应用新的材料和零部件,给系统加入调节或反馈系统,通过系统与环境的互动引入额外的有用功能,均可达到此目标。

第二,减少有害功能的数量,或者减低现有有害功能的危害。通过预先防范、变害为利、变废为宝等,这样的过程既可以发生在系统内部的子系统之间,也可以发生在系统与环境之间。

第三,减小系统的体积和重量,降低系统实现功能所需的时间、能量,以及充分利用系统内可用资源(包括未占用的空间、空闲时间、储存的能量、信息甚至废料等),利用自然界已有的资源、现象以及科学效应,均可达到降低成本的目标,从而提升理想度。

3.2 最终理想解的基本概念

随着技术系统的不断进化,其理想度会不断提高,极限的情况是系统的有用功能趋向于无穷大,有害功能和成本则趋近于零,二者的比值(即理想度)为无穷大。此时,技术系统能够实现所有既定的有用功能,但却不占据时间、空间(不存在物理实体),不消耗资源(能量),也不产生任何有害功能——这样的技术系统就是理想系统,基于理想系统的概念而得到的针对一个特定技术问题的理想解决方案,称为最终理想解(Ideal final result,本书以后均称其为 IFR)。

举一个最简单的实例来说明获得 IFR 的思维流程。摩天大厦的外表面玻璃窗清洗比较困难,需要专业的设备和人员,成本高,危险系数大。为了解决这个问题,发明家们想出了种种解决方案,其中一种将玻璃清洗工具分为两个部分,清洁人员在室内握持一部分,另外一部分则在室外起清洁作用,两部分之间隔着玻璃用强力磁铁彼此连接、带动。

这是一个简单有效的解决方案,既实现了既定的玻璃清洁功能,又消除了人员在建筑外高空操作的复杂性和危险性。然而,仍然需要大量的人力对玻璃进行擦拭,有没有理想度更高的解决方案?IFR 应该是突破性的—— 玻璃能够自主清洁表面,保持洁净,不再需要人为擦拭。

在定义最终理想解的过程中请遵守一个基本原则:不要预先断言 IFR 能否实现,也不用过度思考采用何种方式才能实现。乍一看上面的方案是不可能的,但是创新的、理想度更高的解决方案往往就存在于我们的现有认知范围之外。而且,往往是因为我们想不到用何种方式实现 IFR,所以就断言它不能实现,这是定义 IFR 的过程中需要打破的传统思维框架。

事实上,在通过 IFR 明确了系统发展方向之后(对于本例来说是自清洁的玻璃),具体实现则由 TRIZ 其他工具负责解决。根据学科效应库的指导,自然界的荷叶表面具有超疏水性,能够实现良好的自清洁作用(出淤泥而不染)。基于此原理,设计人员已经开发出表面涂覆 TiO_2 薄膜的玻璃,能够基本实现自清洁作用,相比原来的解决方案更接近最终理想解。

最终理想解和理想系统是现实世界中永远也无法达到的终极状态。但是,以寻求并定义最终理想解作为解决问题的开端,能够把握技术系统的进化方向,避免就事论事、盲目试错,也为后续使用其他 TRIZ 工具来解决问题奠定了基础;同时,还能够规避思维定势,产生创新的解决方案。

3.3 最终理想解的训练内容

3.3.1 寻求最终理想解的思维方式

面对存在矛盾的系统,寻求其最终理想解是有意识地打破传统思维,激化矛盾并予以根本性解决的过程,为了实现这个过程,TRIZ 理论提供了科学的思维方式——通过以下一系列相关问题的思考来确定最终理想解,流程如下:

(1)精确地描述系统中现存的问题和矛盾。

(2)明确系统所要实现的最根本功能。

(3)思考实现(这些)功能的理想情况。

a.系统自己实现所需功能。

b.系统不存在,但所需功能得以实现。

c.系统不再需要这种功能。

(4)寻找实现理想情况可用的资源和方法。

a.利用系统内部的剩余资源或引入系统外部的"免费"资源;

b.去除对于实现根本功能不必要的子系统,从而削减有害作用。

3.3.2 最终理想解训练习题

请根据寻求最终理想解的科学思维流程,对以下训练题进行思考。请注意,解答给出的是其中一种可能,可以从不同的角度趋近 IFR。

训练题 1:飞碟是奥运会射击比赛项目之一,运动员以飞碟作为目标进行射击。然而在比赛结束之后,被击中的飞碟碎片散落在场地(通常是草地)内,非常难以清理,如何清理这些飞碟碎片?

训练题 2:洗涤衣服之后常常需要用熨斗烫平,熨斗的温度较高,需要人仔细操作。然而在使用过程中很有可能被打扰(如电话响、门铃响、孩子哭闹),一不留神将熨斗放置在衣服上,不一会儿便会因高温损毁衣服,如何避免此种情况发生?

训练题 3:在某实验室中,研究人员需要研究酸液对多种金属的腐蚀作用。通常情况下他们将若干金属块放在容器底部,在容器内注入酸液。但在实验结束后,发现容器也被酸液腐蚀了,而且测量结果也受到了影响。上述情况如何解决?

训练题 4:花园的草坪需要定期除草,手动除草工作量太大,电动除草机有噪音,燃烧柴油有异味,锋利的旋转刀片有潜在危险,人工操作除草机也需花费一定的时间和精力,如何解决上述问题?

3.4 技术系统进化的 S 曲线

3.4.1 S 曲线的基本内涵

技术系统诞生初始有很多不完善之处,随着相关发明专利的不断开发,技

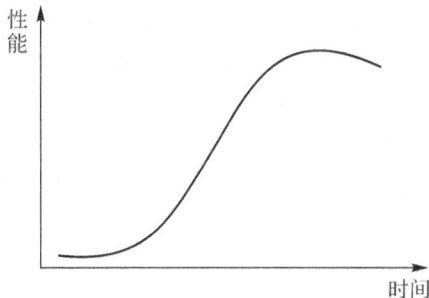

图 3.1 技术系统进化的 S 曲线

本节图 3.1 至 3.4 均来自:李海军、丁雪燕编著:《经典 TRIZ 通俗读本》,北京:中国科学技术出版社,2009 年,第 34—37 页。

术系统的理想度得以提升。图 3.1 简要地描绘了技术系统的进化过程,其中横轴表示时间,纵轴表示系统中某一个具体的重要性能参数。例如,在飞机这一技术系统中,其航程、安全性、舒适性等都是其重要的性能参数。如图中所示,

随着时间的推移,技术系统的性能逐步提升。然而,阿奇舒勒及其他 TRIZ 研究者通过分析总结大量的专利信息,发现性能的提升过程不是无限持续的,到后期呈现平台以及衰退的趋势,这样的整体规律可用技术系统进化的 S 曲线表示。而图 3.2 所表示的分段 S 曲线,则进一步将技术系统的发展过程细化为婴儿期、成长期、成熟期和衰退期四个阶段。

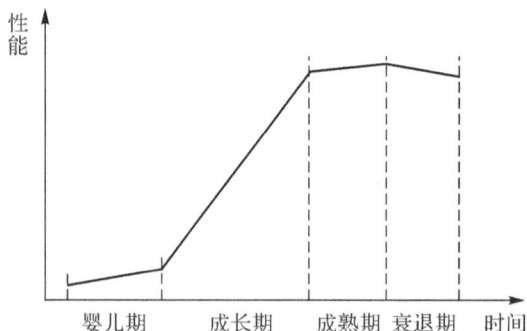

图 3.2 技术系统进化的分段 S 曲线

具体研究分段 S 曲线每个阶段的不同特征,TRIZ 研究者选取了性能、发明数量、发明级别和经济效益四个指标进行分析。不同阶段指标的变化情况,能够反映出技术系统随时间进化的内在规律,如图 3.3 所示。

3.4.1.1 婴儿期(infancy stage)

为了回应人们对某种功能的需求,新的技术系统得以开发,这个过程也往往伴随着少部分高水平发明的出现。此时的技术系统处于婴儿期,系统本身结构还不尽成熟,为其提供支持的子系统和超系统也没有完善,因此经常表现出效率低、可靠性差等一系列问题,这在性能指标上有所体现。同时,为了解决新系统中存在的主要技术问题,需要消耗大量人力、物力、财力等资源,经济效应普遍为负值。

3.4.1.2 成长期(growth stage)

在克服婴儿期的起步阻力之后,技术系统进入迅速发展的成长期。从婴儿期向成长期过渡的标志,是一个相对高水平发明的引入(如图 3.3 中 A 点所示),对系统的改进做出了明显的贡献,从而系统的性能得以迅速提升,伴随着经济收益的大幅增加。对系统的改进转变为小修小补,发明级别逐步下降,发明数量也是稳中有降。

3.4.1.3 成熟期(maturity stage)

在成长期大量技术和资源的投入,使得系统日趋完善步入成熟期,其性能

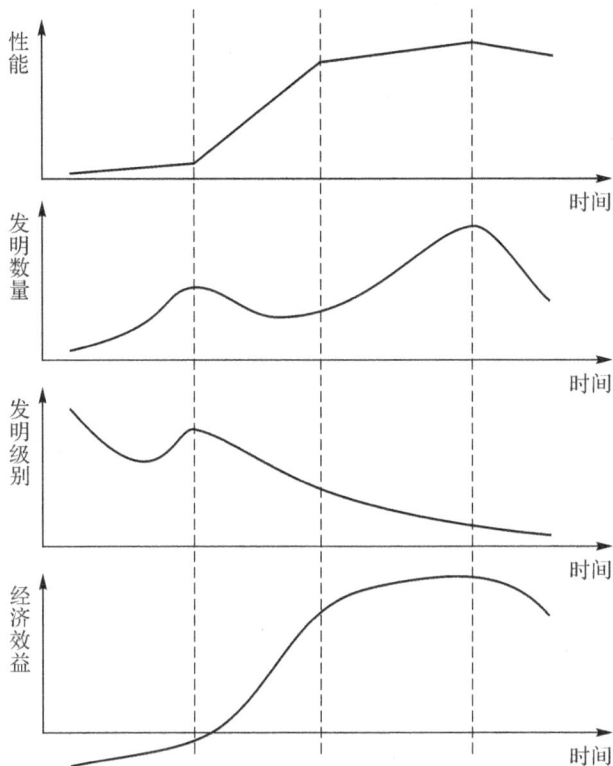

图 3.3　分段 S 曲线与若干要素的对应关系

基本达到了最高水平,可能已经建立了相应的技术标准体系,伴随而来的是可观的经济收益。然而,系统的发展潜力已经得到充分开发,本阶段则依靠大量低级别的发明对系统进行优化和改进,但是对性能的提升作用不明显。

3.4.1.4　衰退期(decline stage)

盛极而衰是自然界的基本规律,对于技术系统也是如此。从成熟期逐步迈入衰退期,系统所采用的技术已经发展到极限,对其改进也基本停滞,表现为专利数量和级别的迅速下降,系统性能也逐步下滑。与此同时,该系统所提供的功能相对陈旧,面临着市场的淘汰或被新开发的技术系统所取代的问题,因而经济效益产生滑坡。

3.4.2　S 曲线族

婴儿期、成长期、成熟期、衰退期四个阶段,是某一技术系统在发展过程中所遵循的基本规律。然而,某一技术系统步入衰退期,不代表其提供的功能也随之消失。在继承核心功能的情况下,新的技术系统得以开发,相比原系统有了质的飞跃,开始新一轮的发展。因此,实现某主要功能的技术系统的这种持续不断的更新过程就表现为多条首尾相接的 S 曲线,可称之为技术系统的 S 曲线族,如图 3.4 所示。

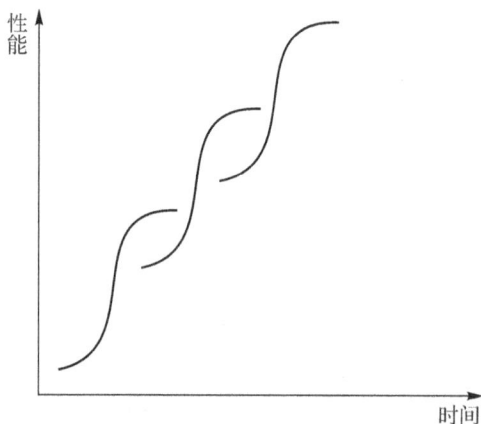

图 3.4　技术系统的 S 曲线族

在 20 世纪 80 年代末,传呼机的出现满足了人们对通讯的需求。几年的时间过去,随着技术的不断成熟和社会推广程度的加深,传呼机如雨后春笋般遍地开花(传呼机系统的成长期、成熟期)。大约从 1993 年开始,"大砖头"手机逐渐在市面出现,较重,仅能实现通讯功能,但售价在当时非常昂贵,成为少数老板身份的象征,在普通民众中几乎没有市场(手机系统的婴儿期)。然而,不到几年的时间,手机产品迅速步入成长期,传呼业务在手机的强大攻势下逐渐败下阵来,2000 年传呼用户开始出现下滑,在 2005 年左右,传呼机淡出中国市场(传呼机系统的衰退期)。以我国宁夏回族自治区为例,[①]1997 年建有 14 家寻呼台,300 个基站,35 万用户。但从 2000 年以后,寻呼业务总量以每年 30％的速度萎缩。到 2003 年,当地寻呼业仅剩下 5000 用户、2 家寻呼台和 60 个基站。截至 2005 年,宁夏仅剩联通和铁通两家寻呼台,其中联通所剩的基站只有 5个,用户量 500 个。铁通则是 12 个基站,不足 1000 个用户,且已主要作为铁路内部通信系统使用。

然而,人们对即时通讯的需求不可能消失,由手机替代传呼机实现了该功能。此时,手机行业正处于蒸蒸日上的成长期,摩托罗拉、诺基亚、爱立信等跨

---

① 资料来源:新华网宁夏频道"寻呼机只能放进抽屉里了吗?"http://news. xinhuanet. com/focus/2004-12/26/content_2384011. htm。

国公司势头强盛,如日中天。在国内,也有波导、夏新、大显、金立等品牌有效地参与各细分市场的竞争(传统手机系统的成熟期)。在传统手机逐步进入衰退期之时,接管市场的是现今我们熟悉的智能手机。智能手机在保留手机即时通讯的核心功能之外,在操控性和功能扩展等方面做了本质的改进,不但满足了人们对通讯的需求,甚至深深地改变了一代人的生活习惯,改变了当今媒体的传播渠道,催生出大量新鲜的商业模式。从当年滴滴作响的摩托罗拉传呼机,到今日无所不能的智能手机,呈现在我们面前的正是技术系统不断进化的过程,也是解释 S 曲线族所代表内涵的最佳案例。

思想者专栏一

　　是否所有的技术/技术系统都符合 S 曲线规律?欢迎给出反例。与此同时,如何破解 S 曲线不可避免的衰退期?欢迎批判性思考和讨论!

3.4.3　S 曲线的应用

　　S 曲线描述了技术系统的一般发展规律,揭示了任何系统都和生物有机体一样,有一个"诞生—成长—成熟—衰亡"的过程。S 曲线是产品生命周期理论的核心部分,在具体应用过程中可以分析判断产品处于生命周期的哪个阶段,推测系统今后的发展趋势,并可以根据不同阶段的特点和要求,为研发及商业决策提供参考作用。现实中产品系统所遵循的规律远比简单的四阶段模型复杂,有的在婴儿期过渡阶段就已经凋亡,有的成长期非常漫长,甚至出现倒退反复。因此,要求使用者熟练领会各阶段的核心特征并融会贯通,根据专利级别、数量以及产品性能、利润等数据统计,判别产品所处发展阶段并做出相应决策。有关此类内容,TRIZ 理论已经给出经典论述,如表 3.1 所示。

表 3.1　S 曲线各阶段的关键特征及对策

时　期	关键特征	对　策
婴儿期	系统还未进入市场或只占很小份额,基本无利润; 研究人员努力地改进系统的各个方面; 系统努力地适应环境和超系统; 系统习惯于向当时的成熟系统或超前系统学习。	识别阻止产品进一步进入市场的"瓶颈",然后着力消除这些因素; 在发展的过程中明确市场定位,借此确定系统改进方向; 充分利用当时已有的其他成熟系统的部件和资源; 考虑与当时比较先进的其他系统或部件相结合。

续表

时　　期	关键特征	对　　策
成长期	发明级别逐渐降低； 系统带来的收益随着性能提升而增长； 系统开始具备一些与主功能相关的附加功能； 系统开始分化出不同的类型； 出现系统专用的资源； 超系统或环境的某些单元会为适应系统做出调整。	运用折中法就能解决大部分问题，但是要牢记朝更理想方向迈进； 利用超系统中合适的资源，或适度改造其他不适合的资源而后加以利用； 引入系统专用的资源。
成熟期	产品普及，日趋标准化； 成本低，产量大，利润丰厚； 同质化竞争严重，专利较多但级别较低； 系统性能已接近极限状态。	发展配套的服务子系统； 构建完善的供应链，零部件外包，降低成本，改善外观； 通过寻找基于新的工作原理的系统，或者对现有系统进行更新简化，避免衰败。
衰退期	原有系统已不适应市场需求，销售量迅速下降； 满足同种功能的新系统已经基本发展到第二阶段，迫使现有系统退出。	借助已有系统的某些基础，向新系统发展； 转型升级。（诺基亚公司未能跟上智能手机的潮流就是最好的反面案例）

3.5　技术系统的进化法则

　　本章前部分介绍的理想度以及最终理想解的概念告诉我们，所有技术系统都通过人类的不断努力，经历着理想度不断提升的进化过程，最终目标是达成理想状态。而 S 曲线及 S 曲线族则告诉我们，某一技术系统会经历从萌芽到消亡的进化过程，在消亡之后会有更高级别的系统取代其满足人类的需求，让我们对"理想度提升"这一过程有了更深入的认识。然而，仅仅谈论"成长"、"成熟"的宏观概念是远远不够的，我们需要知晓，技术系统具体是如何成长的？有没有客观的规律可循？根据一个系统总结出的规律是否适用于另外的系统？

　　为了回答这些必须要面对的问题，阿奇舒勒搜集整合了大量的发明专利，从中提炼出技术系统的一般发展轨迹（基于经验概括而不是逻辑推导），这也代表了技术系统的进化确实存在客观规律。进而，TRIZ 研究者们提出了技术系统进化理论（Evolution of Technique），以提升理想度的思想为基础，除了已经介绍过的 S 曲线之外，将进化过程的客观规律用技术系统进化法则的形式进行具体论述，并在法则的指导下构建出技术系统进化趋势，将进化趋势的每个步骤明确、细化，则可得到技术系统进化路线（如图 3.5 所示），将多条进化路线进

行整合,形成纵横交织的节点网络,称为技术系统进化树(如图 3.6 所示)。这

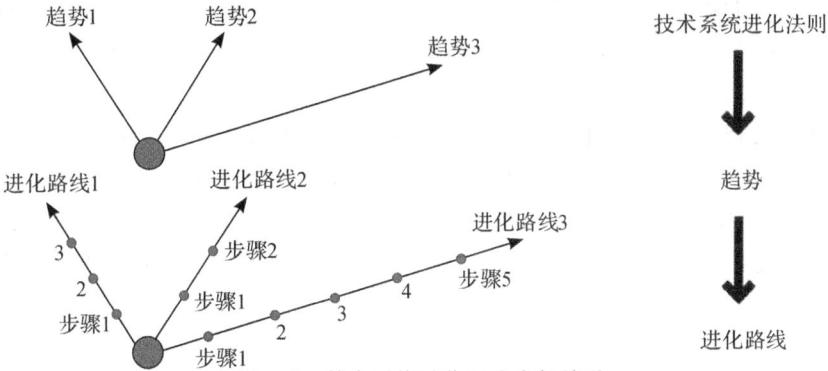

图 3.5　技术系统进化理论内部关系

来源:N. 什帕科夫斯基著,郭越红等译:《进化树——技术信息分析及新方案的产生》,北京:中国科学技术出版社,2010 年,第 12 页。

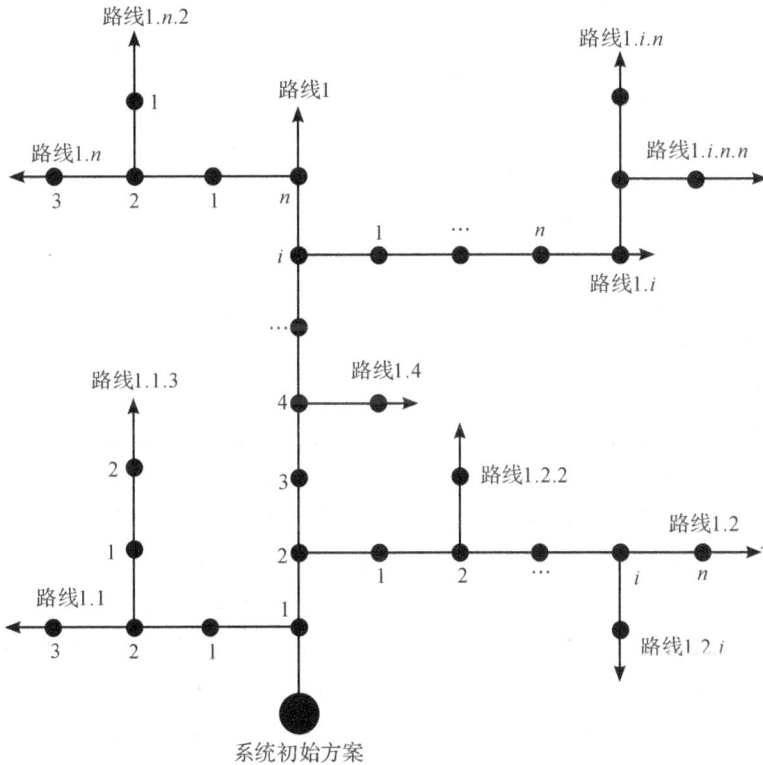

图 3.6　技术系统进化树

来源:N. 什帕科夫斯基著,郭越红等译:《进化树——技术信息分析及新方案的产生》,北京:中国科学技术出版社,2010 年,第 68 页。

些理论和工具能够实现科学有效的技术/专利预测、专利规避,对产品的创新方向具有明确的指导作用,根据预测结果展示产品未来可能的状态,避免了盲目试错、无功而返,降低了企业的研发成本,指导企业的产品研发战略,因而具有广阔的应用前景。

技术系统进化理论同时指出,在一个工程领域中总结出来的进化模式及进化路线,可以在另一个工程领域得以实现——即技术进化法则与进化路线具有可传递性,这又极大地扩展了该理论的适用范围。本节内容首先论述经典的技术系统进化法则(evolution laws),其中共有八条法则,可分为生存法则和发展法则两大类,具体如表 3.2 所示。

表 3.2　技术系统进化法则

1	完备性法则	静态	生存法则
2	能量传递法则		
3	协调性法则		
4	提高理想度法则	动态	发展法则
5	子系统不均衡进化法则		
6	向超系统进化法则		
7	向微观级进化法则	动力态①	
8	提高动态性法则		

来源:N.什帕科夫斯基著,郭越红等译:《进化树——技术信息分析及新方案的产生》,北京:中国科学技术出版社,2010 年,第 27 页。

生存法则:

一个新技术系统的诞生,是其各个部分(元素)按照一定规则有机组合的结果。那么,想要构建能够有效实现既定功能的技术系统,是否需要遵循某些基本原则?以一个简单的比喻为例,自然界创造生物并赋予其健康的生命,仅仅将蛋白质和核糖核酸简单堆砌是不可能的。首先,动物的机体需要有完善的循环系统、运动系统、内脏器官等基本元素(这是生物体内的各个子系统,与技术系统类似);其次,各子系统之间要有流畅的能量流动(如人类的心脏供血、肺部供氧、糖类、ATP 等在体内循环提供生物能);最后,各子系统之间要在各个方面保持协调,才能从整体上实现生物系统的正常工作。由人类创造的技术系统也遵循同样的原则,TRIZ 理论中技术系统进化法则的前三条称之为生存法则,

---

① 　与"动态"相比,"动力态"更微观,涉及更本质的变化。

是保证技术系统正常运作的必要条件。

3.5.1 完备性法则

完备性法则的基本内容为,要实现某项既定功能,一个完整的技术系统必须包含以下四个相互关联的基本子系统——动力子系统、传输子系统、执行子系统和控制子系统,如图 3.7 所示。

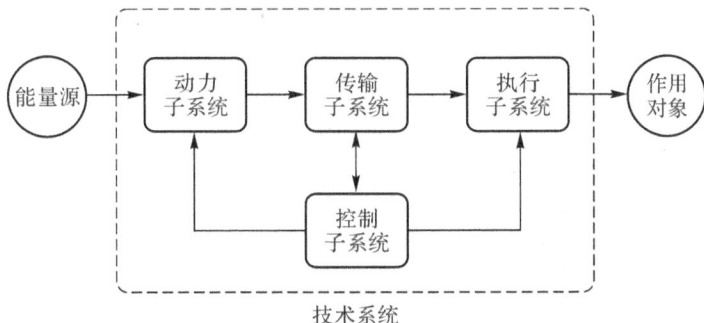

图 3.7 完备性法则

虚线框内的四个子系统构成了一个最基本的技术系统,缺一不可。其中,动力子系统负责将能量源提供的能量转化为技术系统能够使用的能量形式;传输子系统负责将动力子系统输出的能量传递到系统的各个组成部分;执行子系统则对作用对象实施预定的作用,完成技术系统的功能;控制子系统负责对整个技术系统进行调控,以协调各部分工作。

例如,汽车是一个技术系统。能量源是油箱中的汽油,发动机作为动力子系统,能够将燃料油中储存的化学能释放为热能,并进一步通过活塞运动转化为汽车能够利用的机械能;该能量通过传输子系统(包括离合器、变速器等)传递给执行子系统(包括车架、车桥、悬架、车轮等);在整个过程中,控制子系统(包括转向系、制动系等,以及驾驶室内的各操作单元,最主要的是人的参与)完成对整体技术系统的控制,正常实现汽车行驶的基本功能。

需要注意的是,很多技术系统都是从劳动工具演变而来。例如人用锄头犁地,其中锄头是劳动工具,这二者不构成技术系统。而人驱使牛犁地则构成技术系统——其中牛是能量源以及动力子系统(二者可以在一个部件内实现),牛身上的套索以及麻绳是传输子系统,锄头是执行子系统,人操控着锄头构成控制子系统,如图 3.8 所示。因此,完备性法则可以作为技术系统存在的判断依据,也是设计技术系统时必须遵守的原则。

正如以上牛耕地的案例所述,最初的技术系统往往是人工过程的一种替

图 3.8　牛犁地

代。具体来讲,想要实现特定的功能,最开始由纯人力手工操作实现,逐步引入工具(执行子系统),加载传动装置(传输子系统)提供做功效率,进而可以引入其他能量(如风能、水能、牛、马、骡子等)解放人力,并添加控制子系统对整个技术系统进行管理和操控,最终达成对人工过程的替代。与此类似,从手挥镰刀收割小麦,到现今运用联合收割机高效地完成同样的工作。因此,本法则所蕴含的一个进化趋势是:**引入传动子系统→引入动力子系统→引入控制子系统**。

3.5.2　能量传递法则

能量传递法则的基本内容为:要实现某项既定功能,必须保证能量能够从能量源流向技术系统的所有需要能量的元件。其在完备性法则的基础上,对技术系统正常发挥功能提出了进一步的要求。与此同时,该法则还指出,应该将系统内能量传递的效率提高,将能量损失(如能量转换过程中的损失、废物的产生以及产物带走的多余能量)降到最低,具体建议归纳为以下几点:

(1)力求各个子系统使用同一种形式的能量,减少不同形式能量转换带来的损耗;

(2)技术系统的进化过程应该沿着能量流动路径缩短的方向发展,减少能量的损失;

(3)提升对"免费"的外部能量以及系统内部多余能量的利用率;

(4)将可控性较差的能量形式替换为可控性较好的形式。

例如,火车车头最初采用蒸汽机、内燃机作为引擎,然而在将燃烧释放的热能转化为机械能的过程中有大量的能量损失,燃烧所产生的废气也会带走大量无法回收利用的热量。现今最新的高速电气化铁路则采用电能,一方面电能的输出强弱可以通过控制面板方便地操作，增强了能量可控性；另一方面电动机能量利用率远大于蒸汽机、内燃机，能量形式单一，损耗小。因此，本法则所蕴含的一个进化趋势是：**势能→机械能→热能→化学能→电磁能**。

3.5.3 协调性法则

协调性法则的基本内容为，技术系统各个组成部分之间的韵律（结构、性能和频率等属性）要协调，这也是技术系统正常发挥作用的另一个必要条件。其中，协调性可以具体表现为以下若干种方式：

1）结构上的协调，如尺寸、质量、几何形状等；

2）性能参数的协调，如材料性质、电压、功率、作用力等；

3）工作节奏的协调，如转动速度、频率、数据和信息传输等。

协调性法则进一步指出，技术系统会沿着各个子系统之间更加协调、整体技术系统与超系统间更加协调的方向进化，具体可以分为三个层次：首先，技术系统会沿着各子系统之间更协调的方向进化，例如，早期的自行车前后轮大小不一致，骑车者上车下车比较困难，现今自行车已经改进为前后轮大小一致，整体高度与人身高类似，骑行十分方便舒适。

其次，技术系统会沿着与其所处的超系统（环境）之间更协调的方向进化，即技术系统整体以及各子系统要与其所在的超系统的相关参数彼此协调，只有这样，技术系统才能在其所处的环境中更好地发挥作用。例如坦克逐步改进其迷彩外观，以适应森林、沙漠、平原等多种不同环境的作战要求。

最后，技术系统会沿着各个子系统间、子系统与系统间、系统与超系统间的参数动态协调与反协调的方向进化，其为协调性法则的高级表现形式，目的是保证技术系统的高度可控性，以及实现自动控制的可能性。具体来讲，蓄意反协调的意义通常是消除技术系统元素之间的有害相互作用——频率的反协调是消除系统中有害共振的有效方法。而材料和场参数的蓄意反协调则可能在技术系统中产生相应的物理和化学现象，取得额外的有益作用。

将以上三方面进行提炼，则可以总结本法则所蕴含的一个进化趋势：**系统内协调→与超系统协调→蓄意反协调与动态协调**。

发展法则：

与生存法则相对应的，是技术系统进化所遵循的发展法则。顾名思义，生存法则讲述的是技术系统正常发挥功能的必要条件，发展法则揭示了系统在人为作用下，不断完善自身性能，提高理想度时遵循的规律，回答了如何改善其可操作性、可靠性及效率等一系列问题。

技术系统必须同时满足所有的生存法则,却并不需要同时遵从所有的发展法则。不同的技术系统,在其发展的不同阶段,所遵循的发展法则可能是不同的。技术系统进化法则之中,共包含了六条发展法则,如下所述。

3.5.4 提高理想度法则

提高理想度法则的基本内容为:所有技术系统都是朝着理想度提高,最终趋近理想系统的方向进化的。本法则是技术系统进化理论的核心,是技术系统进化法则的总纲,其他的八条法则以及若干进化路线,都可以视为从不同的角度来提高技术系统的理想度。

欲达到提高理想度的目标,在不影响系统主要功能的前提下,可以简化某些子系统、组件或操作,充分利用环境中或其他系统的资源,以及将一部分功能转移到超系统中,具体详见本章其他内容讲解。

3.5.5 子系统不均衡进化法则

子系统不均衡进化法则的基本内容有以下几个方面:
(1)技术系统中的每个子系统都有自己的S曲线,不是同步、均衡进化的;
(2)整个技术系统的进化速度及水平,取决于最落后的子系统(短板效应);
(3)这种情况导致系统内部产生矛盾,解决矛盾将使整个系统产生突破性的进化。

掌握子系统不均衡进化法则,可以明确提示并帮助技术人员及时发现并改进系统中最不理想的子系统,从而使整个技术系统的性能得到大幅提升。然而在实际工作中,人们往往忽视这个法则,花费较多精力改善那些非关键性的子系统。例如,早期的飞机被糟糕的空气动力学特性限制其性能。然而很长一段时间内,工程师们却将注意力放在如何提高飞机发动机的动力上,导致飞机整体性能的提升一直比较缓慢。而对机身及机翼做出空气动力学改进之后,飞机的整体性能得到了大幅度提升。

另外一个案例是自行车的进化过程。早在19世纪中期,自行车还没有链条传动系统,脚蹬直接安装在前轮轴上,因此自行车的速度与前轮直径成正比。为了提高速度,人们采用了增加前轮直径的方法。但是一味地增加前轮直径,会使前后轮尺寸相差太大,导致自行车在前进中的稳定性变差,很容易摔倒。后来,人们开始研究自行车的传动系统(其进化落后于车轮子系统),为自行车装配链条和飞轮,用后轮的转动推动车子的前进,而且前后轮大小相同,以保持自行车的平稳和稳定。此后自行车的性能得到质的提高,逐步走进千家万户。整体的进化过程如图3.9所示。

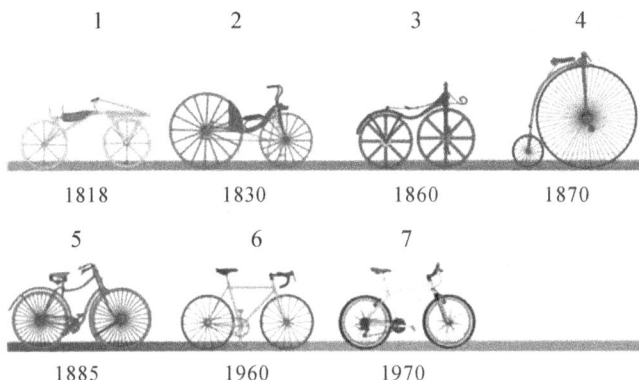

图 3.9　自行车各子系统不均衡进化

图片来源:www.evoketw.com

3.5.6　向超系统进化法则

向超系统进化法则的基本内容是,技术系统内部有限的进化资源要求其进化应该沿着与超系统中的资源相结合的方向发展。可以将原有技术系统中的一个子系统及其功能分离出来并转移到超系统内,形成专用的技术系统,以更高的质量执行原先功能。此后,原来的技术系统将作为超系统的一个子系统,超系统将为其提供合适资源,原有技术系统也得到简化。

例如空中加油机的发明。长距离飞行时,飞机需要携带大量的燃油。最初是通过携带副油箱的方式得以实现的。此时,副油箱被看做是飞机的一个子系统。通过进化,将副油箱从飞机中分离出来,转移至超系统,以空中加油机的形式给飞机加油。此时,一方面,由于飞机不再需要携带副油箱,使得其重量减轻,系统得以简化;另一方面,加油机可以携带比副油箱多得多的燃油,大大提高了为飞机续航的能力。

技术系统向超系统进化,除了此种"将子系统剥离至超系统"的方式之外,还有阿奇舒勒提出的经典的"单系统→双系统→多系统"进化路线,如图 3.10 所示。

具体来讲,技术系统在其资源耗尽后,就会与其他系统结合,形成更加复杂的系统——双系统。多个初始系统也可能结合起来组成多系统。系统转变为双系统和多系统的主要条件,是需要改善初始系统运行指标,需要引入新的功能,而通过系统结合能满足这些需求。

双系统和多系统可以是单功能的或者是多功能的。单功能双系统(例如两头尺寸不同的扳手)和单功能多系统(例如执行同一任务的战斗机编队)由能够

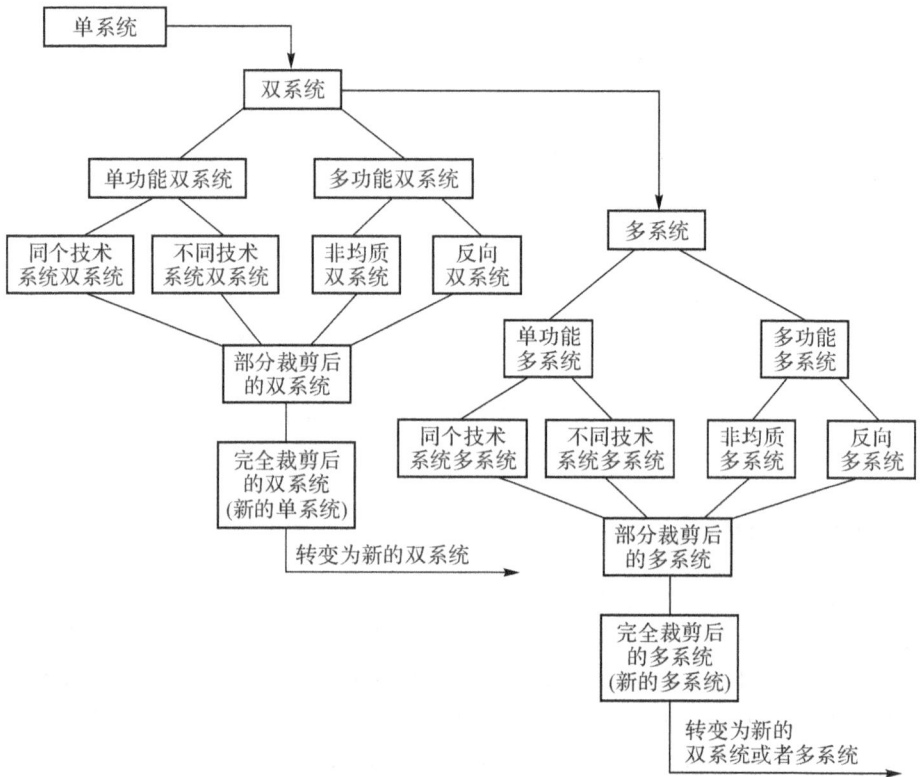

图 3.10 "单系统→双系统→多系统"进化路线

来源:N.什帕科夫斯基著,郭越红等译:《进化树——技术信息分析及新方案的产生》,北京:中国科学技术出版社,2010 年,第 13 页。

完成同样功能的相同技术系统或者不同技术系统组成。多功能技术系统包含行使不同功能的非均质技术系统(例如瑞士军刀,本质是一个非均质多系统),也可以包含行使相反功能的反向系统(例如带橡皮头的铅笔,本质是一个反向双系统)。通常一个系统和其他系统结合后,所得到的多系统中的所有组件会结合成为更高层次的单系统(瑞士军刀、带橡皮头的铅笔都可以认为是裁剪之后的更高层次的单系统)。从而在这个概念上,原有的技术系统已经成为超系统的一部分,下一步的进化将继续发生在超系统的级别上。

3.5.7 向微观级进化法则

向微观级进化法则的基本内容为:在能够更好地实现原有功能的条件下,技术系统的进化应该沿着减小其组成元素的尺寸,或整体系统向微观级的方向进化。向微观级进化的根本原因是,技术系统早期的发展方向主要是增加子系统的数量,以丰富和完善技术系统的功能,但也会导致在能耗、尺寸和重量等方面的超额增长,这与提高理想度的原则相矛盾,也与环境要求相违背。通过向微观级进化,能够将技术系统中各个组成部分的尺寸、能耗、成本等控制在合适范围内,并保持或改善性能,提升整体系统的理想度。

最典型的例子是计算机的进化过程。从最初电子管计算机 ENIAC(美国宾夕法尼亚大学研发,是占地 170 平方米的庞然大物,如图 3.11 所示),到后来的晶体管计算机,以及集成电路、大规模集成电路的应用,计算机的尺寸逐步减小,与此同时,功能却愈发完善和丰富(如图 3.12 所示)。与此例类似的是,在 DOS 盛行以及 Windows 刚刚兴起的年代,计算机储存介质是 5.25 英寸或 3.5 英寸的软盘,其面积与人类手掌大小类似,存储空间最高只有 1.44MB。随后,储存系统应用的材料以及整体尺寸向微观级进化,发展出了光盘、硬盘等媒介,现今一些硬盘的储存空间高达几 TB,一些 U 盘的大小与人类的指甲类似,这不得不说是技术系统向微观级进化的典型案例。

图 3.11　电子管计算机 ENIAC

本法则表明,技术系统中的元素,其尺度逐步向微观级进化,可以提升其相互作用的柔性和可控性。例如,想抬升一个重物,最简单可以用一根铁棍支撑(整体),或者可以选用剪式千斤顶、螺纹式千斤顶(多个部分)、液压式千斤顶(液体),此时技术系统的微观级程度得到增加,能够更加有效地实现功能(抬举重物),可控性和操作性也更加良好。而更高级别的分化会加入场的应用(如装

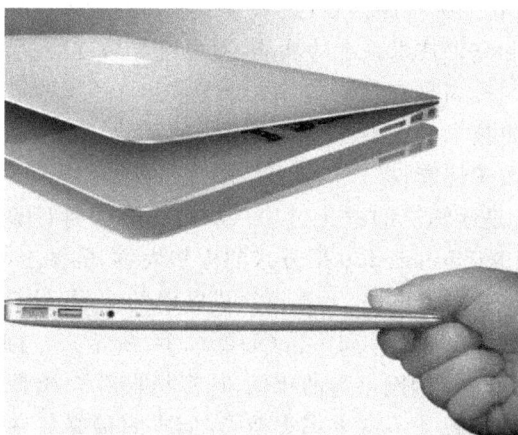

图 3.12 现今的超薄便携笔记本电脑

备有电磁吸盘的起重机）。因此，可以发掘本法则蕴含的一个进化趋势是：**整体 →多个部分→粉末→液体→气体→场→虚空**，如图 3.13 所示。

3.5.8 动态性法则

动态性法则的基本内容为：技术系统的进化应该沿着结构及相互作用柔性、可移动性和可控制性增加的方向发展，以适应环境状况或执行方式的变化。例如，常见的键盘是一个长方形的刚性整体，携带非常不便。而后逐渐出现了可折叠键盘以及用橡胶材料制成的可卷曲的柔性键盘；进而在许多电子设备中，其触控显示屏即可发挥键盘的功能；最近已经出现了一种虚拟激光键盘，它可以将全尺寸键盘的影像投影到平面上，用户可以像使用普通键盘一样直接输入文本，使用非常方便。许多系统也是沿着类似的路线不断进化——例如轴承系统，从单排球轴承，到多排球轴承、微球轴承，再到气体、液体支撑轴承，最后进化为磁悬浮轴承；另外还有切割技术，从原始的锯条，到砂轮片、高压水刀，最后到激光切割技术等等，它们在本质上都是沿着与键盘相似的进化路线不断发展，因此可以概括出本法则所蕴含的一个进化趋势——柔性进化趋势，如图3.14 所示。

图 3.15 展示的是我们常用锁具的进化过程，从最初的挂锁（刚体），到形状可以自由改变的折叠锁、链条锁（多铰链、柔性体），再到可以自主设定以及灵活识别的电子锁、指纹锁、虹膜检测锁等等，都遵循着柔性进化的趋势。除此之外，动态性法则还包括了可移动性增加、可控性增加等方面，具体细化为以下进化趋势：

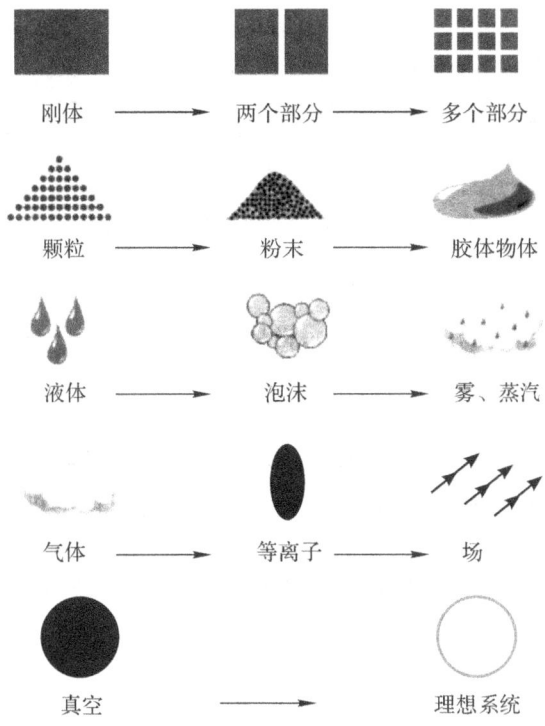

图 3.13　向微观级进化趋势示例

来源：N. 什帕科夫斯基著，郭越红等译：《进化树——技术信息分析及新方案的产生》，北京：中国科学技术出版社，2010 年，第 43 页。

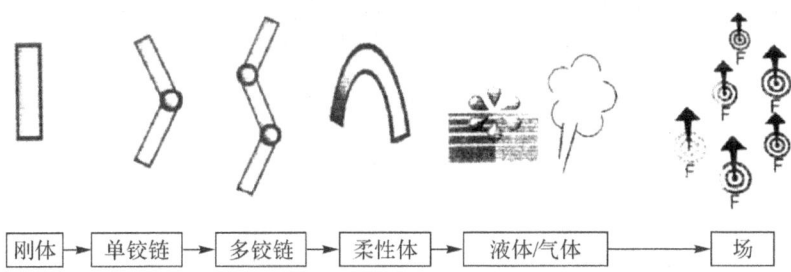

| 刚体 | → | 单铰链 | → | 多铰链 | → | 柔性体 | → | 液体/气体 | → | 场 |

图 3.14　柔性进化趋势

来源：张武城著：《技术创新方法概论》，北京：科学出版社，2009 年，第 154 页。

可移动性增加的进化趋势：**不可动系统→部分可动系统→高度可动系统**；

可控性增加的进化趋势：**直接控制→间接控制→反馈控制→自动控制**。

例如上面的案例，从锯条进化到激光切割，既符合柔性进化趋势，也符合可

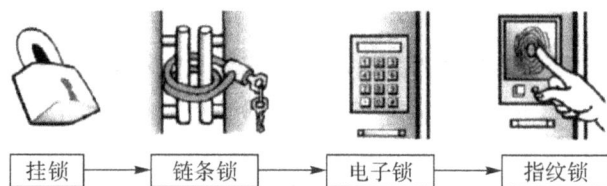

挂锁 → 链条锁 → 电子锁 → 指纹锁

图 3.15　柔性进化趋势实例:门锁的进化

来源:张武城著《技术创新方法概论》,北京:科学出版社,2009 年,第 155 页。

控性增加的趋势(激光切割可以精确控制,通过程序把对象切割成任意想要的形状)。再比如将普通的开关控制灯具改进为声控、光控灯具,现在已经发展出通过光感自动调节亮度的灯具,遵循可控性增加趋势。

最后需要指出的是,一些研究者还归纳了"增加物场度"法则,通过 TRIZ 理论中物-场模型的构建,指出技术系统是沿着物场度增加的方向进化的,具体表现为以下几个方面:

(1)从低级场向高级场进化(如重力场、机械场转变为化学场、电磁场等);

(2)组成系统的组件数量增加;

(3)物质的分散程度增加;

(4)元素之间的联系的数量和灵敏性增加。

"增加物场度"法则的核心思想可以表述为:将那些对系统完成(或提升)其有用功能阻碍最大的部分(或组件)复杂化,可以通过形成链式物场或者双物场结构等方式来实现。该法则在本节不作详细阐述,原因有二,最主要的原因在于该法则所阐述的道理,在其他法则之中已有所包含;另外对物-场模型的介绍在本书后续章节,请读者阅读后再参阅其他相关书籍。

3.6　技术系统的进化路线[①]

上一节所讲述的技术系统进化法则,提纲挈领地阐明了技术系统进化所遵循的一般规律。法则之中蕴含的进化趋势,以及将进化趋势进一步细化得到的进化路线,则反映了技术系统发展过程中会经历的具体阶段和进化顺序,是对进化法则的解释说明以及具体补充,在实际应用中具有重要的价值。因此,对

①　本节内容修改自:[白俄]尼古拉·什帕科夫斯基著,郭越红等译:《进化树——技术信息分析及新方案的产生》,北京:中国科学技术出版社,2010 年,第 35—76 页。

技术系统进化路线的详细研究成为 TRIZ 学者们的关注点。

在分析综合海量专利文献时,借此提炼进化路线时,不同研究者的成果存在区别。在本节内容中,我们选择了十条经典的进化路线加以介绍。这十条路线的获得,基于对技术系统施加变换时的不同作用,如表 3.3 所示。可以认为它们较好地囊括了技术系统进化路线的各种普遍情况,其他资料中的进化路线可以视为其特殊情况或更加展开的形式。

表 3.3　系统变换时的作用与相应的进化路线

	系统变换时的作用	相应的进化路线
1	往系统中加入元素和联系	从单系统向双系统和多系统转变
2	从系统中去掉元素和联系	系统裁剪
3	将系统的某个元素和联系更换为另一个	系统扩展—裁剪
4	将系统的元素分成多个部分	物质分割
5	改变系统元素的形状和尺寸	物质的几何进化
6	改变系统元素的内部构造	物质内部结构进化
7	改变系统元素的表面状态	物质表面特性进化
8	保证系统各部分间联系的可动性和其他参数的可变性	动态化
9	保证实时控制,并对其简化	提高系统元素的可控性
10	检查并改善系统元素工作的协调性	提高系统元素作用的协调程度

3.6.1　从单系统向双系统和多系统转变

假如某一系统不能足够好地完成其功能,则逻辑上可以给它增加一个同样的系统帮助其完成功能。这样组合在一起的系统称为双系统。除了提高生产率以外,双系统可以拥有区别于单系统的新功能,用于完成单系统原先不能完成的作用。

"一根笔可以给世界上除自己外的所有东西做记号,而两支笔就可以给世界上的任何东西做记号。"这个有趣的例子表明,把两个系统整合成为一个新的双系统时会产生新的可能性。这里的整合指的不仅仅是两个系统的机械相加,更多的是两个系统有机结合后完成所需功能。

可以整合到某一系统内的元素数量是不限的。如舰队是由通过统一指挥联合起来的多艘舰艇组成的。这种系统性的整合完成任务的可能性,比等数量的、没有整合起来的、各自为战的舰艇完成任务的可能性要多得多。

　　一般来说,系统内相同元素数量的增加会一直继续,直到某一个极限。达到极限后,经常会发生从含有多个相同元素的多系统向部分或完全裁剪后的更高层次的单系统的转变。以帆船为例。随着其结构的改进,帆的数量增加了——原来单帆船已变成挂着大大小小几十个帆的船,对它的控制就显得很困难了,需要一大批经过训练的船员。这种增长一直持续到蒸汽机船的产生,这时大量的桅杆和帆被一个更高层次的单系统,即装有推进轮的蒸汽机代替了,如图 3.16 及图 3.17 所示。

图 3.16　多桅杆帆船

　　在向超系统进化法则部分曾介绍过"单—双—多系统"进化路线。图 3.18 代表了其简化方案,可以认为,单—双—多系统进化路线中的初始方案是某个单物体或单系统。后续的步骤可能是往系统内引入一个补充物质成为双系统,引入多个补充的物质成为多系统,进而转变到更高层次的单系统。

　　通常给系统增加的是类似于系统内已经存在的元素,但也可以在系统中添加完成补充功能的新物质、场和力。例如在手机系统内添加蓝牙传输系统,以实现数据传输的新功能。按此路线进行系统变换的主要原则是保证系统功能的扩展,以使其完成主要功能的质量更高,或者能够完成某些补充的有益功能。

3.6.2　系统裁剪

　　系统裁剪路线描述的是通过从系统中去除元素得到新的系统方案。

　　完善系统时,会有降低成本的需要。可通过使用更加便宜的材料、对系统

图 3.17　蒸汽机船

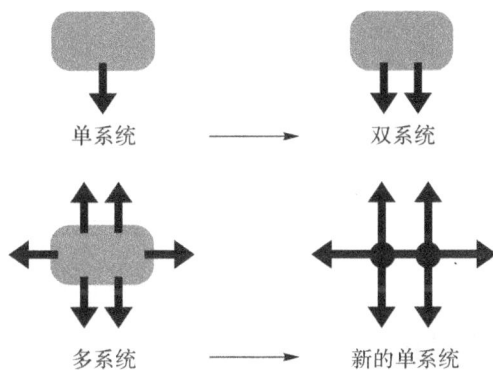

单系统　　　　——→　　　　双系统

多系统　　　　——→　　　　新的单系统

图 3.18　"单—双—多系统"路线

各部分的形状进行优化、降低其加工质量来降低成本。但是这样降低成本的空间很有限。而裁剪是既完成功能又降低花费的主要途径之一,TRIZ 理论中意味着裁剪系统的组成和优化系统结构。这表明,裁剪后的系统在其元素数量变少时仍旧能够高质量地工作。

例如,为了画彩画需要一个复杂的系统,即一整套彩色铅笔。每根木质铅笔都含有某种颜色的笔芯。由于铅笔很多,因此需要一个专门的盒子来储存。为了使系统简化,需要从系统组成中去掉那些可有可无的元素。系统最大程度裁剪的方案将会是有多彩笔芯的铅笔。外表上,它与普通的铅笔没有任何区别,但是其笔芯由四到六个不同颜色的小段组成。在绘画时转动铅笔,就可以得到需要的颜色。

裁剪总是在保留其完成有益功能的质量的前提下,对技术系统进行简化。裁剪的特点在于,在从系统中去掉元素时,需要保证剩下的元素能够完成被裁剪元素的功能。有时候会出现这样的情况,即可以从系统中去掉其所有的元素,同时保证其功能被完成——通过另外一个在附近工作的系统来完成。这种情况下可以认为,被裁剪掉的系统转换成了所谓的"理想系统"(本身不消耗资源但却能完成功能),如图 3.19 所示。

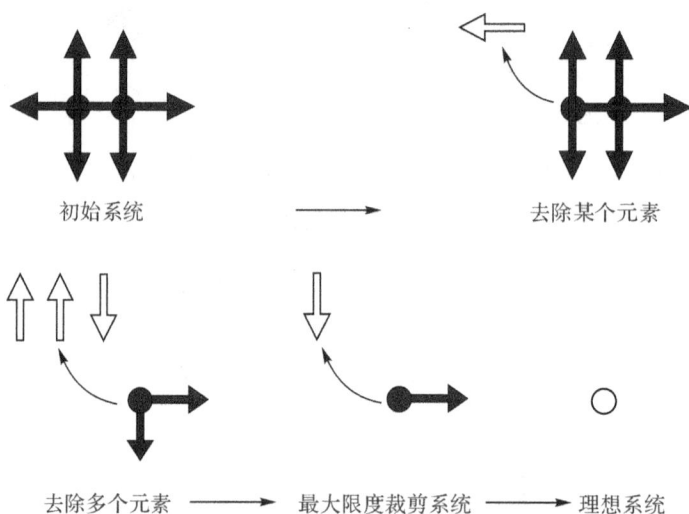

图 3.19　系统裁剪路线

例如,在有灯丝的电灯泡出现以前,曾用电弧来照明(给两个相向放置的、具有一定距离的碳质电极通电得到电弧)。但是随着电极被电弧烧灼,它们之间的缝隙将增大,电弧也终会熄灭。为持续提供照明,派了专人用螺旋装置使电极端面相互接近。这种调节缝隙的系统很复杂,但也能够完成需要的功能。后来运用了以钟表机构为基础的、能够使电极自动接近的装置,裁剪了调整系统的人工操作者。

俄罗斯物理学家亚博罗奇科夫则完全裁剪掉了调整系统,也就是说,通过其他系统完成所需功能,用"理想系统"代替了原系统。亚博罗奇科夫不是将电极相对放置,而是把它们平行放置,用可燃烧的绝缘材料将其隔离开。随着电弧的燃烧,绝缘材料被烧掉,而电极间的缝隙总是保持固定,如图 3.20 所示。

3.6.3　系统扩展—裁剪

"单—双—多系统"进化路线和系统裁剪路线依次作用时,就形成了以下路

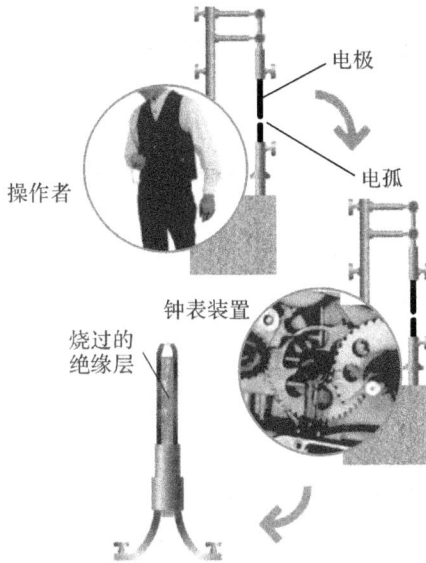

图 3.20 控制电极间距离系统的裁剪

线：最初向系统内添加新的元素，扩展系统的组成，而最终从系统中去掉那些没有它们也可运行的元素。扩展—裁剪路线通常在分析长时间的演变中可以见到，它描述了技术系统从其产生到被完成类似功能的新技术系统替换为止的整个生命周期。（本路线与"S曲线"本质互通）

任何技术系统最初都以最简单的形式出现，表现为某一个功能中心，在这个功能中心内只有完成系统主要功能所必需的元素。此阶段的技术系统由于工作能力低，其理想度也低。当最简单技术系统的最低限度的功能得到保证后，就开始了对其组件的扩展：引入能完成补充功能的元素，使其能够更好地完成系统的主要功能。因为不得不在系统内增加新的元素，系统的成本也会相应地增加。扩展—裁剪路线的这部分与单—双—多系统路线类似，区别在于不仅可以向系统内增加与系统内元素类似的物质，也可添加其他任何需要的物质，即新功能的载体。

系统扩展一直会持续到系统功能完成的质量能够满足人们的需要为止。系统被最大程度地扩展后，具有完整的组件，最多的组成元素。之后系统的发展就沿着裁剪其成分的方向发展。设计人员希望从系统中去除多余的元素，并将其功能转移到系统内剩下的元素。扩展—裁剪路线的这部分与裁剪路线完全类似。

概括来讲，扩展—裁剪路线包含了以下所示的若干步骤。其中，前四个步

骤是扩展阶段,接下来四个步骤是裁剪阶段:

(1)形成系统的功能核心,并保证其最低限度的工作能力;

(2)往系统内引入一个补充物质;

(3)往系统内引入多个补充物质;

(4)形成系统的完整组成部分,并保证其工作能力能够满足要求;

(5)从系统中去除一个物质;

(6)从系统中去除多个物质;

(7)向被最大限度裁剪的系统跃迁;

(8)跃迁到理想系统。

整体流程如图 3.21 所示。

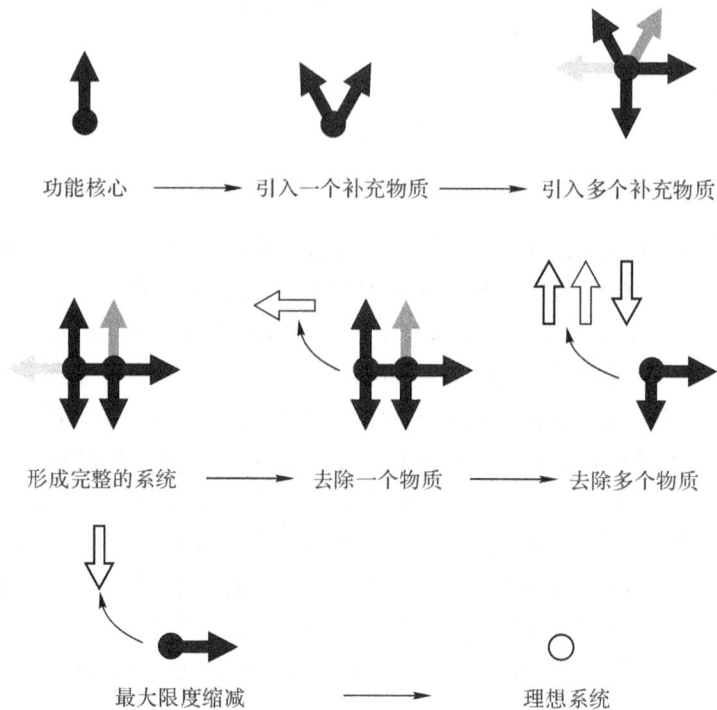

功能核心 ⟶ 引入一个补充物质 ⟶ 引入多个补充物质

形成完整的系统 ⟶ 去除一个物质 ⟶ 去除多个物质

最大限度缩减 ⟶ 理想系统

图 3.21　系统扩展—裁剪路线

例如,最初的汽车可以视为装备有发动机和控制系统的普通马车。这是技术系统"汽车"的功能核心(运输与承载),能够保证其最低限度的工作能力。而且,最初的汽车也没有车厢,车厢的功能是由汽车的某些元素完成的:车架、带低靠背的座椅。依据扩展—裁剪路线,往汽车系统内引入新的元素完成新的功能,于是出现了前大灯,便于汽车在夜间行驶。后来产生了防雨顶棚、防风玻璃和乘客室,使得乘客不再担心淋雨。20世纪30年代的汽车已基本具备了所有的元素,这些元素也能够满足其主要的有益功能。

从那时起,设计者的设计方向就转到了裁剪汽车元素上(当然,系统拓展的过程没有停下,只是这个趋势已经不再占主导地位)。先是汽车的车架、顶棚和车厢被组合成一个组件——车身,被裁剪元素的功能被移到了车身上。后来,前大灯和信号灯也被移到了车身上,这样可以去掉它们自己的外壳和固定件。裁剪过程一直继续,最后,连玻璃雨刷都可以完成无线电天线的功能等。

至于理想化的汽车,应该先从系统本身行使的功能考虑,包括汽车在特定条件下行使的有益功能。如需要开车到某个地方去传递通知,则普通的电话就可以成为“理想的汽车”。

思想者专栏二

单—双—多、系统裁剪、系统扩展—裁剪三条进化路线之间的关系是怎样的?三者是否相互矛盾?应怎样理解?

3.6.4 物质分割

除了向系统内添加新元素外,对系统组件进行分割也是系统通过动态化的方式获得资源的主要方法。分割是系统发展的一个方向,是将整体的、单一的物体逐步分割成为多个部分。这样的分割基本上可以无限制地进行,直至物体转变为真空,然后到“理想系统”。从本质上讲,分割路线展示的是系统从宏观层次向微观层次的跃迁。

从物体层次上讲,系统组件被分解为多个部分,然后成为更小的部分,直到成为粉末和细小的粒子。之后分割转变到分子层次上进行,物体可以是液体或者气体,也可以是它们的混合物。然后是转变到原子层次上(离子和基本粒子)。在微观层次上的物体完全消失,只剩下场的相互作用。这条路线结束时,物体转变为真空,完全从被研究的系统中消失了,直至成为理想系统,整条路线如图3.22所示。

以表面清洁工具的进化为例。此路线最初的技术方案是整块的金属刮板。然后刮板被分成多个部分,转变为刷子,最后它被分成为粉末,变为了喷砂装置。按照进化路线,喷砂流又被高压水流替代。刮板变得越来越小了,转变为等离子束,下一步的发展可能是使用激光束或磁场。最终的技术方案可能是使用“理想刮板”,即零件通过相互间的摩擦得到自我清洗。在实际应用过程中,可用这种思路清除导线表面的氧化层:在某个机床的拉伸滚筒上,将导线互绞几次,导线经过滚筒时,线匝相互间产生摩擦,表面即被清洗干净,而且所耗费

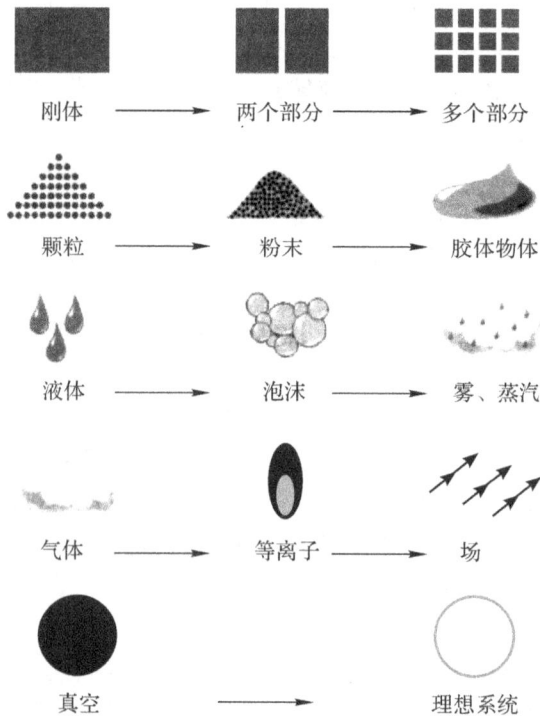

刚体 ⟶ 两个部分 ⟶ 多个部分

颗粒 ⟶ 粉末 ⟶ 胶体物体

液体 ⟶ 泡沫 ⟶ 雾、蒸汽

气体 ⟶ 等离子 ⟶ 场

真空 ⟶ 理想系统

图 3.22　物体分割路线

的能量最小,也不需要任何辅助设备,如图 3.23 所示。

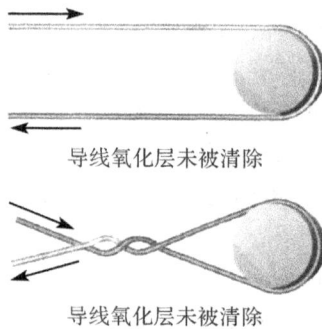

导线氧化层未被清除

导线氧化层未被清除

图 3.23　卷绕机内的导线自动清除氧化层

　　需要说明的是,每一种新的清洗方法并没有否定前一种方法的使用,只是它给出了能够提高表面处理质量的其他可能性。根据需清洗何种表面、何种污染物,从上述方法中选择合适的处理方法或者方法的组合。

3.6.5 物质的几何进化

随着技术系统的发展,其组件的形状变得越来越复杂。其中的一个趋势是使系统更加紧凑,在有限的空间内放置更多的零件。因此系统组件的几何形状是重要的资源。

如圆号是一个几米长的管道,管道的端面是一个喇叭口。圆号是一个很紧凑的结构,它不是直的,而是卷成一个复杂螺旋管,如图 3.24 所示。

图 3.24 圆号实物图

再以汽车为例,最初的汽车是有棱有角的,形状很简单。但是随着汽车速度的增大,空气阻力也增加了,汽车造型开始向流线形发展。这就要求从平板向更加复杂、截面更小的形状转变。其难度有两个,其一是工艺上的可行性,这就对设计师的想象力提出了挑战;其二是需在汽车车体内放置发动机、传动装置、乘客车厢和其他必需元件。这些都要求汽车内部、外部表面和其他部分的形状变得更加复杂,如图 3.25 所示。

如现代汽车的燃油箱需要嵌入到汽车壳体内部空间中,因此形状比较复杂。汽车壳体本身的设计也不容易,它是在流线形特性与对最重要的部件的可达性、部件放置的方便性、乘客上下车方便性之间持续折中的结果。

对线性结构、表面壳体都可进行几何结构的复杂化。线性结构变得更加弯曲和复杂。表面形状从平面变为可以扩展成为平面的圆柱面。然后转变成球面,这种球面不发生形变就不能扩展成为平面。再往下是由几种不同类型的几何表面组成的复杂形状表面。空间构造的形状也进化得更加复杂——从平面组成的空间结构向复杂表面组成的空间结构发展。

图 3.25 老爷车和现代车

此外,除了线性结构和表面的形状变得复杂外,还出现了从一种几何形式向另外一种几何形式的转变,如"点—线—面—体"。从实质来说,这种转变是单个几何元素数量上的增加。点是最基本的几何体,大量的按序排列就组成了线;表面由线集合组成,而空间体是大量的按层分布的几何面,每一次这样的转变都能为系统改善提供新的资源。具体来讲,几何进化路线从单个基本的元素"点"开始,包含如图 3.26 所示的一系列步骤:

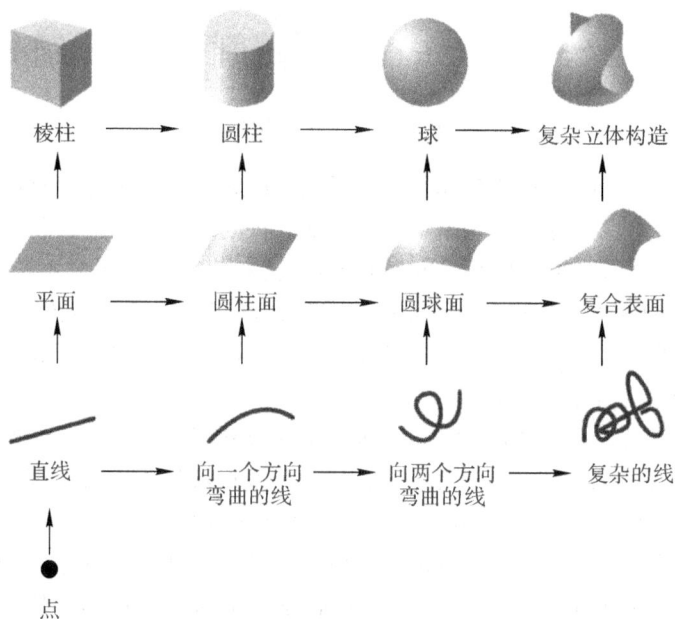

图 3.26 物体几何进化路线

实践中应用这条路线时,最好能够收集各种类型的线、面、体结构,组成一个素材库。对线结构来说,如航海和登山行业中广泛使用的不同类型的绳结。

有意思的表面结构的例子有莫比乌斯环（如图 3.27 所示），立体构造有意思的
例子是克莱因瓶（如图 3.28 所示）。

图 3.27　莫比乌斯环示意图

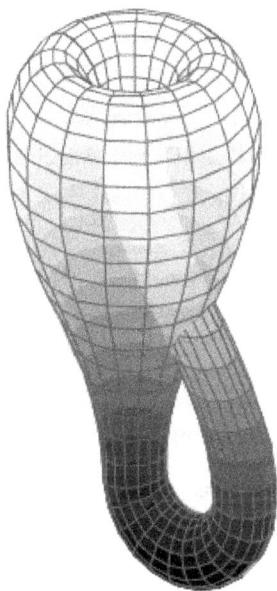

图 3.28　克莱因瓶示意图

轴承的接触部分："点—线—面—体"的进化实例

不同类型的轴承上，用于降低摩擦力的组件和支座间接触面形状的进化，
符合"点—线—面—体"的进化路线。滚珠轴承中能够保证滚珠和运动沟槽表
面之间的点接触。滚柱轴承中圆柱形滚柱和沟槽之间的接触是线接触，这使得
轴承能够得到更大的承载力。滑动轴承中运动轴和静止轴承间通过很薄的油
膜进行接触，这种情况可以看作是表面间的相互作用。

如果轴承中轴的表面和支座的工作面被分置在不同的地方,通过场和其他物体进行接触,则发生的是立体式作用,如磁性轴承通过磁场进行作用,而气压式轴承则通过气流进行作用。如图 3.29 所示。

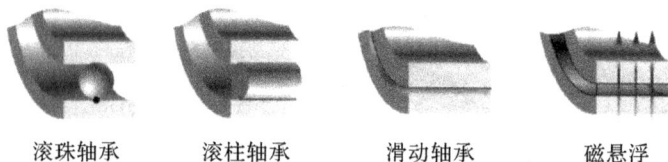

滚珠轴承　　　滚柱轴承　　　滑动轴承　　　磁悬浮

图 3.29　不同类型的轴承的接触面

滚柱轴承的接触线:线几何形状的复杂化实例

从不同类型滚柱滚动轴承中可以发现,滚柱和支座间的接触线变得越来越复杂。在含有圆柱形滚柱和锥形滚柱的轴承中,滚柱和沟槽之间是直线接触。带圆筒形滚柱的滚柱轴承与沟槽之间是曲线接触。这样的轴承能够承受更大的轴向负荷,并具有自我稳定特性。在需要保证径向弹性支撑的轴承旋转部件中,使用的是扭曲的圆柱滚柱,其工作面是螺旋形的。这里的相互作用是沿着复杂的曲线进行的。如图 3.30 所示。

圆柱滚柱　　　圆筒形滚柱　　　有沟槽的滚柱

图 3.30　不同类型滚柱轴承的接触线

计算机鼠标:表面几何形状的复杂化实例

由道格拉斯·恩格巴特在 1964 年发明的最初的鼠标是一个平面立方体形状的物体,其所有的侧面都是平面的。这种形状从人体工程学角度来说是不合理的,因此人们开始把鼠标上表面外壳做成圆柱体一部分的形状。当然这个形状也不是最完善的。经过进化以后,鼠标表面外壳形状就由多个双曲率的表面组成了,这样的形状就很适合人手握持。

在鼠标的发展过程中,改变的只是其上表面和人手接触的外表面,其下表面还是平整的。这种发展方向是因为其上表面需要与手掌指头的形状相协调,而下表面则需要与桌子的表面相适应。如图 3.31 所示。

平面   圆柱面   复合表面

图 3.31 计算机鼠标形状的进化

3.6.6 物质内部结构进化

系统任何元素的内部空间都是可用来完善系统的重要资源。首先可以像俄罗斯套娃一样,将一个元素放在另外一个元素的空腔内,以提高系统的紧凑性。也可以改变内部空间,把它做成多孔—毛细结构,加入场和力,以得到新的特性。

内部结构的进化路线体现了"引入虚空"的思路。它通过改变物体内部空腔、将其分成多个部分,并进一步减小其尺寸得到一系列解决方案。再往后就可以观察到向微小孔腔转变,如向多孔—毛细结构转变,然后是向微观层次转变,即通过引入场和力使得空间特性得以转变,如图 3.32 所示。

实心构造 ——→ 引入虚空 ——→ 形成多个腔 ——→ 形成多孔 ——→ 引入场和力

图 3.32 物质内部结构进化路线

此路线给出的各种方案还可以进一步具体化,从而补充、完善这条路线。可以向结构内引入各种常用的构造,如由各种组件、多孔结构和毛细管结构组成的弦状、柱状构造。另外,还可向物体内部构造中引入不同的场和力及可产生力和场的载体。物体内部可以形成组合结构。通常这样的组合结构会形成比较复杂的系统。如热管,它的内部结构由虚空、多孔—毛细结构、液体和蒸汽组成。

在生活中明显的实例是汽车保险杠的进化。最初的保险杠是很硬的,由密实的、很厚的金属板制成。后来出现了内部有封闭或未封闭腔体的保险杠。这样的保险杠重量更轻,也能在撞击时变形,从而更好地吸收汽车受到冲击的能量。进而,为提高运动的可靠性,保险杠的外壁做得越来越薄,而用蜂窝状元素填充其内部空间;这样的保险杠能够在撞击时很好地被折弯,从而吸收能量。现代汽车保险杠是一个塑料包,其内部空间填充了吸收撞击能量的多孔材料。塑料包的强度是这样设定的：在相对较弱的撞击下，它被压缩，使其变软，而在强烈的撞击下，则反而因多孔空间被挤压而变硬，从而有效地吸收撞击能量。

保险杠未来的发展是为其内部空间赋予能动性。这种能动的保险杠类似于安全气囊。由传感器系统计算汽车的速度及到障碍物的距离。如果速度很大，而距离很小，则车载计算机就会发出信号，启动保险杠。保险杠的软包内瞬间就会充满压缩气体以吸收撞击产生的能量，如图 3.33 所示。

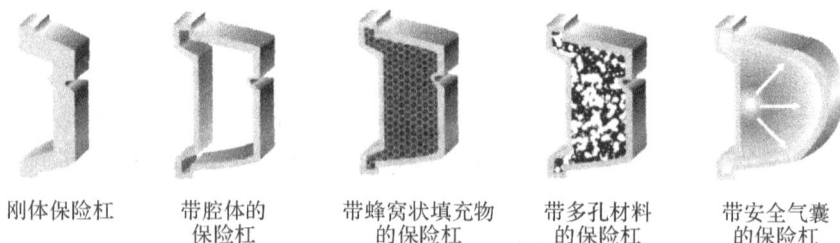

| 刚体保险杠 | 带腔体的保险杠 | 带蜂窝状填充物的保险杠 | 带多孔材料的保险杠 | 带安全气囊的保险杠 |

图 3.33　汽车保险杠内部结构的进化

3.6.7　物质表面特性进化

物体一般通过表面实现相互间的接触，因此系统任何元素的表面都是对其进行改良的重要资源。通过改变表面的微观形状和特性，可以控制物体间的摩擦力、黏附力及其他物体对物体的作用。

物体通常是从光滑表面开始进化。也就是说，随着发展，物体表面的微观形状开始变得复杂起来。以汽车或自行车轮胎为例。由丹洛普发明的气压轮胎，只是一段黏接成环形的软管。当把它们用在自行车上时，与道路的附着力已经够了，但是对于汽车来说，光滑的表面就并不合适，需要给轮胎套上一覆盖层，在其表面上刻上凸起图案。轮胎表面下一步的进化体现在其表面形状变得复杂起来——现代轮胎的保护层上刻着复杂的起伏图案，它是横向和纵向沟道的组合。宽的纵向沟道用于防止潮湿地面上的侧滑，而横向沟道和小的刻纹使车轮具有很好的控制性和有效的制动。而赛车上使用了一种很有意思的保证与路面附着的方法，其车轮表面覆盖了一层专门的黏性橡胶，通过黏附力使车轮保持足够的抓地力。

在表面特性进化路线中可以发现先是形成了凹凸，然后是其尺寸变小，形状变得复杂。路线最后转变到了微观层次，即转变到了有特殊性质的表面，这种性质是通过加入了场、力或者引入了具有特殊性质的材料（如弹性、可控黏性、发光、反光等）来实现的。这条路线反映的趋势，是向保证系统各元素之间更加协调的方向发展的，如图 3.34 所示。

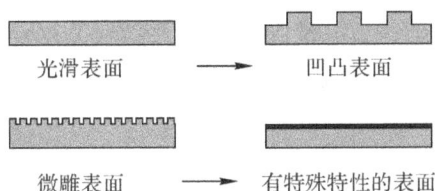

图 3.34 物质表面特性进化路线

在实际使用这条路线时，对其内部的每一个方案的具体化都有很广阔的应用前景。可以在物体表面设想大量的凹凸类型：纵向的、横向的、像槽沟一样的等。另外，可通过多种方法得到有特殊性质的表面，其中一种是使用各种场及其组合，也可使用具有特殊性质的物质：弹性物质、对其他表面附着力可控的物质、不同的反光性质的物质及其他具有特殊性质的材料。

3.6.8 动态化

总的来说，动态化指的是系统某些参数的变化，包括温度、压力、速度、可动性等。最简单的动态化是使其系统元素变得可动。动态化能够使系统变得更加可控，能够适应其工作条件的变化。也能够把系统元素调整至最佳工作状态，更加精确地使其参数与环境变化着的要求相协调。

在系统变换阶段时需要检查一下，有没有可能改变其元素的参数。根据系统元素工作的具体参数来选取元素参数的动态化程度。必要时，用可动的柔性连接来代替刚性连接，也可用更加动态化的场替代。如可用电磁铁产生的变化的磁场来替代恒定不变的磁场。

为保证系统各部分的可动性，需要有相关的资源。这样，除了能够保证有效的控制以外，还能使系统动态化。其中系统在各个层次上变换最重要的是使系统的各部分间、系统本身和外部环境间建立起完全的协调性。

我们以普通的门为例子来看一看系统变换的顺序。为了得到一扇门，我们可以这样做：从墙上抠掉其中与将来的门的尺寸相同的一块（分解），将它做得更薄、更轻（元素之间形状、尺寸与位置的协调）。假如我们使用刚性连接把门固定到所形成的门洞上，门就很难被打开。因此我们需要做的是使其动态化，也就是说，使用铰链连接来固定门。

下面需要做的是想出一种能使它轻松开关的办法（可控性），并考虑好，什么时候门应该是打开的、什么时候应该是关闭的（系统各元素工作的协调）。

动态化路线的第一步对应的是这样的一种方案，其各部分是刚性地连接在一起的。从此步开始,具体的进化路线包含如图 3.35 所示的一系列步骤。

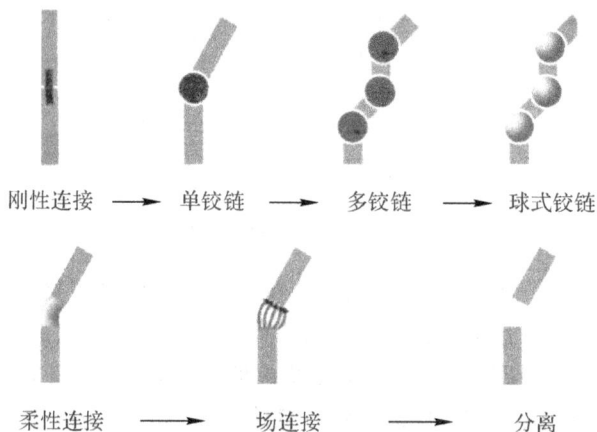

刚性连接 ⟶ 单铰链 ⟶ 多铰链 ⟶ 球式铰链

柔性连接 ⟶ 场连接 ⟶ 分离

图 3.35 动态化进化路线

为使每一个步骤具体化,设计者需要不断收集关于各种连接的信息。如对"柔性连接"来说,可以是不同柔性程度的连接,也可以是不同自由度的连接。

专栏阅读一

动态化路线应用实例:带式运输机的进化路线①

带式输送机是以输送带为牵引和承载构件,通过承载物料的输送带的运动进行物料连续运输的设备。其结构原理如图 3.36 所示,输送带绕经传动滚筒和尾部滚筒形成无极环形带,上下输送带由托辊支撑以限制输送带的挠曲垂度,拉紧装置为输送带正常运行提供所需的张力。工作时驱动装置驱动传动滚筒,通过传动滚筒和输送带之间的摩擦力驱动输送带运行,物料装在输送带上和输送带一起运动。带式输送机一般是在端部卸载,当采用专门的卸载装置时,也可在中间卸载。

进行专利检索,首先要确定欲检索专利的主题、地区、资料库等必要的背景信息,才能有效地收集资料。在此次带式输送机的专利分析中,以中国国家专利局的专利数据库为检索依据,将研究的侧重点放在国内带式输送机的发展上,检索国内近 30 年来带式输送机的相关专利。检索时关键词采用"带式输送机"、"皮带机",而专利发表的地区与公司则不加限制,以期能够检索出更多有

① 资料来源:檀润华、曹国忠编著:《面向制造业的创新设计案例》,北京:中国科学技术出版社,2009 年,第 266 页。

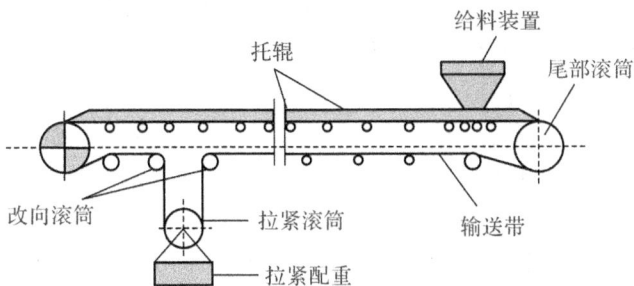

图 3.36　带式运输机结构原理示意图

用的专利资料。

　　检索到专利初级资料 321 件,其中实用新型专利 269 件,发明专利 52 件。所有名称中包含"带式输送机"和"皮带机"的专利都会被检索出来,但其中会有一部分的专利资料与部分研究内容无关,因此必须对初级资料进行筛选,从而找到直接相关的专利。

　　带式输送机的关键技术包括承载方式、驱动方式、制动方式、输送带结构、移动结构。本例题仅给出承载方式的研究结果。通过对带式输送机的专利分析,发现其承载方式经历了如下几个阶段:原始带式输送机—深槽型带式输送机—管状带式输送机—气垫式—液垫式带式输送机。

　　阶段一:原始带式输送机

　　带式输送机最早出现于 17 世纪中期,当时每个托辊组中只有一个托辊起简单的支撑作用,后来发展成为每组两个托辊,如图 3.37 所示。

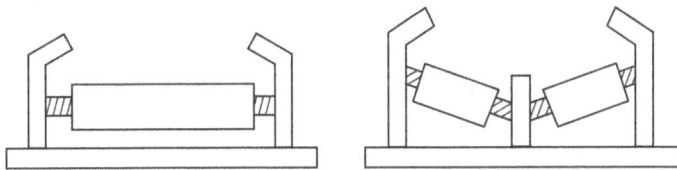

图 3.37　原始带式运输机结构

　　基于当时的技术水平,原始的带式输送机与其他运输方式相比,已经具有了一定的优越性。正是由于其结构简单、节省劳动力等特点,很快得到了重视和广泛的应用。

　　但是,由于当时的技术水平的限制,原始的带式输送机的应用环境具有很大的局限。运输距离短,运速慢,且只能实现平面的运输。这只是带式输送机的雏形。

　　阶段二:普通托辊式带式输送机、深槽型带式输送机

1892 年,Thomas Robims 发明的槽型结构的带式输送机确定了当代带式输送机的基本形式,也就是至今仍得到广泛应用的普通托辊式带式输送机,如图 3.38 所示。这种结构不但延续了原始带式输送机结构简单等特点,而且在很大程度上提升了带式输送机的使用范围。通过对托辊的不断改进,普通带式输送机的输送性能也不断提高。由于每组采用三个托辊,形成槽型结构,增大了物料的承载能力。并且通过改变托辊布置,可以实现在平面上的大角度弯曲;通过改变槽角,使托辊对物料产生一定的夹持作用,从而实现在垂直方向上一定角度的提升。深槽型带式输送机是在充分保持通用带式输送机优点情况下,增大输送物料倾角的一种输送机,它是仅改变输送机的托辊组的槽角或托辊组中辊子的数量,通过辊子经过输送带对物料的挤压来实现大倾角输送物料的。但其也存在一定的缺点,就是深槽型输送机提高输送物料的倾角受到物料性质和料流的影响。

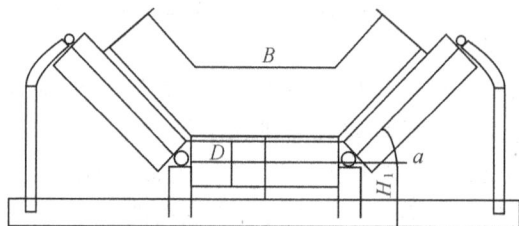

图 3.38　普通托辊式带式输送机

阶段三:管状带式输送机

圆管带式输送机是在槽形带式输送机基础上发展起来的一类特种带式输送机,如图 3.39 所示。它是一种通过托辊组施加强制力将平形输送带导向成圆管状,使输送物料被密闭在圆管内,从而在整个输送线路中实现封闭输送的设备。但其存在的缺点包括:

(1)材质和制造要求相对较高;

(2)由于在输送机的运行中物料被包围在圆管内,增大物料与输送带的挤压力,因此输送机的运行阻力系数要比通用带式输送机大;

(3)与通用带式输送机相比,在带速和带宽相同的条件下输送量小;

(4)设计计算复杂;

(5)从结构上来说,圆管带式输送机不会产生如同通用带式输送机的输送带跑偏问题,但是存在输送带的扭转问题,严重时会使输送带的边缘进入两个托辊的间隙内,造成输送带的损坏。

阶段四:气垫式带式输送机

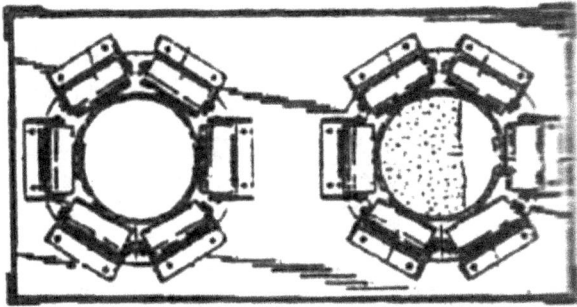

图 3.39　管状带式输送机结构

气垫式带式输送机,如图 3.40 所示,是将普通带式输送机的承载托辊去掉,改用设有气室的盘槽,由盘槽上的气孔喷出的气流在盘槽和输送带之间形成气膜,变普通带式输送机的接触支撑为形成气膜状态下的非接触支撑,从而显著地减少了摩擦损耗。气垫式带式输送机维修费用低,制造成本低,运行稳定,工作可靠,运输能力高,污染少。

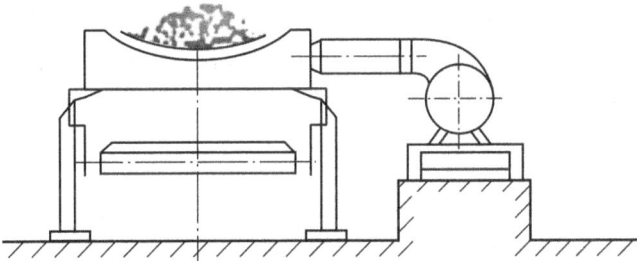

图 3.40　气垫式带式输送机结构

气垫式带式输送机存在的缺点包括:

(1)由于供气及沿线气压损失而造成能耗较大,特别是输送线较长时其能耗就更大;

(2)空载或轻载的气垫不稳定,输送带中央悬浮过高,带的两侧易被盘槽磨损;

(3)不适用于很粗大的散状物料和成件货物;

(4)不能承受冲击载荷,否则会破坏气垫,因此在装料处仍需缓冲托辊;

(5)由于气室制造上的困难,输送机不易实现平面和空间转弯,只能是直线布置,若要转弯,则该部分需设置过渡段托辊。

通过专利分析,带式输送机承载装置的进化满足技术系统进化路线中的动态化路线,具体如图 3.41 所示。

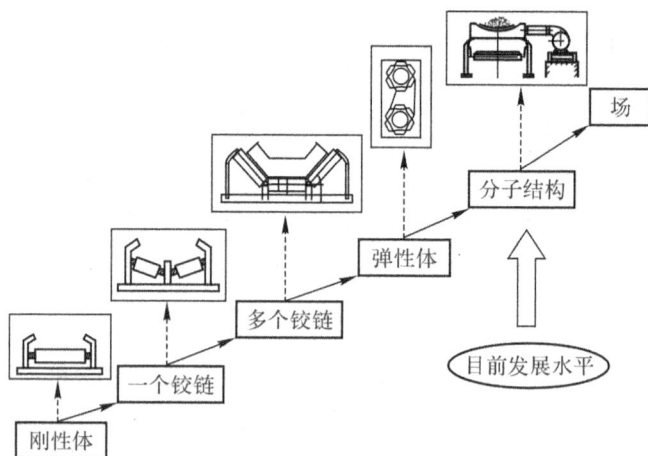

图 3.41　承载方式进化路线分析

　　根据进化路线可知,带式输送机的承载方式已经达到了分子结构,出现了气垫式带式输送机。虽然气垫式带式输送机已经得到了一定程度的应用,但是它的缺点决定了它的应用场合受到了很大的限制,也促使它向更高的程度进化。因此带式输送机的承载方式将向场进化,可以利用磁场支撑来实现磁垫式带式输送机,如图 3.42 所示。

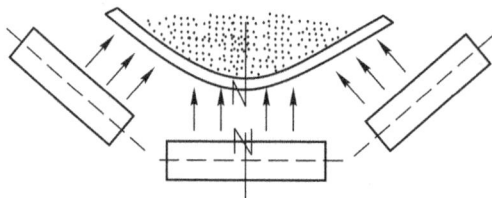

图 3.42　磁垫式带式输送机原理图

　　两磁铁的磁极之间有相互作用的磁力存在。相同磁极之间存在排斥力,反之则存在吸引力,其作用力的大小由磁极产生的磁场强度决定。利用这一基本原理,假如将胶带磁化制成一磁弹性体,并在支撑胶带的支撑面上安装上与胶带被支撑面同级的永久磁铁,则胶带与支撑磁铁之间会产生排斥力,使胶带悬浮在支撑座上,从而实现非接触支撑。输送带与托辊之间产生摩擦不但降低了输送效率,而且加大了输送带的磨损,加大了输送的成本。采用磁垫式支撑,提高了输送效率,降低了输送成本,从而降低了企业的维护费用。缺点是需要专门的磁性胶带,且容易发生飘带和跑偏。

3.6.9 提高系统元素的可控性

系统产生时,其大部分参数已经达到了协调,系统工作过程中无须对其改变。但操作者和控制装置完成的功能一些参数是必须要改变的。

系统的可控性是一种在操作者和控制装置作用下完成系统功能时,能保证系统参数的有效变化以适应外界条件变化的能力。提高可控性这一进化路线旨在陆续简化操作者和系统各部分之间的相互作用。

传统的吸尘器是手动控制的,逐渐进化为遥控控制(半自动化控制),现今市面上已出现了全自动智能吸尘机器人。它通过超声波空间定位,能轻易地判断哪里是墙、桌子腿、门洞和台阶。吸尘时,吸尘器内部控制机构中能形成某种"地形图",可对其运动路线进行优化。

从手动控制向半自动化控制的转变,在很大程度上简化了操作者的作用,不很费力就可以控制大功率机械的工作。而转变到自动化控制后,操作者的功能也归结到系统工作的控制和检测程序中。控制方式简化后,可增加具有实时变化参数的物体数量,使得系统更加协调。具体来讲,该条进化路线如图 3.43 所示。

手动控制 ——→ 半自动化控制 ——→ 自动化控制

图 3.43 提高可控性进化路线

此路线各步方案进行具体化时,应考虑到控制机构类型的多样性。可能有机械控制、液压控制、气动控制、电控制等。总体而言,为了对系统组件进行控制,可以使用任何类型。另外,有很多实现系统自动控制的方法,需要收集、使用相关信息。

在拖车轮子的控制方面,很好地体现了该进化路线。用于运载大型重物的大功率货车或拖车,有的具有八个车轮。需要这么多车轮,是因为在承重状态下,需保证货车具有良好的支撑。但是在空载行驶情况下,就不需要这么多轮子了。并且每个转动的轮子都会产生阻力,导致油耗增加。

为了避免这一点,最初使用螺杆装置将部分拖车的轮子升高并离开地面。这在轻载行驶下能够使油耗降低,但是轮子的升降过程本身需要司机花费很多的力气。后来用液压或者气动传动装置来升降轮子。这样,司机仅仅需要按下按钮,轮子就可自动抬升起来。操作过程被大大简化。现在为了实施自动化控制,使用了反馈原理。由传感器确定汽车的负荷,并给执行机构送出指令。完全不需要司机的干预。如图 3.44 所示。

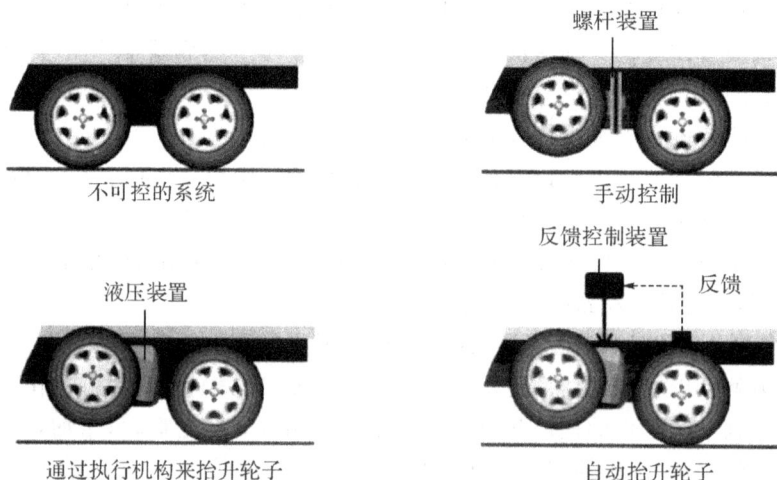

图 3.44　拖车轮子升降机构的变化

　　捷克公司的经典货车"塔特拉"上的轮子和地面接触控制装置很有意思。货车后面的成对轮胎倾斜安装,因此汽车空载行驶时,与路面接触的仅仅是外围轮胎,从而能够保证最小的滚动摩擦。当汽车载重行驶时,减震器被压缩,轮胎变垂直,汽车负荷就分布在货车所有的轮子上。这样的系统既没有传感器,也没有传动机构,整体系统得到了充分的简化。另外,轮子与路面的接触面不是突变的,而是根据汽车负荷逐步变化。如图 3.45 所示。

3.6.10　提高系统元素作用的协调程度

　　设计者工作的目的是使系统各组件完成其功能时在参数、特征、动作上相协调。组建系统的每个阶段都应检查其协调性,具体包括以下几个方面:
　　(1)系统组件完成的功能与系统主要有用功能间的协调;
　　(2)系统组成成分与系统结构的协调,最终只保留实现系统功能必需的组件,并将它们组织成最佳的结构;
　　(3)系统组件间、系统与其外界环境间各个参数的协调,如形状、尺寸、表面特性和内部结构;
　　(4)系统组件工作节奏、工作顺序上的协调,从而保证系统有一个统一的工作节奏;

图 3.45　汽车"塔特拉"示意图

(5)可将系统各组件的工作调整到谐振状态,以增强系统组件间的作用;

(6)系统组件在制作材料、复杂度上的协调,便于采用最合适的制造工艺。

正确的协调能提高系统的理想度,但设计者往往忽略掉这样的可能性。如汽车发动机冷却系统内的散热器用专门的风机吹动。最早汽车内的风机直接安装在发动机的轴上,并一直工作。实际上,发动机只在过热时才需冷却。在发动机正常状态下对它进行冷却没有任何意义,甚至是有害的,因为这会使发动机磨损得更快。

下一代风机是可以被关断的风机,该风机只在发动机需要冷却时才工作。可被关断的风机于 1950 年后才出现。很难想象,之前有多少油料被白白地浪费掉了,而此技术的实现并不困难。后来将散热系统进一步改进,使冷却液体沿着环形管道反向流回发动机,只有在液体温度被加热到一定的温度以后,温度调节装置才会打开通向散热器的管道,而风机也只有在需要的时候才被接通。具体来讲,提高协调性路线如图 3.46 所示。

本路线的最后一部分指出,一个非常有效的协调方法是使用工作的间隙来完成辅助操作。例如在世界一级方程式锦标赛(F1)中,赛车在比赛过程中会有进站环节,利用比赛的间隙完成加油、换胎、零件更换等辅助操作。

有关变速箱的进化过程,是参数协调方面的实例。最初汽车组件间的协调程度只能保证汽车行驶。当时没有变速箱,驾驶员只能通过增加或者减少发动机油料的供给改变速度。汽车速度也只能在小范围内变化,使用起来很不

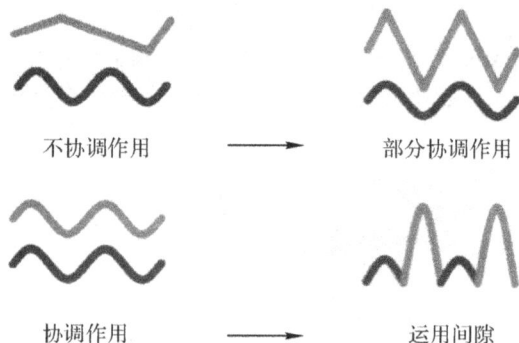

不协调作用 → 部分协调作用

协调作用 → 运用间隙

图 3.46　提高协调性进化路线

方便。

后来发明了变速箱。变速箱内含有几个不同直径的齿轮。驾驶员通过操纵杆使齿轮沿着轴进行移动,使齿轮进入咬合状态,从而改变传递系数。这会使轮子转动速度和汽车运动条件间的协调关系立刻得到改善。变速箱最初只有两到三级变速,后来变速级数增加到了五级。此后广泛应用于现代汽车的无级变速装置的产生也遵循了进化规律。无极变速箱能使传递系数根据行驶的条件平滑地进行变化。

混合型汽车传动装置的改进,则代表了协调性的进一步提高。此种传动装置由传统的内燃机发动机和发电机组成,发电机给装在各轮子上的电动机供电。对每一个轮子来说,电动机的转动速度可单独在很宽的范围内改变,从而保证与运动条件间有很好的协调。另外,当汽车制动或者下坡时,轮子的电动机就为发电机工作了,它们产生电能,为蓄电池充电。如图 3.47 所示。

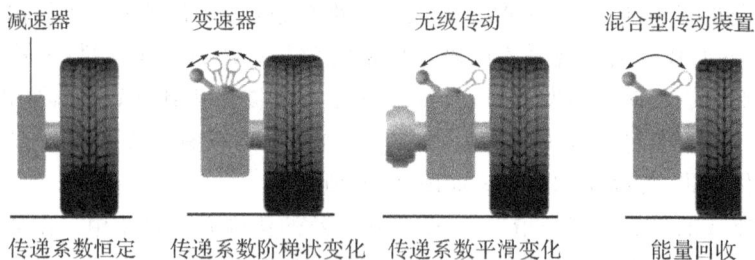

减速器　　变速器　　　无级传动　　　混合型传动装置

传递系数恒定　传递系数阶梯状变化　传递系数平滑变化　能量回收

图 3.47　汽车传动装置的进化

3.6.11　深化:构建技术系统进化树

进化路线表明的是系统变换作用的结果,这些作用是按照一定的顺序进行的,每一个后续动作的进行都考虑了前一个动作的结果。这就表明了这些路线的分布具有一定的等级性,因此,新的路线可以从任何点、任何变换方案开始。根据这个条件,将进化路线排列成树状,能更正确地反映系统本身及其组件变换动作的实质,可称之为技术进化树,其示意图见图 3.48。

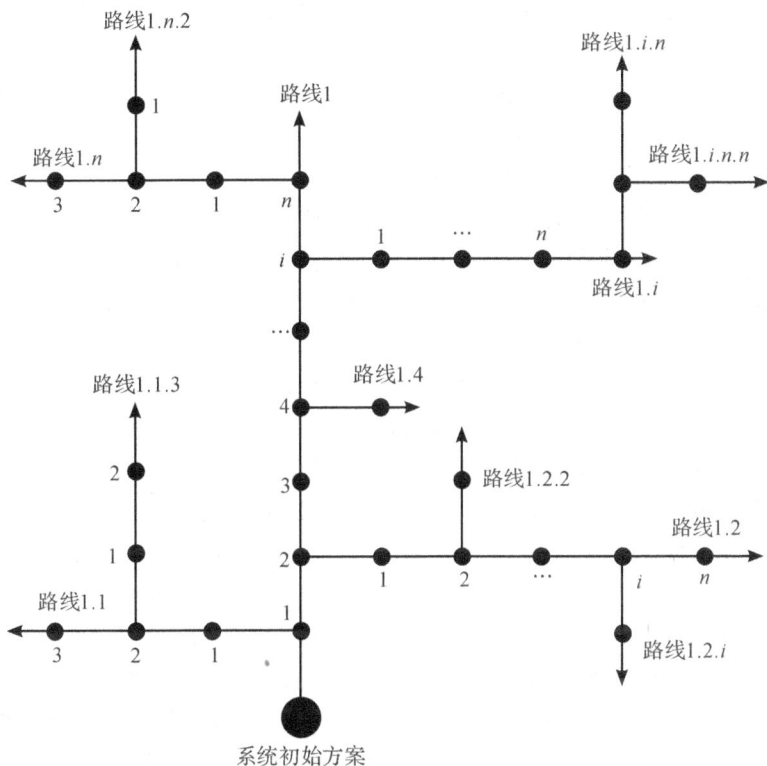

图 3.48 进化树结构

树上的每一个分支都是依据大量统计结果建立起来的系统进化路线。进化树中,必然有一条从技术系统初始方案出发的主轴线。从主轴线的每一个代表物体方案的点开始,可以画出第二层次的侧向进化路线。进化树等级中每一个后续层次,都是在前一层次路线基础上建立起来的。按照这种规则建立起来的路线总和,就组成了最简单的进化树结构。建立实际进化树时,应遵守一定的顺序,并考虑以下八条规则:

(1)确定被研究对象的主要功能,确定执行此功能的作用。

(2)收集关于类似物体的信息,类似物体是指与被研究对象实现同样主要功能的物体,或者是能够促进该功能的完成。对被分析物体的每一种方案作出简单的描述,特别要关注得到该种方案的变换实质。找到被研究物体的初始方案,从技术进化角度来寻找最简单的方案。

(3)选择主要的进化路线,即所构建进化树的主干。这可以是进化路线中的任何一条,但是最方便的是使用其内部元素变换特别明显的进化路线,比如,系统和组件的分割路线或者单—双—多系统(扩展)路线。据此建立起主要的进化路线,即未来进化树的框架。

(4)按照以下规则,建立第二层次的进化路线:尽可能地建立物体变换方案的"动态化路线",假如没有这个可能,则先建立能够得到用于动态化资源的路线:单—双—多系统路线、分割路线和裁剪路线。

(5)检查建立描述物体形状变化、表面特性和内部结构变换的第二层次进化路线的可能性,其中包括几何进化、内部结构进化和表面特性进化。为了使进化树的结构最佳化,只有在这些路线反映了对后续分析很重要的物体变换的情况下,才将它们添到进化树内。

(6)检查单—双—多系统进化路线、分割路线和裁剪路线以后,建立第三层次的动态化路线的可能性,将这些路线画到进化树相应的特征位置上。

(7)在动态化路线后面,建立提高可控度路线。应该针对有特征性的、重要的控制性的情况来建立路线。对于其他情况,按照类似的情况分析清楚物体的控制性。在进化树有特征性的、重要的位置上,建立起提高可控度的路线。

(8)对信息进行补充搜索,对进化树的结构做出补充和确认。

回顾以上对十条进化路线的描述,我们可以发现每条路线都在两个层次上存在。一个是抽象层次,描述的是物体按照该路线理论上变化的次序。在这个层次上,很多技术系统的进化是相似的;另外一个是具体层次,它表明理论进化路线在技术系统内使用后得到的方案,以显示器为例,如图 3.49 及图 3.50 所示。

根据对路线抽象层次和具体层次的划分,我们可以依据以上规则建立进化树。若进化树的树枝是抽象进化路线,则进化树被称为基础进化树,而针对实际技术系统建立的进化树则被称为具体进化树。

进而可以定义,基础进化树是技术系统综合的、抽象的进化特征有序组织的总和,如图 3.51 所示(其中的数字是对应进化路线编号,进化路线中的每个步骤也已经在图中加以说明):

实际上这是一棵巨大的进化树,它考虑到了抽象技术系统变换时所有可能的方案,这个抽象技术系统具有与其他技术系统相同的特征。特征可以是有无辅助组件、几何形状、微观形状、表面状态、内部构造、复杂系统各元素间的联系、反映系统整体状态或其单个组件状态的参数。对于工艺操作和流程来说,

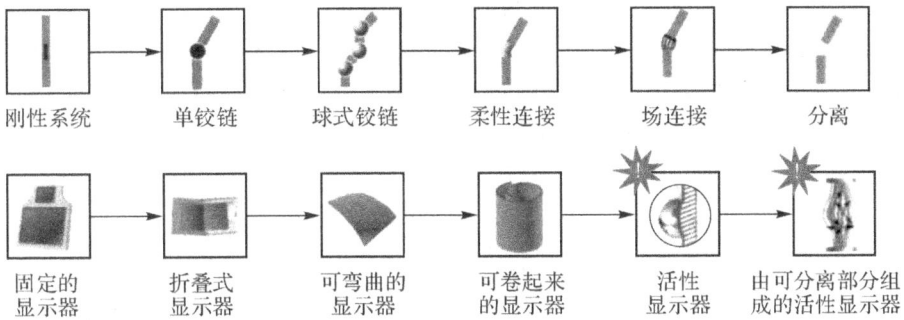

刚性系统　　単铰链　　球式铰链　　柔性连接　　场连接　　分离

固定的
显示器　　折叠式
显示器　　可弯曲的
显示器　　可卷起来
的显示器　　活性
显示器　　由可分离部分组
成的活性显示器

图 3.49　对显示器的动态化进化路线分析

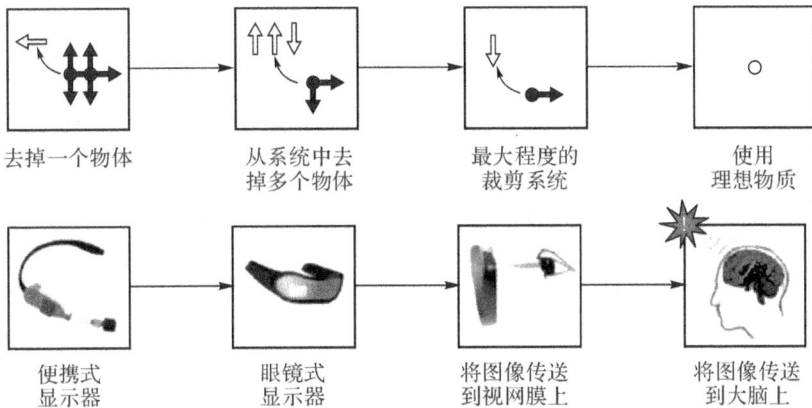

去掉一个物体　　从系统中去
掉多个物体　　最大程度的
裁剪系统　　使用
理想物质

便携式
显示器　　眼镜式
显示器　　将图像传送
到视网膜上　　将图像传送
到大脑上

图 3.50　对显示器的系统裁剪进化路线分析

完全可能是另外一组特征。

总的来说,建立物质性技术系统的基础进化树,可以从最简单的变换方案开始。一个单体的、刚性的物体,具有简单的形状,由有限数量的平面组合而成,并不具有内部结构,就好像是某种建材,像块砖。按照一定的进化路线对这样的物体进行变换,能够得到实质完全不同的实施方案。

原则上讲,任何进化路线都可以成为"树干",即进化树的主轴,但路线中组件的变换是最方便、最常用的,如物质分割路线,按照此进化路线,我们的抽象技术系统首先被分成两个部分,然后是多个部分,直到粉末状;然后在分子层次上进行分割,直到气体、液体及它们的组合;之后是等离子体、场、真空。按照这条路线得到的各个系统方案间有实质性差别,这使得系统按照其他路线进行变换时能得到最有效的资源。系统分割路线是构建多条进化路线的起点。

"树枝",即从树干上衍生出的进化路线,可以按照以下方法选择:

理想化地讲,从树上每一个点都可以建立起多条按顺序排列的进化线路。

因此,要从有无建立进化路线的资源这个角度分析分布在垂直树干上的每一个方案。如被分割成两部分的物体具有以下资源——物体两个部分的表面和内部空间。根据对系统作用的等级性要求,一可依次建立以下路线:几何进化、内部结构进化和表面特性的进化路线。

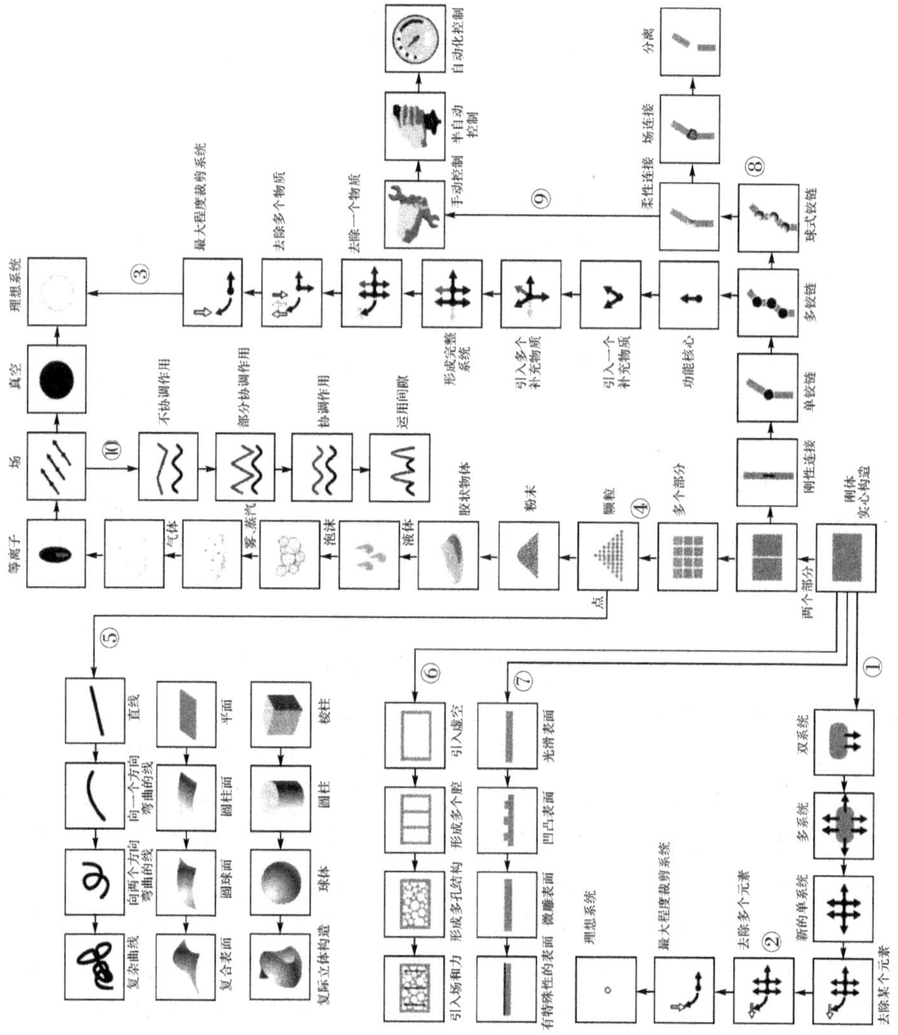

图 3.51　基础进化树示意图①

说明:图中数字编号代表系统变换时的作用与相应的进化路线,详请参阅表3.3。

① 本图引用并修改自尼古拉什帕科夫斯基著,郭越红等译:《进化树——技术信息分析及新方案的产生》,北京:中国科学技术出版社,2010年,第70页。

接下来可依次分析引入可动性联系（铰链），并转入到更加动态化的联系，判断建立动态性进化路线的可能性。这样，每一组变换的目的是使系统更加动态化，更适应于工作条件和外界环境。这就形成了一个基础：能够保证所得到的系统具有更好的可控性，以及与外界条件间更好的协调性。

在基础进化树中，提高可控制性和提高协调性这两条进化路线以总的形式体现出来，因为只有在实际系统中，当系统元素和操作者或者控制装置的联系得到确定后，才能对执行装置可控性的提高做出判断。同样，只有对系统的工作特点与其周围事物有一个清晰的认识后，才能得出系统参数和其工作条件是否相协调的结论。基础进化树中，假定了系统的可控性和协调性这两个参数与其动态性成正比。

针对进化树树干上的每一步，都要检查使用动态性进化路线的可能性。对系统第一个方案来说，只能通过改变整个系统的参数进行动态化。如果还需要进一步提高动态性，需要为此引入资源。如将系统沿着"单—双—多系统"路线进行变换后，我们就可以得到由多个系统组成的多系统。组成多系统的系统参数在空间位置上可以相互独立地改变。也就是说，多系统比单系统更加动态化。

这种方法对进化树主要进化路线的各个层次都适用。假如我们有某个物体，为了建立其进化路线，就需要检查其是否存在继续变换的资源，没有这些资源时应尝试得到这些资源。首先可以引入或者去除补充的组件、过程和联系。对此合适的路线有单—双—多系统进化路线、裁剪进化路线、扩展—裁剪进化路线、物质分割路线。其次应对所引入系统组件的参数进行协调，此时可使用几何进化路线、内部结构进化路线、表面特性进化路线。这样我们就可以得到进行动态化的可能性：保证了可动性和系统组件参数的机动变化，也就是说，动态化路线开始起作用了。

沿着树干向上运动，被变换的物体随之变得更加动态化、更加协调，比如，液体由大量的相互间联系不紧密的分子组成。这是一个很动态化的结构，它能最大程度地与容纳它的容器形状进行协调。但是如果改变其分子成分，用高流动性的液体代替黏稠的液体（如用柴油代替甘油），或者添入有其他性质的液体或其他物质（如化学反应物或铁磁颗粒）来提高液体的动态性。在这种情况下，产生了符合整个变换循环的可能性："引入元素—参数协调—动态化"，在这个循环的最后将得到多成分的动态化液体介质。可以说，在进化树的任何一个点上，甚至是没有被立即观察到变换可能性的地方，都能够引入某些新的物质、场、物质或过程。这使得能够使用一整套变换来发展物体，以及对进化树进行无限制的扩展。这也是基础性进化树不能表示为完备的、最终方案的原因之一。路线内所描述的变换是具体的和单值的,而基础性进化树则是多方案的。它可以表示为一组进化路线,这些进化路线符合其在每一个具体情况下运用的一定规则,已足以符合实际需求。

以基础进化树的构建为起点,具体进化树是将被研究对象变换方案进行组织后的总和。每一个物体的进化树都有自己独特的形状,这个形状和所解决的问题特点、信息的可达性、研究目的的确定性等有关。但是在任何情况下,建立具体进化树的原则和建立基础进化树的原则是一样的。

使用进化树,可以在信息处理的所有阶段起到帮助,包括搜集信息、对得到的信息进行分析、寻找新的想法和技术解决方案、规避专利的限制以及对技术系统的发展做出预测等,其优点包括以下几点:

(1)为了对信息进行组织,我们选择了树状结构,它能清楚地表现出被研究物体当前所有已知的方案。

(2)进化树建立在对很多技术系统分析后得到的客观进化路线基础之上,因此,建立进化树使用的是客观的分类标准。

(3)每一条进化路线都包括对变换方案的概括描述及方案间变换过渡的描述。每一条进化路线都可以用具体技术物体变化的实例来表现。因此,通用性和具体性要求也满足。

(4)以树状结构表达信息,能使设计者同时看到主要的变换方案,并清楚地探寻其结构。

(5)当被分析的技术系统信息不足时,基础性进化树能够帮助我们考虑到所有具有实质意义的变换方案。

04 矛盾分析及解决

　　本章要介绍的 TRIZ 矛盾分析流程，是对各行各业专利解决方案的分析、总结和提升。虽然来源于工程领域的专业问题，但矛盾分析的基本思想在日常生活中无处不在。例如，在野外旅行中需要携带大量的工具（剪刀、平口刀、开罐器、镊子、螺丝起子等），以备不时之需。然而携带如此多而杂的工具很不方便，此时，一个瑞士军刀便能够有效地解决这个问题。再比如，用铅笔写字时难免出错，需要一块橡皮进行涂改。然而单独的一块橡皮非常容易丢失，面对这种情况，把橡皮固定在铅笔的一端即可。

　　以上两个实例都来自生活中最最简单的经验，而且二者具有一定的相似性——实现更多有益功能的同时，便携性随之下降，解决方案都是将若干功能整合在一个物品/系统中，矛盾得以解决。此时需要继续追问的是，"将若干功能整合"这样的解决方案是否具有普适性？如果答案是肯定的，那么该方案又适用于哪种类型的矛盾问题？

　　TRIZ 理论已经对上述疑问予以解答。研究者通过对大量专利分析，提出了通用工程参数的概念，它是对大量矛盾所共有的特征的总结归纳，能够有效地将五花八门、无穷无尽的具体问题，系统性地转化为由若干工程参数描述的典型问题。再寻求已有解决方案的共性，成为典型解决方案（发明原理），并将二者以矛盾矩阵的形式结合，成为开发具体解决方案的科学流程。因此，在本章中重点介绍工程参数、发明原理的内涵以及矛盾矩阵的应用。

4.1 工程参数

4.1.1 工程参数的名称及内涵辨析

最初,阿奇舒勒提出了 39 个通用工程参数,并按其在技术系统中出现几率的大小,以递减的顺序从 1 至 39 给予它们编码(1 代表出现频繁最高)。当今的研究者将通用工程参数增加到了 48 个,并将原有的编号做出调整,本书选用最新的 48 个工程参数进行讲解,其名称、内涵及实例如表 4.1 所示。需要说明的是,经典的 39 个工程参数之外新增加的参数后面标注"*"。

表 4.1　48 个通用工程参数的名称、内涵及实例

编　号	工程参数名称	内涵及实例
1	运动对象的质量	略
2	静止对象的质量	略
3	运动对象的尺寸	对象的长、宽、高,两点之间的曲线距离,封闭环的周长等
4	静止对象的尺寸	同上
5	运动对象的面积	对象的内外表面积、平面、凹凸面的面积等
6	静止对象的面积	同上
7	运动对象的体积	对象所占据的空间
8	静止对象的体积	同上
9	形状	对象的外部轮廓以及几何造型
10	物质的数量	系统中能够被改变的原材料、物质或子系统的数量
11	信息的数量 *	计算机的硬盘是实在的物质,硬盘内的数据是抽象的信息
12	运动对象的耐久性	运动对象正常发挥功能的作用时间或服务寿命,例如轿车行驶超过 60 万公里后强制报废,此即其服务寿命
13	静止对象的耐久性	冰箱的寿命在十年左右
14	速度	对象运动的速率,或从广义上讲,理解为一个作用(过程)与完成所需时间的比值
15	力	对象间相互作用的度量,力能改变对象的状态

续表

编 号	工程参数名称	内涵及实例
16	运动对象的能量消耗	运动对象执行给定功能所需的能量,包括消耗超系统提供的能量,例如汽车耗油量
17	静止对象的能量消耗	冰箱耗电量
18	功率	对象在单位时间内完成的工作量或消耗的能量
19	应力	对象在单位面积上产生的作用力,或对象内各部分之间产生相互作用的内力,包括压强、张力、应力等。例如液体作用于容器壁上的力,或者烧制钢铁内部残留的应力
20	强度	对象抵抗外力作用下物理形变的能力,例如坚固的床铺
21	稳定性	对象的组成、性状和结构在时间流逝和外力作用下保持不变的性质。对象磨损、分解、拆卸都代表稳定性下降
22	温度	除了传统的温度之外,还可以指热容等广义的热状态
23	照度	对象的亮度、照明质量、反光性等
24	运行效率 *	效率是指资源的有效配置所实现的帕累托最优状态:即资源的任何重新配置,都不可能使任何一个人收入增加而不使另一个人的收入减少
25	物质的无效损耗	强调对所从事工作没有用处的损耗
26	时间的无效损耗	略
27	能量的无效损耗	略
28	信息的损失	对象信息的损失,常常包括气味、声音等感官信息
29	噪声 *	略
30	对象产生的外部有害因素 *	对象产生的任何形式的污染物,对环境或者超系统造成危害。例如发动机燃烧不充分排出的有毒尾气污染环境
31	对象产生的内部有害因素	对象产生的任何形式的污染物或有害作用,导致系统内效率降低或质量受损。例如发动机产生的多余热量积累导致内部过热损毁
32	适应性	对象能够积极响应外部变化的能力,或其能够在多种环境下以多种方式发挥作用的可能性。例如摩托罗拉公司曾经推出铱星手机,通过卫星传输信号,因此该手机能够在高山、峡谷、无人区等多种环境下发挥通讯功能
33	兼容性 *	对象之间相互配合,无冲突工作的程度。该概念在不同的操作系统或平台上运行软件时广泛涉及
34	易操作性	傻瓜相机的易操作性比单反相机高

续表

编 号	工程参数名称	内涵及实例
35	可靠性	无故障操作的概率
36	易维修性	略
37	安全性 *	对象保护自己的能力,免受未获准的进入、使用、窃取或其他不利影响。安全性的概念在网银系统中运用广泛
38	易损坏性 *	对象在外界冲击或不利作用下损坏的可能性。例如瓷质的盘子比塑料盘子更易损坏
39	美观性 *	来自用户的主观感受及体验
40	作用于对象的外部有害因素	环境、超系统或其他子系统对对象的有害作用,可能导致功能退化。例如潮湿多雨的环境可能导致电子设备受潮失效
41	易制造性	略
42	制造精度	对象的实际特性与标准或规范特性之间的一致程度。例如瑞士手表的制造精度较高
43	自动化程度	略
44	生产率	单位时间内,系统执行功能或操作的数量; 完成一个功能或操作所需的时间; 单位时间的输出;单位输出的成本
45	装置的复杂性	飞机内元件的数量,元件之间联系的复杂性,以及用户掌握控制飞机的难度,都远大于汽车
46	控制的复杂性	略
47	检测的复杂性 *	对核反应堆进行监控和检测,远比锅炉要复杂得多
48	测量精度	系统特性的测量结果与实际值之间的偏差程度,减小测量中的误差可以提高测量精度

将 48 个通用工程参数进行分类,有如表 4.2 所示的结果:

表 4.2 48 个通用工程参数分类表

通用工程参数类别	通用工程参数编码
物理参数	第 1—第 11
性能参数	第 12—第 23
效能参数	第 24—第 31
应用参数	第 32—第 40

通用工程参数类别	通用工程参数编码
制造/降低成本参数	第 41—第 46
测量参数	第 47—第 48

在这 48 个工程参数中,有一些参数容易混淆,现辨析如下:

辨析一:"12 运动对象的耐久性"与"35 可靠性"

"12 运动对象的耐久性"强调平均无故障工作时间(产品寿命);

"35 可靠性"强调(在产品寿命内)无故障工作的概率。

辨析二:"37 安全性 *"与"38 易损坏性 *"

"37 安全性"强调对象保护自己,不受到影响的能力;

"38 易损坏性"强调对象受到影响后不损坏的可能性。

辨析三:"30 对象产生的外部有害因素 *"、"31 对象产生的内部有害因素"以及"40 作用于对象的外部有害因素 *"

"30 对象产生的外部有害因素 *"强调由系统(对象)产生,作用于外部的有害因素;

"31 对象产生的内部有害因素"强调由系统(对象)产生,作用于系统内部的有害因素;

"40 作用于对象的外部有害因素 *"强调由外部(环境)产生,作用于系统的有害因素。

辨析四:"18 功率"、"24 运行效率 *"以及"44 生产率"

"18 功率"强调单位时间内所做的功,也即系统利用能量的速率;

"24 运行效率 *"强调系统资源的最优化配置,以尽可能实现有用功能,去除有害功能或无用功能,从而实现效能最大化;

"44 生产率"强调单位时间内完成的功能或操作数,或完成指定动作的次数。

4.1.2 提取工程参数训练习题

对矛盾进行分析,并从中提取工程参数,关键是要明确研究的系统(对象),并尝试将其中改善和恶化的方面用合适的工程参数进行描述。请注意,提取工程参数的答案并不是唯一的,当发现好几个参数可能与所需解决的问题相关时,不要强加限制于某一组,需要考虑所有的可能情况,不确定性将可能因为在矩阵中所建议的发明原理重复出现而得以厘清。

训练题 1:每分钟都有大量陨石落在地球表面,对其成分和结构进行分析,能提供更多有关宇宙空间的信息,所以科学家需要在陨石坠落区域大范围地收集岩石并做出筛选,收集和筛选得越细致越好,但是耗费时间也更多。

训练题 2:在餐厅中,服务生为了提高顾客上菜的速度,每次跑堂手中托着的菜盘越多越好,但是这样更加难以掌握平衡,容易失手。

训练题 3:在轮船设计的过程中,为了使其能够承载更多的货物,船身(船舱)的尺寸越来越大,但是在行驶过程中,船所遭受水的阻力也随之变大。

训练题 4:拖拉机的"牵引能力"指的是其发动机做有用功的功率。拖拉机的重量如果较轻,负载较重时履带可能会打滑,降低牵引能力。反之,如果增大拖拉机的重量,地面牵引性能得以加强,但却要耗费许多燃料在拖拉机自身的移动上。

训练题 5:从卫星上发射信号时,希望频带较宽,信号较好,想要实现这个目标就需要携带更多大功率的设备,导致卫星重量增加,提高火箭运载成本。

训练题 6:开口扳手可以在力的作用下拧紧或松开一个六角螺栓,但是螺栓的受力集中在两条棱边,容易让棱边产生变形(被拧秃),想要改善这种情况,但市面上没有找到更合适的扳手。

训练题 7:为了高效利用有限的市区土地,一座座摩天大楼拔地而起。但是过高的楼房会带来一系列的问题。比如地基不稳,抗震性能下降,影响周边建筑的采光效果等。

训练题 8:很多铸件或管状结构是通过法兰连接的(如图 4.1 所示)。连接处常常要承受高温、高压,同时要求密封良好,因此在设计过程中采用了较多的螺栓来提升强度,满足密封性要求。但是这样会导致部件重量增加,安装和维修时较为麻烦。

图 4.1　法兰连接示意图

4.2 发明原理

提取工程参数,是将具体问题转化为典型问题的过程。进而,有关典型问题的典型解法,TRIZ理论则从大量发明方案中总结、提炼出40条发明原理。这也是在TRIZ理论发展过程中,阿奇舒勒最先得到的"解决问题的规律"。他发现,虽然不同的专利解决的是不同领域内的问题,但是它们使用的方法是具有相似性的,即一种方法可以解决来自不同工程技术领域的类似问题,将最常用的解决问题的普适方法总结出来,即成为TRIZ理论中的40条发明原理,其汇总表格如表4.3所示。

表4.3　40个发明原理汇总表

编码	名称	编码	名称	编码	名称
1	分割原理	15	动态性原理	29	气压或液压结构原理
2	抽出原理	16	不足或过量作用原理	30	柔性壳体或薄膜结构原理
3	局部特性原理	17	多维化原理	31	多孔材料原理
4	不对称原理	18	振动原理	32	变换颜色原理
5	组合原理	19	周期性动作原理	33	同质原理
6	多用性原理	20	有效持续作用原理	34	自弃与修复原理
7	嵌套原理	21	急速作用原理	35	状态和参数变化原理
8	反重力原理	22	变害为益原理	36	相变原理
9	预先反作用原理	23	反馈原理	37	热膨胀原理
10	预先作用原理	24	中介原理	38	强氧化作用原理
11	预先防范原理	25	自服务原理	39	惰性介质原理
12	等势原理	26	复制原理	40	复合材料原理
13	反向作用原理	27	一次性用品替代原理		
14	曲面化原理	28	替换机械系统原理		

图4.2统计了40个发明原理在矛盾矩阵表中出现的频率,可以看出,排名前五位的发明原理依次是"IP35:状态和参数变化原理"、"IP10:预先作用原理"、"IP1:分割原理"、"IP28:替换机械系统原理"、"IP2抽取原理";排名五至十

位的发明原理依次是"IP15：动态化原理"、"IP19：周期性动作原理"、"IP18：振动原理"、"IP32：变换颜色原理"、"IP13：反向作用原理"，读者在学习过程中要对这些最常用的发明原理多加关注，熟练掌握其应用。

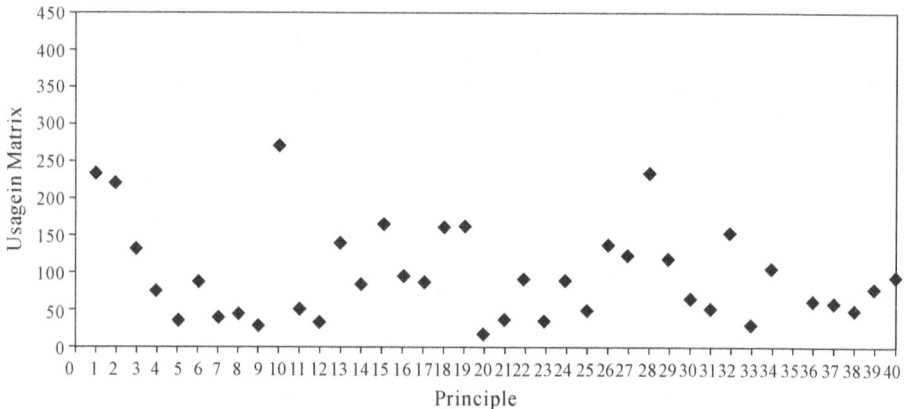

图 4.2　发明原理出现频率图

后续的研究者 Kalevi Rantanen 和 Darrell Mann 在 40 个发明原理的基础上，新增加了 37 个发明原理，如表 4.4 所示。但需要指出的是，将新增加的发明原理整合其中的矛盾矩阵一直没有问世，因此，本书重点介绍的仍是阿奇舒勒提出的 40 个经典发明原理。

表 4.4　新增加的 37 个发明原理

编　码	名　称	编　码	名　称
1	减少单个零件重量、尺寸	20	导入两个场
2	零部件分成重(大)与轻(小)	21	使工具更适应于人使用
3	运用支撑	22	为增强强度变换形状
4	运输可变形状的物体	23	转换物体的微观结构
5	改变运输与储存工况	24	隔绝/绝缘
6	利用对抗平衡	25	对抗一种不希望的作用
7	导入一种储藏能量因素	26	改变一个不希望的作用
8	局部/部分预先作用	27	去除或修改有害源
9	集中能量	28	修改或替代系统
10	场的取代	29	增强或替代系统

续表

编 码	名 称	编 码	名 称
11	建立比较的标准	30	并行恢复
12	保留某些信息以供以后利用	31	部分/局部弱化有害影响
13	集成进化为多系统	32	掩盖缺陷
14	专门化	33	实施探测
15	减少分散	34	降低污染
16	补偿或利用损失	35	创造一种适合于预期磨损的形状
17	减少能量转移的阶段	36	减少人为误差
18	推迟作用	37	避开危险作用
19	场的变换		

表格来源:张武城著:《技术创新方法概论》,北京:科学出版社,2009 年,第 163 页。

4.2.1 发明原理的内涵及实例

下面将对各发明原理(Inventive principle,缩写为 IP)的含义及应用实例进行详细的介绍。

4.2.1.1 IP1:分割原理(Segmentation)

说明:在下面的子原理中出现"对象"的概念指的是 system 或者 object,不仅可以表示具体的、有形的"物"(物体或产品),而且也可以表示抽象的、无形的"事"(组织方式、行为方式、流程)。但是在某些汉语著作中,使用的却是"物体"一词,只表示具体的"物"。本书在此使用的是"对象"一词,不仅表示"物",也表示"事"。当我们将发明原理应用到"物"上的时候,就表示具体的、物理形式上的改变;我们将发明原理应用到"事"上的时候,就表示抽象的、概念形式上的改变。

IP1-1:将一个对象分解成多个相互独立的部分。

- 将学生分成不同的班级、不同的年级,以便实施教学。
- 将企业的办公区与制造车间分开。
- 面向对象的程序设计,是将程序分割成单个能够起到子程序作用的单元或对象。

IP1-2:将对象分成容易组装(或组合)和拆卸的部分。

- 火车的车头和车厢之间是独立的个体。车头独立是当列车到达终点站时,机车可以将车头解挂,然后转头挂在车厢另一头返回。车厢之间相对独立就可以灵活调整车厢的数量。在此,车头与车厢的分割是功能分割,车厢之间的分割是结构分割。

- 现代化的组合家具,可以具有书柜、写字台、座椅、床铺等功能,能合能分,既能满足各种使用需求,又能产生不同的陈设效果,如图4.3所示。

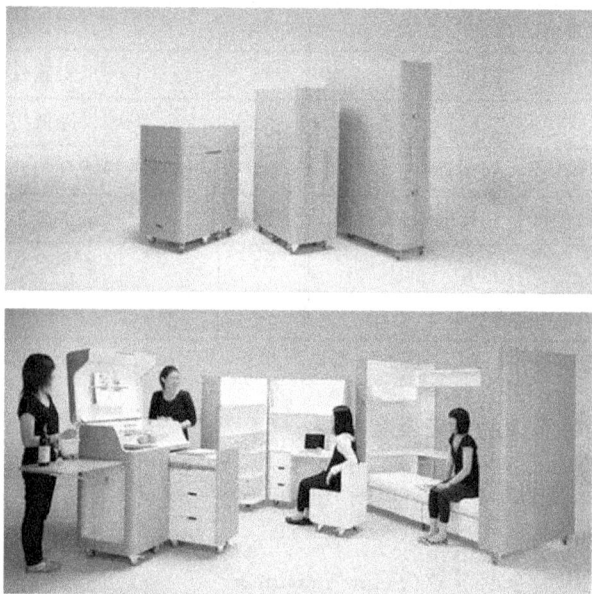

图 4.3　现代化的组合家具

IP1-3:增加对象的分解程度

- 伸缩门的门体能够自由伸缩和移动,从而达到控制门洞大小的目的,如图4.4所示。

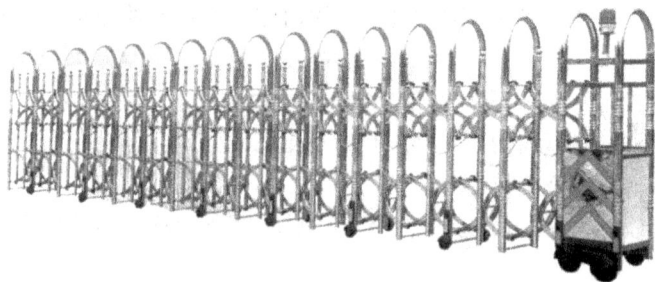

图 4.4　伸缩门

- 微纳化工是一门研究微小尺度下化学反应的一门学科。它将传统的大规模操作分割成一个个微小的单元操作,着重对这些微小单元进行研究,使得反应速率、安全性、生产灵活性等方面都得到了很好的改善。同时,在微纳化工中,事故的发生一般只是在一个小小的试管中出现,规模不大,因此降低了危险性,方便处理,如图 4.5 所示。

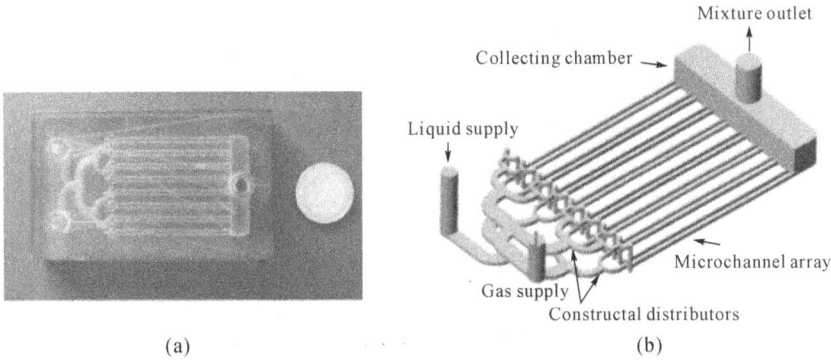

(a)　　　　　　　　　　　　　　(b)

图 4.5　微纳化工反应容器

* 一整块布做的窗帘→左右两块布做的窗帘→百叶窗,随着窗帘的分解程度不断增加,使用也更加便利。百叶窗可以自由地调节采光区域,如图 4.6 所示。

图 4.6　百叶窗

4.2.1.2　IP2:抽取原理(Separation)

IP2-1:从对象中抽取出产生负面影响的部分或属性

- 在机场或车站的等候区域设立专门的吸烟室。
- 最初的空调是一体机,工作时压缩机会产生噪声。分体式空调将空调中产生噪声和热量的空气压缩机部分放置在室外,将制造冷气的部分放置于室内,如图 4.7 所示。

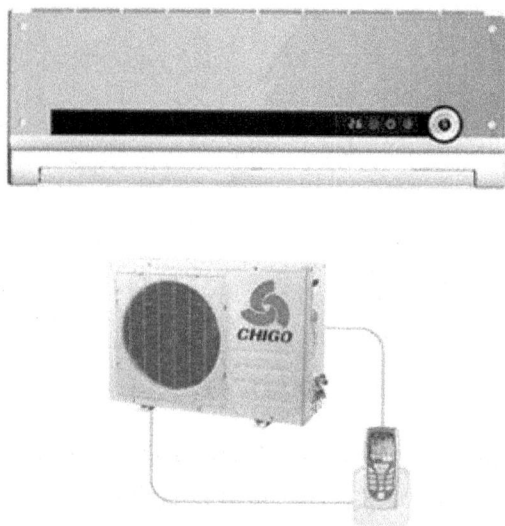

图 4.7　分体式空调

IP2-2:从对象中抽出有用的(主要的、重要的、必要的)部分或属性

- 云计算将计算任务分布在大量计算机构成的资源池上,使各种应用系统能够根据需要获取计算力、存储空间和信息服务。云计算相当于将个人计算机的存储区和计算能力抽取出来,组成了一个大网,用户只需享用云服务即可。

在未来,用户只需拥有一台能上网的电脑或者手机,就能随时将自己电脑上的资料传入网络保存,并随时下载。对于高负荷的计算,用户只需向云提供请求让其计算,而自己只等待运算结果,如图 4.8 所示。

- 稻田里的稻草人,是将人的外形抽取出来,起到吓走鸟类的作用。

4.2.1.3　IP3:局部特性原理(Local quality)

IP3-1:将对象、环境或外部作用的均匀结构变为不均匀结构

- 在矿井中为了减少粉尘,常常利用喷水装置向采掘机和运煤机喷出圆锥状的水雾。水雾中的水滴越小,消除粉尘的效果就越好。但是如果水滴太小的话,就很难迅速沉降下来,含有粉尘的小液滴就会被工人吸入到肺里造成危害。解决方案是用一层圆锥状的、颗粒较大的水雾包围在雾化较好的雾锥外围。这

图 4.8 云计算

样一来,内层的小液滴负责吸附粉尘,外层的大液滴负责吸附内层的小液滴,而大液滴可以迅速地沉降下来,从而达到既消除粉尘又能迅速沉降的目的,如图4.9所示。

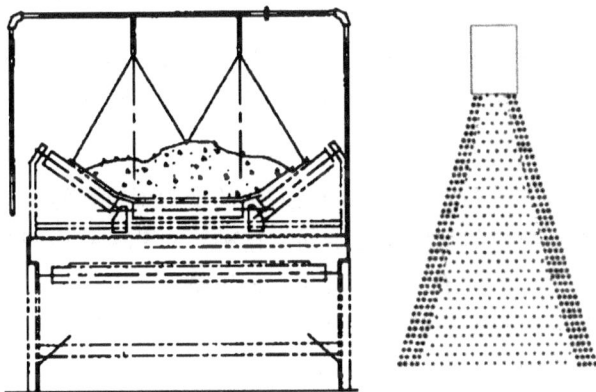

图 4.9 输煤系统水雾除尘及锥状水雾结构

IP3—2:使对象的不同部分具有不同的功能和特性

• 食堂餐盘被分为几个部分,不同的区域适宜放置不同的食物和用品,如图 4.10 所示。

• 羊角锤的一端用来钉钉子,另一端用来拔钉子,如图 4.11 所示。

• 图钉一头尖(便于刺入物体内),一头圆(便于人手施加压力)。

IP3—3:让对象的不同部分处于完成各自功能的最佳状态

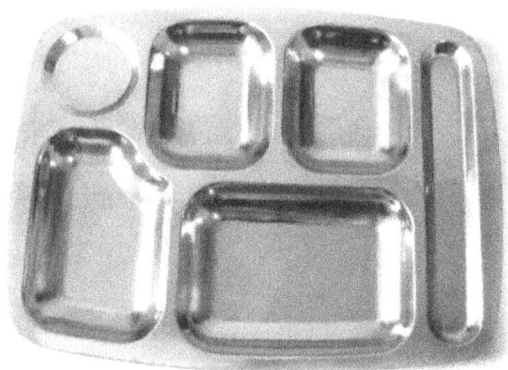

图 4.10 食堂餐盘

图 4.11 羊角锤

• 可以在分层饭盒不同的间隔内放置不同的食物,盛粥和汤的区域关注密封性和保温性,盛菜的区域关注分割性以使味道不相互影响,如图 4.12 所示。

4.2.1.4 IP4:不对称原理(Asymmetry)

IP4-1:将对象(形状或组织形式)由对称的变为不对称的

• 坦克在不同部位的装甲厚度不同。这种不对称结构既可以保证重点部位的高抗打击能力,又可以有效地减轻坦克的重量。

• 耳机线左右长短不一。这样的设计,既提高了麦克的位置便于通话,也增加了佩戴时的美观性,如图 4.13 所示。

• 早期的对称加密算法,发信方和收信方拥有的是同一把密钥。双方的地位是对等的。任何人只要拥有了这个密钥,就能解开密文。而新型的 RSA 加密方式,发信人用公钥加密,收信人用私钥才能解密,双方使用的密钥不对称,从而保证了其他人即使窃取到一个密钥,也无法将其密文解开,如图 4.14 所示。

• USB 的接口采用不对称设计,只有当公口的方向正确时,才能顺利插入到母口中,否则母口将阻止公口的插入。这样的设计有效避免了在接头连接过程中连接错误的发生,如图 4.15 所示。

图 4.12   分层饭盒

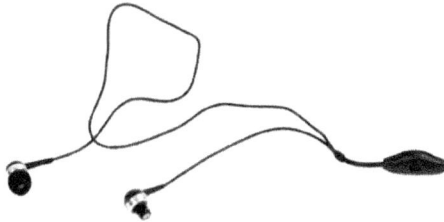

图 4.13   耳机线的不对称性

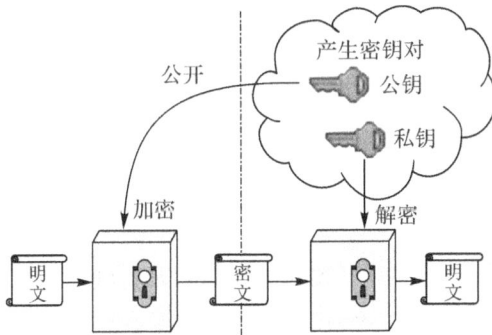

图 4.14   RSA 加密算法

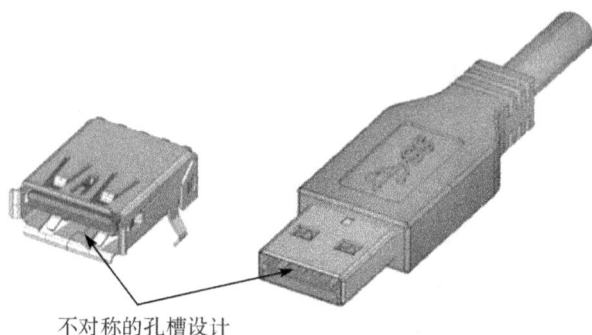

不对称的孔槽设计

图 4.15　USB 接口的不对称设计

IP4-2:如果对象已经是不对称状态,那么增加其不对称程度

• 最方便使用的零件是从各个角度都对称的零件,如我们在日常生活中使用的音频接口和音频插头在轴线上是 360°对称的,无论插头怎么旋转都不会插错。但是如果零件因为其他限制无法做到对称性,那我们需要夸大零件的不对称性,且不对称性越明显越好,如设计非对称的空、槽和凸台等,如图 4.16 所示。

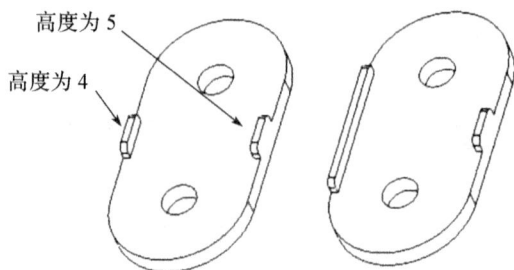

高度为 5
高度为 4

图 4.16　增加不对称的零件

• 高速弯道的倾斜路面就改变了以往水平路面的对称结构,反而引入了高低不同的非对称结构,这样做可以为车辆提供更大的向心力,保证其高速通过弯道,如图 4.17 所示。

4.2.1.5　IP5:合并原理(Merging)

IP5-1:在空间上将同类的(相关的、相邻的、辅助的)操作对象合并在一起

• 多核 CPU(Multi-Processor)将多个可独立运行的 CPU 组成多核 CPU 一起使用,以提高整体运算速度,如图 4.18 所示。

• 加工薄玻璃时,其四个边角很容易发生碎裂,故将多块玻璃用水作为黏

图 4.17　高速弯道的倾斜路面

图 4.18　多核 CPU 和单核 CPU

合剂结合在一起，这样整体就变厚了，更易于磨削加工。而且在水干了之后玻璃可以自动分离，如图 4.19 所示。

图 4.19　临时组合在一起的玻璃

• 在铅笔的顶端安装上橡皮,使两者组合在一起,使用更方便,如图 4.20 所示。

图 4.20　带橡皮的铅笔

• 水龙头原先有热水出口和冷水出口两种,为了方便洗澡时调节水温,将二者合并成一个有可旋阀的水管,可以自由地根据需要调节水温,如图 4.21 所示。

图 4.21　热水管和冷水管组合水龙头

IP5-2:在时间上将同类的(相关的、相邻的、辅助的)操作对象合并在一起

• 割草机后面放置一个收集袋,旋转刀刃割下草之后,草就被放入袋子中,收割和收集过程同步进行。

• 带过滤装置的泡茶杯,能够将茶杯和过滤装置相组合,使用该种茶杯,泡茶工作和过滤工作同步完成,故使用起来更加便捷,如图 4.22 所示。

图 4.22　带过滤装置的泡茶杯

• 传统的拖地工具包括拖把(拖地功能)、水桶(清洗功能)以及桶上方的配件(拧干功能),用具累赘,占用体积大。将三者整合到拖把本身可有效解决这一问题。使用时,对齐滑槽,使配件能够滑入拖把下部;清洗时,将拖把头偏向清洗部分配件放置,配件压紧拖把头,将拖把头放在水龙头下冲洗,抽动拖把;拧干时,将拖把头偏向拧干部分放置,操作与清洗相同,如图 4.23 所示。

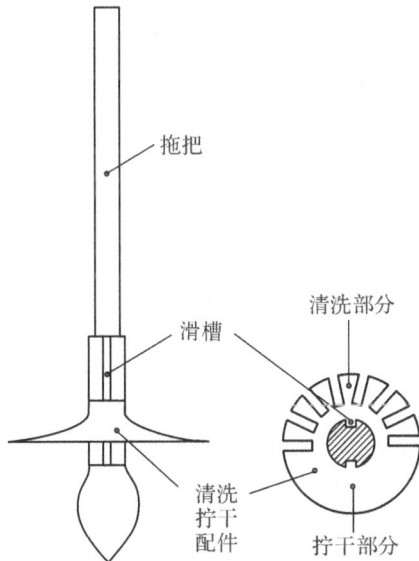

图 4.23　多功能拖把示意图

4.2.1.6 IP6：多用性原理（Multi-functionality）

说明：如果一个对象同时有好几个功能，那么就不需要其他的对象了，以此减少冗余和浪费。

- 传统的刀具体积较大，功能单一，携带不方便。此外，诸如启瓶器等实用性的工具实用但不常用，偶尔要用到的时候却找不到。应用多用性原理，将众多的工具微型化，集中到一个底座上，实现功能的集成，成为著名的瑞士军刀，如图 4.24 所示。

图 4.24　瑞士军刀

- 多功能家具能够一物多用，比如有了沙发两用床，无须单独购买沙发和床，如图 4.25 所示。

图 4.25　沙发两用床

• 普通锁需要配备额外的钥匙,然而钥匙易丢,使用不方便。采用多用性原理,考虑使锁包含有钥匙的功能且必须使别人无法开启。因此,开锁采用密码的方式,如图 4.26 所示。

图 4.26　密码锁

• 楼梯下的空间用于放书,楼梯和书柜合用,如图 4.27 所示。

图 4.27　楼梯书柜

4.2.1.7　IP7:嵌套原理(Nested doll)

说明:嵌套原理最初被称为"套娃原理",俄罗斯套娃(如图 4.28 所示)是这个原理最生动形象的例子。

图 4.28　俄罗斯套娃

IP7－1：把一个对象嵌入第二个对象，然后将这两个对象再嵌入第三个对象，依此类推

• 传统容器型家具（如衣柜、书柜、杯子等）容腔无法改变，当闲置时占用空间大，外出携带、搬家时也会带来不便。嵌套原理的使用使得容腔内的空间能够得到灵活应用。以组合柜为例，当放置的物品少时，柜子能够层层嵌套，节省空间。当需放置大量物品时，柜子可以层层展开，如图 4.29 所示。

图 4.29　嵌套式家具

• 各种不同刀具排列在一起，如果不常使用这些刀，会占用很大空间，同时又不方便整理，容易找不着。事实上，刀具真正用到的部分只有刀刃这一点，其他的部分可以说是多余的，因此可使用嵌套原理，将数个各种不同功能的刀具

嵌套在一起。如图 4.30 所示的这款刀具,乍一看上去,好像只是一把刀,而实际上,它却是由四把刀组成的:囊括了削皮刀、切肉刀、厨师刀和圆角刀。

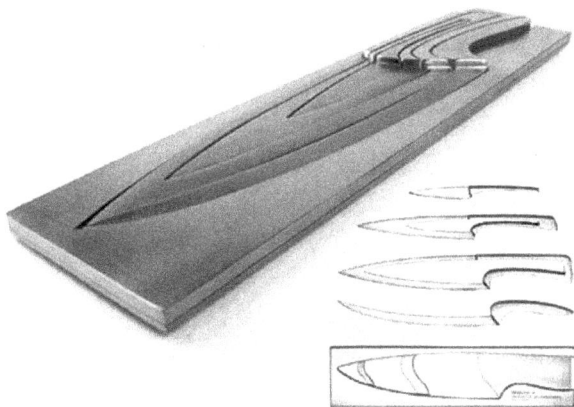

图 4.30 组合刀具

• 早在宋代,我国就出现了中空可旋转的多层象牙球。象牙球以大容小,层层嵌套,整体雕刻,精美绝伦,如图 4.31 所示。

图 4.31 中国古代的象牙球

IP7－2:使一对象穿过另一对象的空腔

• 对于要求具有高爬坡性能的越野车,在轮胎中嵌套一个铅球,由于其在车辆运行中始终在最底下,可以降低重心以保持上坡顺利,防止翻车。

• 自动铅笔的空腔中可以放多根备用的铅笔芯。

• 飞机起飞后将起落架收进机身内部。

• 铁质卷尺。注意从直尺变为卷尺也是进化法则的体现。

• 将盛水的玻璃容器置于外面保温材料的空腔之中,而真空夹层也是理想的绝热体,内胆的银镀层又隔绝了辐射热,使内胆成为热孤岛,从而达到保温的效果,如图 4.32 所示。

图 4.32　保温瓶

• 在通信电缆的生产过程中,导体与绝缘体的多层嵌套,保证了电线的电学性能和安全性;不同折射率材料的嵌套,使光线在光纤内发生全反射,保证了信息传输效率,如图 4.33 所示。

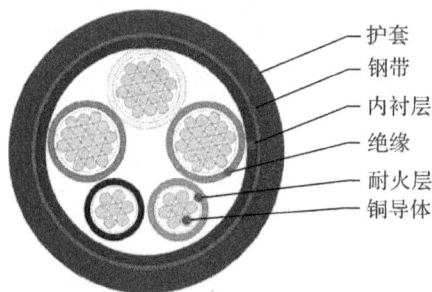

图 4.33　通信电缆内芯

4.2.1.8　IP8：重量补偿原理（Weight compensation）

IP8－1：将目标对象与另一个有提升力的对象组合，以补偿目标对象的重量

- 鱼可以利用其身体中的鱼鳔来实现上浮和下潜。
- 在一捆原木中混杂一些泡沫材料，从而使原木更容易漂浮。
- 氢气球利用气体的浮力（上升力）来补偿人和物体的重量，如图 4.34 所示。

图 4.34　氢气球

IP8－2：通过跟外部环境的相互作用（空气动力、流体动力或其他力）来补偿对象的重量

- 飞机机翼的上表面是流畅的曲面，下表面则是平面。这样，机翼上表面的气流速度就大于下表面的气流速度，根据伯努利定律，机翼下方气流产生的压力就大于上方气流的压力，飞机就被这巨大的压力差"托住"了，从而补偿了自身的重量。
- 水翼船是一种依靠水翼的上、下压强差来抬高船体，从而达到快速航行的船舶。其最大的特点是行驶在空气跟海水的界面上，很大程度上克服了水的阻力。与飞机相似，水翼船的水翼上表面凸起，它与船体间的水流速度大，压强小。下表面平滑，水流速度小，压强大。因此在水翼的上、下表面存在向上的压力差，船体就被抬高了，如图 4.35 所示。
- 地效飞行器是介于飞机、舰船和气垫船之间的一种新型高速飞行器。与

图 4.35　水翼船

普通飞机不同的是,地效飞行器主要在地效区飞行,也就是贴近地面、水面飞行,而飞机主要在地效区以外飞行;与气垫船不同的是,气垫船靠自身动力产生气垫,而地效飞行器靠地面效应产生气垫。大部分翼地效应机都被设计为在水面上运作,因为水面比地面平滑和少障碍物,不单危险度较少,而且在不运作的时候,还可以利用水面浮力来承受机体重量,在起飞时亦较为简单。

其飞行原理是,当运动的飞行器贴近地面或水面飞行时,气流流过机翼后会向后下方流动,这时地面或者水面将产生一股反作用力,当它在距离水面等于或小于 1/2 翼展的高度上飞行时,整个机体的上下压力差增大,升力会陡然增加,阻力减小,阻挡飞行器机翼下坠。这种可以使飞行器诱导阻力减小,同时能获得比空中飞行更高升阻比的物理现象,被科学家称为地面效应,并由此开辟了地效飞行技术,如图 4.36 所示。

IP8－3:利用环境中相反的力(或作用)来补偿系统的消极的(负面的)属性

• 利用船体周围的海水来冷却油轮中所装载的易挥发液体。

4.2.1.9　IP9:预先反作用原理(Preliminary counteraction)

说明:预先了解可能出现的问题,并采取行动来消除出现的问题、降低问题的危害或防止问题的出现。

• 钢筋混凝土浇筑之后会受到持续的重力作用,有可能导致钢筋向下弯曲。所以在浇筑混凝土之前对钢筋进行预压处理。由于钢筋将要承受向下的重力 F1,我们预先施加一个适当的向上的力 F2 使钢筋向上弯曲,这样就增加了钢筋混凝土结构的机械强度和耐用性,如图 4.37 所示。

图 4.36 地效飞行器

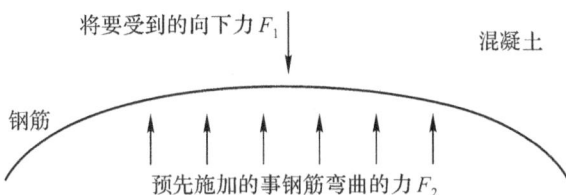

图 4.37 钢筋混凝土浇筑示意图

· 在火场逃生时,要先将盖在自己身上的棉被淋湿,短时间内防止被火烧伤。

· 悬索桥在横向缆索上悬索,在竖直方向提供反向拉力,防止桥面下陷;拉索桥直接在桥塔上斜拉缆索,其竖直方向拉力的分量提供反向作用力,防止桥面变形,如图 4.38 及图 4.39 所示。

4.2.1.10 IP10:预先作用原理(Preliminary action)

说明:在真正需要某种作用之前,预先执行该作用的全部或一部分。

IP10-1:预先(部分或全部)完成所需的作用

· 在包装袋侧面预先剪开一个小缺口,或者将袋子的边缘做成锯齿形的,以便消费者将包装袋全部撕开。

· 今天已经很少有人知道最早的邮票是以没有打孔的一整版的形式销售的,那时的用户不得不将邮票一张一张剪下来,再用胶水粘到信封上。现今的邮票都采用了预先作用原理,在贩卖的时候就已经打好孔。

· 黏性便笺每一张的背面都带有可重复使用的黏性条,方便消费者直接撕下粘贴在需要的地方,不需要自己涂抹胶水。

图 4.38　悬索桥

图 4.39　拉索桥

• "人"形锁能够在黑暗、视野不好的环境中,通过预先刻出的凹槽引导钥匙,使其最终能顺利插入锁孔,这种设计特别适合盲人,如图 4.40 所示。

IP10－2:预先准备对象,以便能及时地在最佳的位置发挥作用

• 在商场每个楼层合适的位置安置消防栓和灭火器,必要的时候能够在最佳的位置方便人们救火。

• 战斗中,战士们会预先将手榴弹的后盖打开(IP10－1),放在触手可及的地方(IP10－2),以便迅速投弹。

4.2.1.11　IP11:预先防范原理(Beforehand compensation)

说明:通过预先准备好的应急措施(例如:备用系统、矫正措施等)来补偿对象较低的可靠性。

• 切菜时容易切伤手指,而防止菜刀切手的手指护具的使用通过预先防范

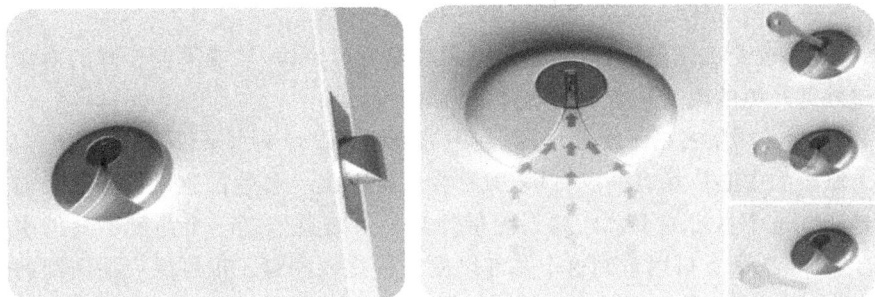

图 4.40 "人"形锁示意图

避免了这一问题。将护具套在手指上，使手指处在护板后面，既保护了手指，也不影响手指在切菜时的灵活与协调，如图 4.41 所示。

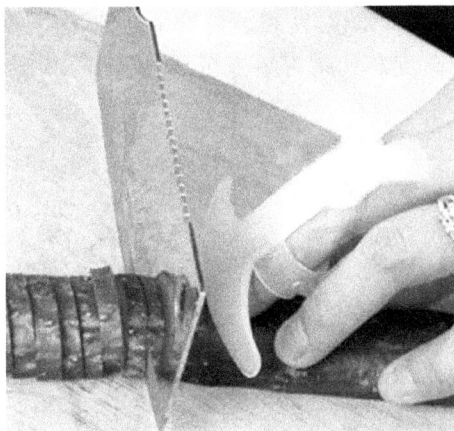

图 4.41 防切手护具

• 汽车的安全气囊、备用轮胎，都是采取预先防范措施的例子。此外，在 F1 赛车比赛中，为了防止赛车在快速转弯的时候发生事故，会在赛道的拐弯处放置旧轮胎作为保护。

• 运动员在跳伞时会带一个备用伞，万一主降落伞因故障不能正常打开的时候，可以使用备用伞。

• 发生火灾时，电气线路可能由于火灾原因而失效。在紧急情况下完成照明工作就要靠消防应急照明灯，它在断电时自动切换到备用电源（如电池），产生光亮帮助人员撤离。

• 在珍贵林区周围预先设置没有任何植物的防火隔离带，防止火灾的侵扰和蔓延。

4.2.1.12　IP12:等势原理(Equipotentiality)

说明:改变工作条件,就没必要提高或降低对象(不易或不能升降的对象可通过外部环境的改变达到相对升降的目的)

· 为了测量古塔下沉的情况,利用等势原理设计的水平仪。

城市的中心广场有一座古塔,似乎在逐渐下沉。名胜古迹保护委员会前来测量研究这个古塔的下沉问题。测量的第一步是要选择一个高度不变的水平基准,并且在塔上可以看到这个基准以便进行比较测量。很可能广场周围的建筑也在一起下沉,所以需要寻找一个远离古塔而且高度不变的基准,最后他们选择了远离古塔1500英尺以外的一个公园的墙壁,但古塔和公园的墙壁之间被高层建筑物遮挡住了,无法直接进行测量。基于等势原则的方案:拿2根玻璃管,一个安装在塔上,一个安装在公园的墙壁上,用胶管将其连接起来,然后灌入液体,就组成了一个水平仪,两根玻璃管中的液体应保持同样的高度,我们在玻璃管上标出这个高度。如果古塔下沉,则塔上的玻璃管内液体会升高,如图4.42所示。

图4.42　连通器原理示意图

· 想要让火车顺利掉头,一个直观的办法是修建一段半圆形的铁轨,让火车头通过这样一段铁轨转弯掉头。但是这样操作代价比较大,根据等势原则,应尽量避免物体位置的改变,所以,现在通用的做法是在火车另一侧更换火车头以实现火车掉头的目的。

· 山中行进沿等高线绕行

如果你要前往山对面某一个海拔接近的地点,翻过山头显然是一个解决办法。但是这个办法要耗费很多的体力。其实另一个办法是沿等高线绕行至目的地,这样虽然路程可能会绕远一些,但一路下来体力的消耗可能并不多。这个例子是改变了旅行中的行进方式,本来人是要改变其位置高低的,但是通过行进策略的变化,保持了其"势"的相对稳定,节约了体力。

• 在修理大卡车时,将其用千斤顶太高非常困难,采取等势原理,在地板上设置一道沟渠,即可在不抬升汽车的情况下进入车底进行修理,如图 4.43 所示。

图 4.43 汽车修理部的地下修理通道

• 乳牛自动喂水器运用了等势原理,制成了多水槽之间的连通器。牛饮水之后,水槽液面下降,连通的注水水箱自动开始工作,浮球上升直至将注水阀门关闭,如图 4.44 所示。

图 4.44 乳牛自动喂水器

• 在两个不同高度的水域之间设置水闸,以便船只顺利通过,如图 4.45 及图 4.46 所示。

图 4.45 三峡工程五级船闸

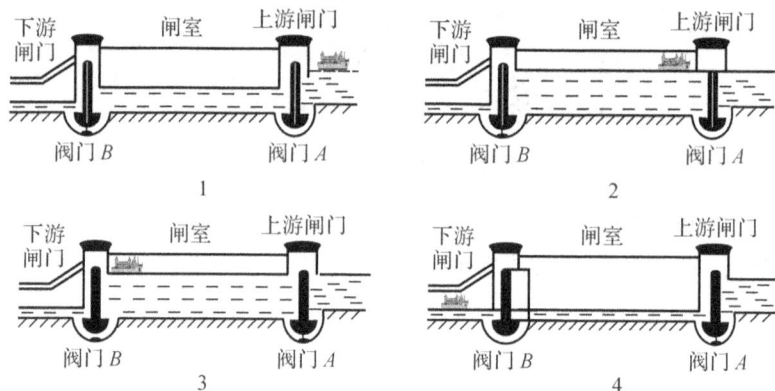

图 4.46 船闸工作原理示意图

4.2.1.13 IP13:反向作用原理(The other way around)

IP13—1:不以常规行为完成动作,而是用一个反向动作的方式来替代

• 主动降噪耳机

常见的降噪耳机主要通过包围耳朵形成封闭空间,或采用硅胶耳塞等隔音材料来阻挡外界噪声。而主动降噪耳机可以产生与外界噪音相反的反向声波,将噪音中和,实现降噪的效果。

• 跑步机是人与路的关系的反向作用,一个不大的装置却是一条永远走不完的路,它可以让我们在斗室之内跑马拉松,如图 4.47 所示。

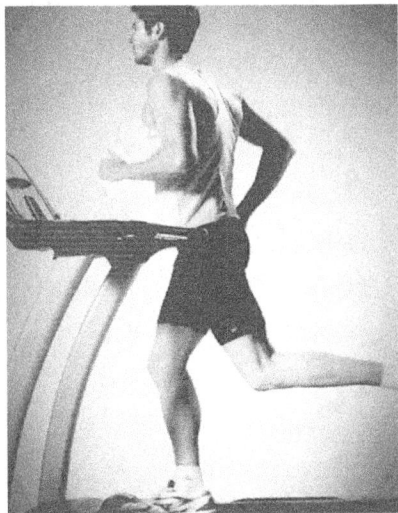

图 4.47 跑步机

- 自动扶梯

楼梯或台阶是很古老的东西,大概数千年的历史,从来没有人打算改造它。直到 19 世纪末,一位美国人突发奇想,为什么必须让人在固定不动的楼梯上攀登呢? 换一个思路,人不动,让楼梯动行不行? 其实技术上本无任何障碍,只是此前从没有人这样想过,一旦想到就可以付诸实施,于是世界上从此诞生了一种新事物:自动扶梯。

IP13－2:使得一个对象或环境通常可移动的部分固定,或者通常固定的部分变为活动

- 车削工艺中将道具固定。在车床加工时,工件旋转,刀具固定,如图 4.48 所示。
- 手表指针不动表盘动。
- 餐桌上的旋转玻璃板,如图 4.49 所示。
- 轨迹球与鼠标。

鼠标是对相对运动的度量的工具,这种相对运动是以鼠标主动件,但鼠标里的测量工具只起到测量的作用,没有必要随鼠标一起运动。轨迹球是另外一种类型的鼠标,其工作原理与机械式鼠标相同,内部结构也类似。不同的是轨迹球工作时球在上面,直接用手拨动,而球座固定不动,如图 4.50 所示。

IP13－3:把一个物体的空间位置(或过程)"倒置"或翻转

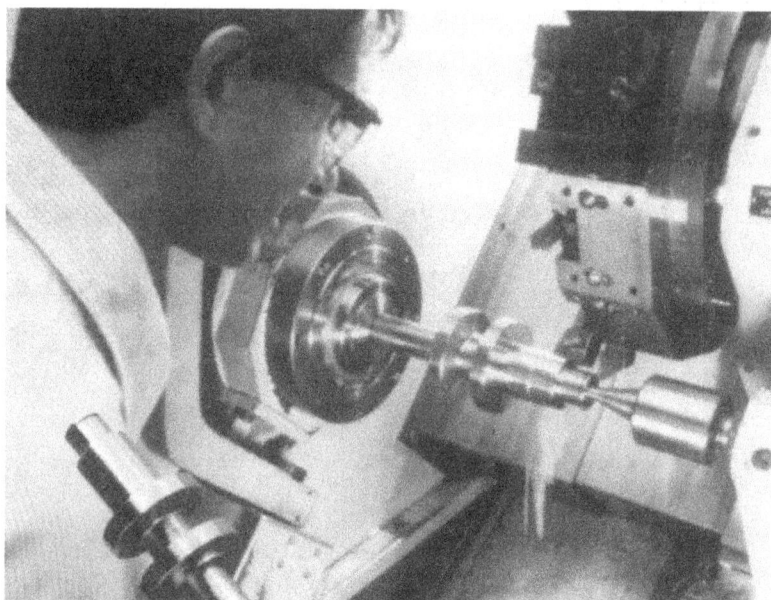

图 4.48　车床加工

图 4.49　餐桌旋转桌面

• 将路灯的灯泡向上,反射板把灯泡的光发射向下,而灯泡的余光可以用来装饰灯杆。此外,这种翻转式路灯还能够有效地防止灯罩或灯泡被飞石击碎,如图 4.51 所示。

• 酒心巧克力的制作

图 4.50 传统和新型鼠标

其常见的制作工艺是将液态巧克力浇铸成中空的瓶形,冷却后,灌上酒,接着继续加热其上部,挤压,使其光滑地衔接,封住瓶口。然而有没有可能消除昂贵的巧克力模具,消除封瓶的繁琐工艺? 答案就是将酒冰冻,然后用融化的巧克力铸模,酒在热巧克力内融化,同时融化的巧克力沿着冰酒模的表面冷却。可谓一举两得,大大省却了工艺,提高了效率。

4.2.1.14 IP14:曲面化原理(Curvature increase)

IP14-1:把对象的线性部件改变成曲线形,把平坦的表面改变成曲面化;把形如立方体或平行六面体的部件变成球形结构

• 流线型在汽车、潜艇、飞行器上的应用。

高速运动的物体受到环境的阻力很大,采用流线型可减小空气阻力,外形给人舒服的视觉触觉感受。这在汽车、潜艇、飞行器上都有应用,如图 4.52所示。

IP14-2:运用柱状、球状和螺旋状的结构

• 螺旋形的楼梯可以大幅提高空间的利用率。

• 在家具底部安装球形方向轮,便于移动。

• 圆珠笔的笔尖做成球形,可以使书写流畅,下墨均匀。

图 4.51　翻转式路灯

图 4.52　汽车和潜艇曲面化应用

- 螺旋齿轮可以提供均匀的承载能力,如图 4.53 所示。

IP14－3:将线性运动变成圆周运动以运用其产生的离心力

- 飞船利用离心力变轨。
- 滚筒甩干,利用洗衣服在滚筒内高速转动时的水的离心力大于与衣服间

图 4.53 螺旋齿轮

的附着力,实现甩干。

4.2.1.15 IP15:动态性原理(Dynamic parts)

IP15-1:改变对象或者环境的特征使作用在任何阶段均能达到最佳性能

• Odysseus 太阳能飞机外形看上去像来自外星球的不明飞行物,它的机翼呈 Z 型,翼展长达 150 米,而且机翼可以随着日光的消减而变形。这种设计独特的变形机翼使它可以在空中持续飞行 5 年。当有阳光时,飞机就会根据阳光的情况来调整机翼,以尽可能多地吸收太阳能。当处于黑暗中时,飞机就会将机翼变成水平直线保持平飞来保存能量,这时飞机的电动发动机将由储存在电池板中的能量来驱动,如图 4.54 及图 4.55 所示。

图 4.54 奥德修斯太阳能飞机机翼折叠

图 4.55　奥德修斯太阳能飞机机翼展开

- 被中香炉

中国古代有身份的人士和贵族阶层人士特别注重生活环境的气味,他们不仅在卧室中熏香,在床帐中熏香,甚至还要在被褥中燃香,叫做"被中香炉"。从结构上看,被中香炉的外壳为球形,开有许多的透气孔。在它的内部,有内外两个金属环组成,两个环用转轴联结起来,外环又通过与这转轴垂直与另一个转轴与外架连接着;点香的小香炉则用第三个转轴挂在内环上;这三个转轴在三维空间中相互垂直,彼此灵活转动,小香炉相对球形的外壳可以任意方向转动,并始终垂直向下。所以无论熏球怎么滚动,香炉都处于常平状态而不会使香灰撒出来,如图 4.56 所示。

IP15-2:把对象分解成可以互相内部移动的部件

- 漂移板

人双脚踏在滑板上,人与滑板是一个整体,与滑板的相对位置不会发生改变。而漂移板分左右两块板,两块板是独立的,一只脚踩一个,两脚摆动,双脚之间就能发生相互移动,产生前进的动力,不需用脚蹬地推滑,可做各种花式变化动作。速度快慢自由掌握、方向自由变化、可原地旋转,如图 4.57 所示。

- 变焦镜头是在一定范围内可以变换焦距,从而得到不同宽窄的视场角、大小的影像和不同景物范围的照相机镜头。与固定焦距镜头不同,变焦距镜头并不是依靠快速更换镜头来实现镜头焦距变换的,而是通过推拉或旋转镜头或旋转镜头的变焦环来实现镜头焦距变换的,在镜头变焦范围内,焦距可无级变换。它省却了外出拍摄时需携带和更换多只不同焦距的麻烦,如图 4.58 所示。

IP15-3:使一个本来固定的对象可移动或具有可自适性

图 4.56 被中香炉

图 4.57 滑板和漂移板

- 活字印刷术

雕版印刷术是通过在版料上雕刻图文,然后印到纸上。但雕成的版很难进行修改,若雕错字或者需要修改,都不得不重新雕制一块版,而且当书本页数很多时,需要雕刻的版的数量也是惊人的。

北宋平民发明家毕升发明了活字印刷术,用于印书的雕版是由一个个字

图 4.58　变焦镜头

组成,把每个字看成一个字格,可以进行拆分的,拆分之后这些字就可以随意移动,我们对雕版的修改就变得有针对性,只需要更换需要修改的字格就行了。

• 自动铅笔:让笔芯与笔杆分离,让笔芯自动出来,而不是通过削掉木质笔杆来使笔芯漏出来。

4.2.1.16　IP16:不足或过量作用原理(Partial or excessive actions)

说明:如果完全达到想要的效果很困难,那么我们应当试着让达到的效果与预期效果相比不到一点或者超过一点,以使问题简化。

• 钢管连接生产问题

生产直径为 1 米、长度为 12 米的钢管,原材料为带状卷料,在钢管弯卷焊接设备上进行加工。此设备以连续每秒 2 米的速度输出焊接完成的钢管,需要 6 秒完成一次切割。但是,电锯切好一根钢管后要回到原点对下一根钢管切割也需要一定时间。

采用不足与过量原理,事先将带状原材料钢板进行切割,但是不完全切断(保留部分连接保证弯卷焊接过程所需的足够连接强度,在后续切割中,只切断保留的部位即可。最后以一个振动来实现钢管的完全切割,生产效率得到大幅度提升。

• 大面积植皮方案

烧伤通常采用的治疗方法就是植皮,然而大面积烧伤的治疗颇为困难,原因是大面积皮源较难获得,而且大面积的植入皮肤更容易与受体产生排异反应。采用 TRIZ 的不足原理,将大面积的植皮转化为小范围植皮的拼合,解决了皮源不足的问题。Meek 植皮手术采用 Meek-Wall 皮刀,在头部切取邮票式皮片,并使用双褶聚酰胺薄纱扩张薄片,实现皮片的高展开率。这样的植皮方法适用于多比例的皮肤扩展,缩短了手术时间,植皮整齐划一,提高了治疗效果。

- 侯氏制碱法

化学反应中,要保证反应快速地充分进行,加入过量的反应物,推动着反应向着期望的方向达到平衡。比如侯氏制碱法,其原理是依据离子反应发生的原理进行的,离子反应会向着离子浓度减小的方向进行。要制纯碱(Na_2CO_3),就利用 $NaHCO_3$ 在溶液中溶解度较小,先制得 $NaHCO_3$,再利用碳酸氢钠不稳定性分解得到纯碱。要制得碳酸氢钠就要有大量钠离子和碳酸氢根离子,所以就在饱和食盐水中通入氨气,形成饱和氨盐水,再向其中通入二氧化碳,在溶液中就有了大量的钠离子、铵根离子、氯离子和碳酸氢根离子,这其中 $NaHCO_3$ 溶解度最小,所以析出,其余产品处理后可作肥料或循环使用。

- 艺术雕刻

一尊雕塑的创作,艺术家不是让原料直接成形,也就是从一个部位开始精雕细刻,而是先用比较粗糙的手法雕刻出大致的外形轮廓,再逐步细化刀法,每次雕刻完成一种不同的层次,而在最后的一次雕刻之前的每一次都没有达到艺术家的创作要求。

- 卫星回收

回收卫星有一种销毁方法是导弹在卫星轨道上撞击卫星。采用过量原则,让导弹从一开始就在比卫星向外一点的轨道上运行,等到要撞击卫星时,则使导弹减速落回卫星的轨道上,实现撞击。虽然刚开始导弹的运行速度快,且比目标轨道向外,但采用过量原则设计的这种撞击方式显然提高了命中率。

4.2.1.17　IP17:多维化原理(Dimensionality change)

IP17-1:将物体由一维运动变为二维运动或由二维运动变为三维空间的运动

- 折叠式集装箱

普通集装箱提供了足够的空间,为运输的标准化作出了重要的贡献,但其占用体积大,在不用时非常浪费空间,是其最大的弊端之一。

折叠式集装箱被设计成可从二维展开到三维的模型。通过合理的机械机构设计,实现用节点可靠控制整个箱体形状的目标。不用时,采用二维放置以减少空间消耗,需要使用时,则打开成三维形状以提供符合标准的内部空间,如图 4.59 所示。

IP17-2:利用多层结构替代单层结构

- 道路是城市的重要组成部分,但道路交叉口成为严重限制城市交通通行

图 4.59　折叠集装箱

能力的瓶颈。立交桥将原来在二维交叉口存在的拥堵问题通过延展到三维空间的方式,使这个问题得到了很好的解决。

- 普通自行车的牙盘和飞轮都是单层的,用链条连接传动,只有一种骑车模式。山地车的牙盘和飞轮利用齿轮的层状结构提供了多种齿轮尺寸,可根据实际需要选择合适的齿轮,调整骑车速度。

- "立体快巴"(straddling bus),它沿轨道行驶,上方可载客 1400 人,悬空的下方可让高 2 米以下的汽车照常通过,令塞车情况减少 20%～30%,造价仅是地铁的一成,如图 4.60 所示。

图 4.60　立体快巴

• 悬挂式立体车库

立体车库是通过多层的设计,充分利用空间,在拥挤的城市中提供最大密度的停车数量。现有的大多数停车场是平面的,占地面积极大,对现在寸土寸金的城市空间是极大的浪费。而普通的立体车库大多使用层叠的方式,不改变汽车平放的姿态,实现起来有很大的困难。

悬挂式立体车库采用了多维化原理,将平面设计改为三维,通过将汽车竖直悬挂,极大地降低了立体车库实现的难度,提升了空间利用率,如图 4.61所示。

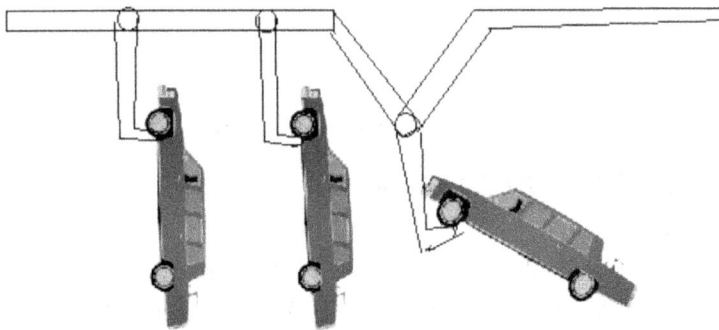

图 4.61 立体车库

IP17－3:将对象倾斜或侧向放置

• 翻斗车运输货物时,车体后部的翻斗是水平状态的;而在卸货时,将翻斗用液压装置支撑到倾斜的状态,货物即顺利卸车,如图 4.62 所示。

图 4.62 翻斗车

• 往汽车上装卸汽油桶的时候,在地面与车厢之间利用木板形成斜坡,使装卸变得容易,如图4.63。

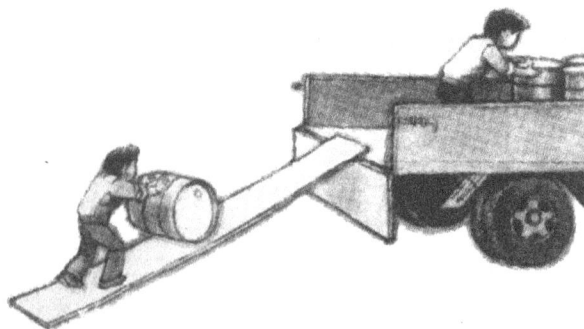

图4.63 往汽车上装卸汽油桶

IP17-4:利用给定物体表面的反面

• 双头手电

普通手电只有在手电前端有灯泡,在黑暗中如果是跟在别人后面走夜路,当用灯光照亮前方时,脚下的部分灯光并不足。双头手电利用了手电的尾部,在倾斜45°角又安装了一个灯泡,手电照亮前方时也可照顾到脚下,方便跟在后面的人走路,如图4.64及图4.65所示。

图4.64 普通手电筒的照射效果

IP17-5:利用射到相邻区域或目前区域背面的光线

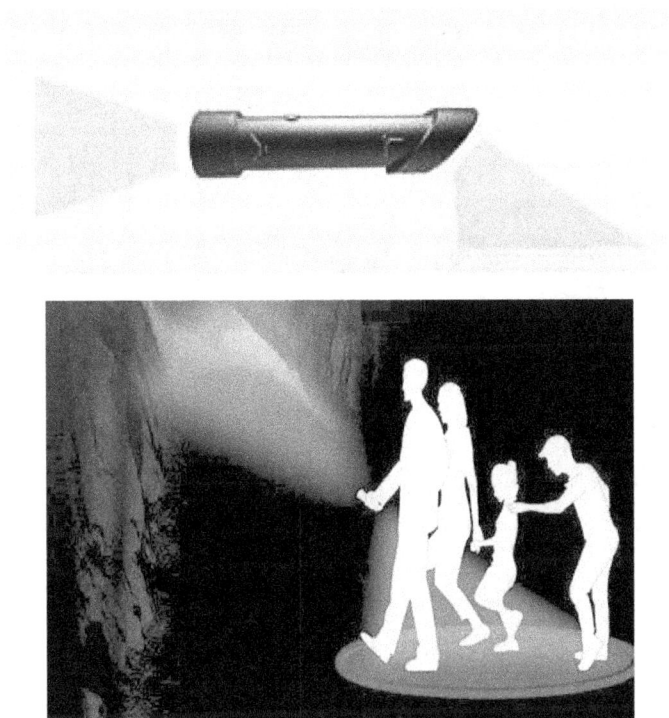

图 4.65　双头手电以及照射效果

- 位于山坳里的小镇无法得到充足的阳光,居民们在附近的山顶上利用巨大的镜子,将太阳光反射到小镇里。
- 传说阿基里德用士兵们盾牌的背面汇聚阳光,将罗马舰队的帆点燃,从而挫败了罗马舰队的进攻。
- 医用无影灯,其多角度灯光使得灯下没有任何的阴影,如图 4.66 所示。

4.2.1.18　IP18:振动原理(Mechanical vibration)

IP18－1:使对象发生振动

- 利用振动,乐器可以发出悦耳的声音。
- 在浇筑混凝土的时候,利用振动式励磁机(激励器)去除混凝土中的孔隙。
- 用筛子筛选(筛分)东西的时候,利用振动可以提高效率。农民在筛谷物时,通过振动可以使谷物迅速脱壳,淘金者也通过振动手中的筛子除去砂砾,留下金石。
- 振动可以使生锈的、腐蚀的或拧得过紧的零件松动,以便更换。

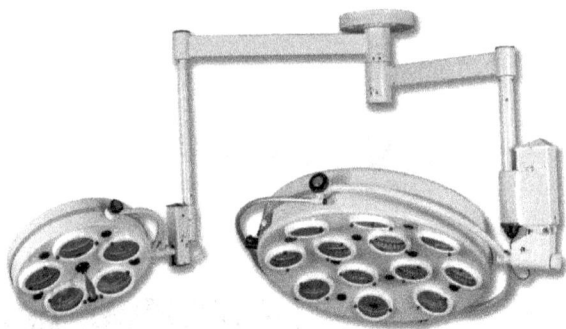

图 4.66　医用无影灯

· 聋者舞鞋能够将音乐的节拍通过舞鞋的振动传输给舞者，帮助患有听力障碍的舞者更加清晰地在无声世界里感受音乐，如图 4.67 所示。

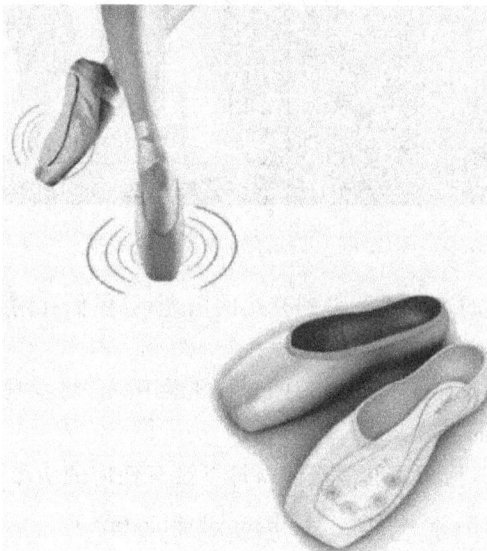

图 4.67　聋者舞鞋
专利设计：HENG Fengchi，WANG Xiaofei 等

· 振动盘是一种自动组装机械的辅助设备，能把各种产品有序排出来，它可以配合自动组装设备一起将产品各个部位组装起来成为完整的一个产品。振动盘料斗下面有个脉冲电磁铁，可以使料斗作垂直方向振动，由倾斜的弹簧片带动料斗绕其垂直轴做扭摆振动。料斗内零件，由于受到这种振动，而沿螺旋轨道上升，直到送到出料口。其工作目的是通过振动将无序工件自动有序定

向排列整齐、准确地输送到下道工序,如图 4.68 所示。

图 4.68 振动盘

IP18－2:如果对象已经处于振动状,则提高振动的频率(直至超高频)

• 犬笛可以发出超出人耳听力范围的声波,但狗可以听到这种声波。

• 超声波清洗机将高频电能转换成机械能之后,会产生振幅极小的高频震动并传播到清洗槽内的溶液中,在换能器的作用下,清洗液的内部将不断地产生大量微小的气泡并瞬间破裂,每个气泡的破裂都会产生数百度的高温和近千个大气压的冲击波,从而将工件冲刷干净,如图 4.69 所示。

图 4.69 超声波清洗机

IP18－3:运用共振现象

• 管件长度的精密测量,是石油勘探、计量等行业中一直没有很好解决的问题之一。传统上对大长度管件的测量普遍采用手工丈量、两端操作、人工记录的方法,不仅准确度低、重复性差、劳动强度高、受工作环境(经常为野外作业)的影响大、工作效率低。因此,这是一个亟待解决的实际问题。我国学者赵辉(1998)提出利用声共振测量管件长度的方法。具体来讲,研究人员推导出的测量方程表明,可以根据管内空气的共振频率 f_n 求得管的长度。而且在管内空气共振时,声压达到最大值,因此测量声压大小可作为检测共振频率的最直接的手段,从而成功解决了此技术难题。

• 18世纪中叶,法国昂热市一座 102 米长的大桥上有一队士兵经过。当他们在指挥官的口令下迈着整齐的步伐过桥时,桥梁突然断裂,造成大量官兵和行人丧生。究其原因是共振造成的。因为大队士兵迈正步走的频率正好与大桥的固有频率一致,使桥的振动加强,当它的振幅达到最大以至超过桥梁的抗压力时,桥就断了。而现今,则可运用共振现象,定点拆除废弃的建筑物或桥梁,避免了爆破拆除带来的危险和污染。

IP18－4:综合运用超声振动与电磁场

• 超声波振动和电磁场耦合超声波振动和电磁场共用,在电熔炉中混合金属,使混合均匀。

IP18－5:利用压电振动代替机械振动

• 电子手表(压电共振)

最早的振荡电路是由电感器和电容器构成,称为 LC 电路,但其频率稳定性却不大好,后来,科学家们用石英晶体代替 LC 振荡器,就大大提高了频率稳定性。石英为规则的六边形晶体。在石英晶体上按一定方位切割下的薄片叫做石英晶片。石英晶片有一个可妙的特性:若晶片上加以机械力,则在相应的方向上就会产生电场。这种物理现象称为"压电效应"。

当在石英晶片的极板上接上交流电场,当外加交变电压的频率与石英晶片的固有频率相等时,就会产生共振,这种现象称为"压电共振"。利用这种稳定的振荡特性,人们就创造出了精度极高的电子表和石英钟。

4.2.1.19　IP19:周期性动作原理(Periodic action)

IP19－1:将非周期性作用转变为周期性作用(或脉动)

• 在建筑工地上,利用打桩机周期性地作用于桩子,可以快速地将桩子打入。

• 警笛的周期性鸣叫和警灯的周期性闪烁,更能引起注意。

• 脉冲式真空吸尘器可以改善清洁的效果。

• 盘铣刀(其对金属的切割是周期性的)的加工效率比普通铣刀(其对金属的切割作用是连续的)要高得多。

• 周期性起作用的特制安眠药。当深夜应该睡觉的时候,人们可以服用安眠药使自己按时早睡。但是关键问题是很多情况下并不是人们睡不着,而是根本不想早睡,所以也根本不会去服用安眠药。周期性特制安眠药就是将持续的功能转变为周期的功能(推动力):本来普通的安眠药只是在服用之后的持续一段时间内起作用的,之后再不会有功效;而这样的安眠药能够将药力周期性地释放出来,使得有心改变作息时间而又没有毅力的人被"强迫""调整"生物钟,从而养成正常健康的生活习惯。

IP19-2:如果功能已经是周期性运作,改变其周期(作用频率)

• 利用振幅和频率都不断变化的警报器代替脉动式警报器。

• 在不同的工作状态下,洗衣机(或洗碗机)会采用不同的水流喷射方式。

IP19-3:利用脉动的间隙,来完成其他的有用作用。

• 在心肺呼吸中,每压迫胸部 5 次,呼吸 1 次。

• 当过滤器暂停使用时,通过倒流将其冲洗干净。

4.2.1.20　IP20:有益作用持续原理(Continuity of useful action)

IP20-1:让工作不间断地进行(对象的所有部分都应一直满负荷工作)

• 流水线的基本原理是把一个重复的过程分解为若干个子过程,前一个子过程为下一个子过程创造执行条件,每一个过程可以与其他子过程同时进行。流水线各段执行时间最长的那段为整个流水线的瓶颈,一般地,将其执行时间称为流水线的周期。

• 原来 BT 下载存在的问题是,当第二个种子没有出现的时候,第一个种子断种,则其他人无法通过共享将这个资源下载完。这样如果一个种子断掉,其他人就会做无用功。可以将每个种子的资源进行分块,每一块内部形成几个子种子,这样当一个人下了子种子的资源后自动进行做种,这样这个子资源就会续传下去。而不是需要整个资源都下完才可以做种。每个分种子还可以继续分若干个子种子,使得做种的资源进一步减少。这样 BT 就可以持续地下载和做种。

• 光刻机是一种用于集成电路制造设备的器械,用于在小芯片上制作成千上万的极微小的电子线路元件。最新款光刻机 24 小时不停歇工作。四个工作台轮换工作,在一个进行刻蚀时,另外几个进行 x-y 方向的校准,以及后续操作,精密的构件使工作台可以骤停,无延时现象。一系列动作只需在几十个微秒内完成,如图 4.70 所示。

• 寒玉床

"初时你睡在上面,觉得奇寒难熬,只得运全身功力与之相抗,久而久之,习惯

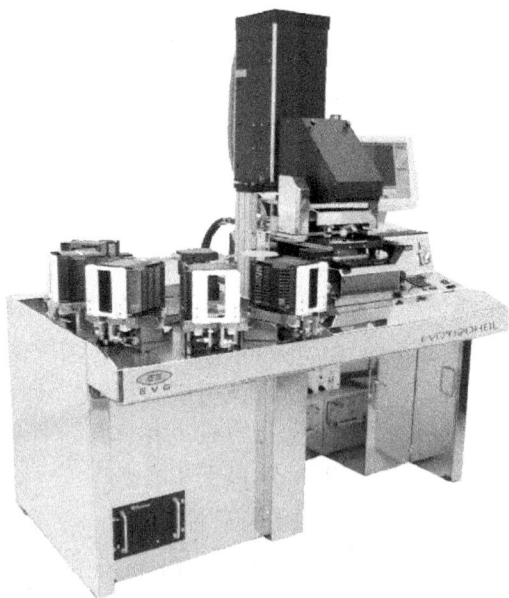

图 4.70　光刻机

成自然,纵在睡梦之中也是练功不辍。常人练功,就算是最勤奋之人,每日总须有几个时辰睡觉。要知道练功是逆天而行之事,气血运转,均与常时不同,但每晚睡将下来,气梦中非但不耗白日之功,反而更增功力。"——金庸《神雕侠侣》

IP20－2:排除无用的运作和中断(消除空闲和间歇性动作)

• CRT 显示器就是我们原来常见的显示器,其显像原理是电子枪来回扫描进行图像显示。显示器电子枪扫描是逐行扫描,每扫描一行从一段到另一端,然后会从另一端向反方向扫描,即从另一端扫描回来,而不是让电子枪空跑回来,再一次从头扫描。这样每行扫描便节省了从一段回到另一端的空走时间。这样的持续工作减少了无用的扫描,使得扫描频率增加,如图 4.71 所示。

• 老式打印机的打印头只能沿一个方向进行打印,打印头从初始位置开始打印,直到极限位置,然后需要快速回到初始位置(称为回程),以开始进行下一次打印。而新式打印机在回程的时候也能执行打印工作。

• 用加工中心代替多台机床,可以消除零件在不同机床之间的运输时间。

IP20－3:用旋转运动代替往复运动

• 用盘式铣刀(通过旋转运动进行切割)代替立式铣刀(通过往复运动进行切割)。

• 用计算机硬盘(旋转运动)代替磁带(往复运动,需要倒带)进行数据

图 4.71 CRT 显示器

存储。

- 螺旋输送机代替带式传送机。
- 用绞肉机代替菜刀来剁肉馅。
- 用水车取水(系统旋转,子系统往复)代替水桶打水(系统往复)。

4.2.1.21 IP21:急速作用原理(Hurrying or skipping)

说明:用尽可能短的时间,快速地通过某个过程中困难的或有害的部分。也就是说,若某事物在给定的速度下会出问题(发生故障,或造成破坏的、有害的、危险的后果),则可以通过加快其速度来避免出现问题或降低危害的程度。

- 普通的开颅手术,短则几个小时,长则十几个小时,患者的感染风险很大。而通过伽马射线快速进行颅内手术,时间短,出血少,大大减小了开颅手术带来的危险。
- 快速冷冻食物,避免细胞损坏,保持食物营养和口感。
- 通过超高温的瞬时灭菌,使温度急速通过可能影响口感的温度区域,从而实现杀死病菌,而不影响果汁或者牛奶的口感。

4.2.1.22 IP22:变害为益原理(Use harmful factors)

IP22-1:运用有破坏性的因素,尤其是环境的破坏性影响,以获得有用的效果(变废为宝)

- 燃烧垃圾进行发电,燃烧后的灰分还可以作为化肥或制成建筑材料。
- 在冬季,汽车发动机所产生的热量(这种热量对于发动机来说是有害的),可以用来对车厢内部进行加热。
- 利用水蛭来吸取肿胀部位的淤血。

IP22-2:通过跟其他负面的因素相结合,排除某个负面因素(负负得正)

• 潜水中使用氦氧混合气体。单独使用会造成中毒,但是,混合使用可以使得人在水下呼吸。

• 将酸液废水和碱液废水中和在一起,从而降低其危害性。

IP22-3:维持或加大破坏性的因素直到它不再产生破坏性(以毒攻毒)

• 采用泄洪的方式进行抗洪,增加了洪水漫延的区域,属于增加有害因素的幅度,但是却最终使得洪水得到缓和。

• 利用爆炸来扑灭油井大火。

• 利用极端的低温来冷冻已经被冻成块的材料,可以加速其恢复流动能力的过程。例如,在寒冷的天气里运输沙砾时,沙砾很容易冻结成块,这时可以通过过度冷冻(使用液氮)使成块的沙砾变脆,易于碎裂。

• 在医学上,利用失去活性的病源菌制造疫苗,可以使人体获得后天的免疫能力。

4.2.1.23　IP23:反馈原理(Feedback)

IP23-1:向系统中引入反馈,以改善性能

• 自动感应放水的抽水马桶,水箱中的浮球调节水箱进水量。

• 调节温度的锅能够根据锅内的温度,对比预定温度,调节火的大小。

• 调节放水的水龙头能够通过压力传感器,当水放到一定量时切断供水。

• 稳压芯片引入了负反馈,通过对输出结果进行采样,根据采样结果对输入进行控制,在输入电压、负载、环境温度、电路参数等发生变化时,保持输出结果基本稳定不变。集成稳压芯片就是在此基础上发展而来。

IP23-2:改变已存在的反馈方式、控制反馈信号的大小或灵敏度

• 啸叫现象的消除

我们使用麦克风的时候,音频讯号由麦克风进入扩大机(功率放大器),再由扩大机推动喇叭(扬声器)向外播放,如果将麦克风对准喇叭,则喇叭的输出讯号会再度进入麦克风而被扩大机反复放大。因此,当麦克风对准喇叭时,喇叭将会发出尖锐啸声,令人难以忍受,这就是所谓啸叫现象。

扩声系统之所以产生过度的声反馈,是因为系统中某些频率信号过强,反馈抑制器则可自动发现过于突出的声反馈频率并将其衰减下来,并且几乎不会对正常范围内的声音造成任何影响,这是改变已存在的反馈方式,通过检测并减小过度的反馈信号,达到消除啸叫现象的目的。

4.2.1.24　IP24:中介原理(Intermediary)

IP24-1:利用中介物来转移或传递某种作用

• 用于演奏弦乐器的拨子(琴拨、拨弦片)

- 在雕刻或开采石头的时候,利用凿子来控制力的方向。
- 调制就是把一个信号进行处理加到另一个频率的载波上,以便适合于传输;解调就是在接受到带有信号的载波后把有用信号分离出来。调制解调器能把计算机的数字信号翻译成可沿普通电话线传送的脉冲信号,而这些脉冲信号又可被线路另一端的另一个调制解调器接收,并译成计算机可懂的语言。这一简单过程完成了两台计算机间的通信。
- 靶向药物治疗癌症能够利用细胞的特异性,将药物加载到特制的载体上,进入人体后,药物直接作用于相应细胞上。

IP24-2:暂时把一个对象与另一个(很容易分离的)对象结合

- 单细胞生物通过囊泡和细胞膜的融合和分离,实现对大分子物质的传输功能。
- DNA 通过转移 RNA,进行转录翻译,实现蛋白质的合成。
- 饭店上菜的托盘。
- 药片上的糖衣,或者是内部承载药物的胶囊。
- 用来临时存放文件的文件夹,文件整理好之后就可将其删除。
- 超临界流体萃取过程是利用处于临界低压和临界温度以上的流体具有特异增加的溶解能力而发展出来的化工分离新技术。以二氧化碳为超临界溶剂为例:二氧化碳气体经热交换器冷凝成液体,用加压泵把压力提升到工艺过程所需的压力(应高于二氧化碳的临界压力),同时调节温度,使其成为超临界二氧化碳流体。

二氧化碳流体作为溶剂从萃取釜底部进入,与被萃取物料充分接触,选择性溶解出所需的化学成分。含溶解萃取物的高压二氧化碳流体经节流阀降压到低于二氧化碳临界压力以下进入分离釜(又称解析釜),由于二氧化碳溶解度急剧下降而析出溶质,自动分离成溶质和二氧化碳气体两部分,前者为过程产品,定期从分离釜底部放出,后者为循环二氧化碳气体,经过热交换器冷凝成二氧化碳液体再循环使用。

整个分离过程是利用二氧化碳流体在超临界状态下对有机物有特异增加的溶解度,而低于临界状态下对有机物基本不溶解的特性,将二氧化碳流体不断在萃取釜和分离釜间循环,从而有效地将需要分离提取的组分从原料中分离出来,如图 4.72 所示。

- 观看 3D 影片特制的眼镜,能将重叠的偏振光进行分离,从而形成 3D 立体的效果。
- 卫星通信由卫星和地球系统组成,其中卫星起着中继站的作用,将地面站发来的微波进一步放大之后再发往另一地球站,从而实现信号的传输。地面

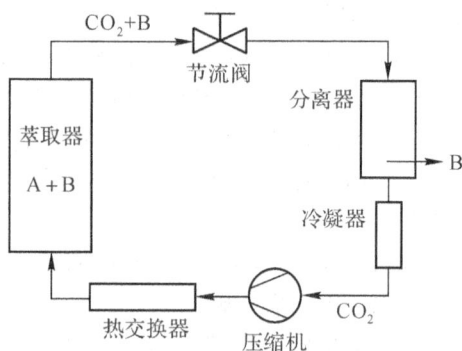

图 4.72　二氧化碳为超临界溶剂的超萃取过程示意图

站则是卫星和各种终端设备的接口,将卫星发来的信号传给用户,如图 4.73 所示。

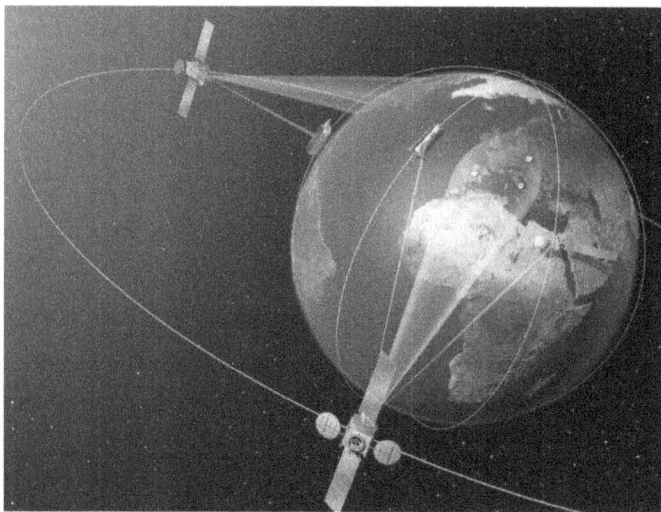

图 4.73　卫星通信

4.2.1.25　IP25:自服务原理(Self-service)

IP25-1:让对象进行自我服务,具有自补充、自修复功能

* 记忆材料在一定条件下,可以恢复其原来的形状等特性。

* 一些木马病毒可以封锁一般查杀的途径,在部分受到损坏时会自我修复。

* 太阳能充电手机在手机电量不足时,太阳能充电功能会自动启动,对手

机进行充电。

• 北京奥运会祥云火炬需要在低温低压环境下保持燃烧（如珠峰传递火炬），因此需要在较长时间的持续燃烧过程中保持内部燃料瓶的温度，因此需要加装回热装置。燃料燃烧的热量通过回热装置给燃料瓶进行加热，保证燃态燃料汽化喷出，从而实现保证持续燃烧，如图4.74所示。

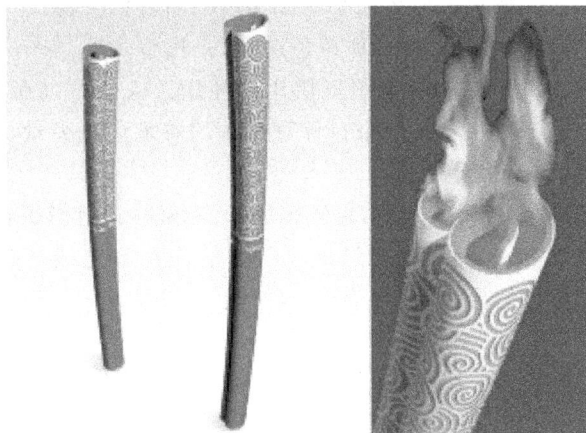

图 4.74 北京奥运会祥云火炬

• 在无需人员在岗的情况下，自动售货机可以自己提供售货服务。

IP25－2：利用废弃的物质资源及能源

• 工厂生产的废热废水用来供热或加热其他东西。

• 利用在健身运动时产生的能量来发电，保证一个小范围空间内的部分用电。

• 在收割的过程中，将作物的秸秆粉碎后直接填埋作为下一季庄稼的肥料。

• 运用电磁原理边骑车边充电的自行车。

利用电磁原理的自行车利用电磁原理，在自行车行驶的时候，车灯开启。为自行车在黑暗的地方行驶提供方便，同时省去使用其他电源的麻烦。

4.2.1.26 IP26：复制原理（copying）

说明：通过使用较便宜的复制品或模型来代替成本过高而不能使用的对象。（此处成本是一个宽泛的概念，不仅指金钱，还包括了时间和便利性等因素）

IP26－1：运用简易的廉价的复制品，代替难以获得的、复杂的、昂贵的、不便于操作的或者易损易碎的物体。

- 服装店里的塑料模特(代替真人模特)。
- 看现场电视直播,而不是到现场观看。
- 售楼处所摆放的建筑物的模型。
- 塑料花、塑料水果。
- 手机卖场中摆放的模型手机(其外观与真正的产品完全相同)。

IP26－2:用按比例放大或者缩小的光学复制品替代实物

- 谷歌街景是谷歌地图的一项特色服务,是由专用街景车进行拍摄,然后把360°实景拍摄照片放在谷歌地图里供用户使用。人们可以在家骑着健身自行车,带上特殊的光学眼镜,接受来自计算机端的谷歌虚拟街景,使人仿佛感觉在骑车漫游世界,观赏世界大观。

- 在黑夜测量电线杆的长度,可以采用如下办法:通过影子长度,利用比例测量实际电线杆长度:只要分别测量出人的影子长 l_1 和电线杆的影子长 l_2,设电线杆长度为 x,$x/a = l_2/l_1$,即可求出 x,如图 4.75 所示。

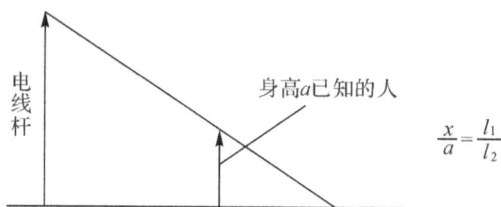

图 4.75　求电线杆高的示意图

IP26－3:如果可见光复制品已被采用,可转向用红外或紫外线光的复制品

- 在黑夜中,夜视仪可以利用红外线(检测热源)来观察物体。
- 用 B 超设备观察胎儿。

IP26－4:用数字模拟来代替实物

- 实验室计算机模拟核爆炸

实际核爆炸既损耗大量财力、物力、空间资源,甚至会导致一定范围内的环境破坏,可用多次重复而又经济的实验室仿真方式来替换。

- 在化学工程领域,常常采用电脑软件模拟实际的化工反应流程,为学生提供了成本较低、非常安全的实习操作机会。
- 利用网络上的虚拟博物馆代替真正的博物馆,如图 4.76 所示。
- 软件中的打印预览功能。

4.2.1.27　IP27:一次性用品替代原理(Cheap disposables)

说明:用一组廉价的对象替代昂贵的对象,在某些性能上稍做些让步。

图 4.76　网络虚拟博物馆

- 医用针头用更便宜的不锈钢合金材料来代替原有的材料,但耐用性较差,规定为使用一次。注射器经历了由玻璃注射器向一次性无菌塑料注射器改变。
- 一次性的餐具、水杯、医疗耗材、纸尿布、纸内裤、打火机、照相机等。
- 用布衣柜代替木制衣柜,不仅可以降低成本,还便于搬家。
- 在切割工具中(例如,工业钻头、玻璃刀),常利用工业钻石代替天然钻石。
- 载人飞船由于没有机翼,只能以弹道式或半弹道式方法返回,因而也对航天员的要求很高,也使飞船为一次性使用载人航天器。

航天飞机外型极其复杂,而且要携带可重复使用的发动机,所以载人飞船无论在技术上和成本方面都比航天飞机简单和小得多,容易突破载人航天的基本技术,并且很适于长期停靠在空间站上用作救生艇。若用昂贵的航天飞机作救生艇长期停留在空间站上,使用效率太低,还大大增加空间站姿态控制和保持轨道高度方面的费用。在载人航天很多领域中,载人飞船可以说是航天飞机的廉价的一次性替代品,成功完成了像空间试验和运输航天员和航天物资等任务。

4.2.1.28　IP28:替换机械系统原理(Mechanical interaction substitution)

IP28-1:用光学、声学或嗅觉方法替代机械系统

- 红外感应垃圾筒

旧式垃圾桶:运用机械方式完成打开垃圾桶盖的动作。需要手直接接触桶

盖,不卫生。在拿了很多东西的情况下,可能腾不出手来,也不方便。红外感应式垃圾桶:用红外感应的光学方法代替手与桶盖接触的机械方法。

- 用指纹、瞳孔等的扫描识别代替钥匙。
- 声控开关、感应开关、红外线遥控器等。
- 用声学"栅栏"(动物可听见的声学信号)代替真正现实中的栅栏,来圈住牛羊。
- 利用触摸屏技术(触觉设计原理)代替了原有的按键式机械结构。使手机变得更加易于操作、更加智能化,同时触屏的推广使用也使手机增加了许多扩展功能,类似于手机阅读、网页浏览等功能也日趋完善。
- 激光键盘:利用光学原理代替原有的键盘结构,更加轻巧便携,也为许多小型办公设备提供了极为有效的操作方式,如图 4.77 所示。

图 4.77　激光键盘

IP28－2:运用电场、磁场或电磁场与物体进行交换作用

- 磁场感应涡流加热:利用电流通过线圈产生磁场,当磁场内的磁力通过含铁质锅底部时,即会产生无数之小涡流,使锅体本身自行高速发热,然后再加热于锅内食物。电磁炉工作时产生的电磁波,完全被线圈底部的屏蔽层和顶板上的含铁质锅所吸收。
- 为混合两种粉末,让一种粉末带正电荷,另一种粉末带负电荷。然后利用场来驱动它们,或者机械地将它们混合,使粉末颗粒均匀地混合在一起。

IP28－3:用移动场代替固定场,用动态场代替静态场,用结构化场代替非结构化场,用确定场代替随机场。

- 核磁共振成像。又称磁共振成像(NMR),是利用核磁共振原理,通过外加梯度磁场检测所发射出的电磁波,据此可以绘制成物体内部的结构图像,在物理、化学、医疗、石油化工、考古等方面获得了广泛的应用。将这种技术用于人体内部结构的成像,就产生出一种革命性的医学诊断工具。快速变化的梯度磁场的应用,大大加快了核磁共振成像的速度,这是用动态场代替静态场,用结构化场代替非结构化场的典型案例。

- 在通信系统中,利用定点雷达预测代替早期的全方位检测,可以获得更加详细的信息。这是用确定场代替随机场的典型案例。

IP28-4:把场和能够与场发生相互作用的粒子(例如,磁场和铁磁粒子)组合起来使用

- 用变化的磁场加热含铁磁粒子的物质,当温度达到居里点时,物质变成顺磁,不再吸收热量,从而实现恒温。

- 铁磁流体。又称磁流体,是一种新型的功能材料,它既具有液体的流动性,又具有固体磁性材料的磁性,是由直径为纳米量级(10 纳米以下)的磁性固体颗粒、基载液(也叫媒体)以及界面活性剂三者混合而成的一种稳定的胶状液体。

该流体在静态时无磁性吸引力,当外加磁场作用时,才表现出磁性,正因如此,它才在实际中有着广泛的应用,在理论上具有很高的学术价值。用纳米金属及合金粉末生产的磁流体性能优异,可广泛应用于各种苛刻条件的磁性流体密封、减震、医疗器械、声音调节、光显示、磁流体选矿等领域。

- 对光反应变色的玻璃。常见含卤化银的变色玻璃,是在钠铝硼酸盐玻璃中加入少量卤化银(AgX)作感光剂,再加入微量铜、镉离子作增感剂,熔制成玻璃后,经适当温度热处理,使卤化银聚成微粒状而制得。当它受紫外线或可见光短波照射时,银离子还原为银原子,若干银原子聚集成胶体而使玻璃显色;光照停止后,在热辐射或长波光(红光或红外)照射下,银原子变成银离子而褪色。

卤化银变色玻璃的特点是不容易疲劳,经历 30 万次以上明暗变化后,依然不失效,是制作变色眼镜常用的材料。变色玻璃还可用于信息存储与显示、图像转换、光强控制和调节等方面。

4.2.1.29　IP29:气压或液压结构原理(Pneumatics and hydraulics)

说明:利用气体或液体部件代替对象中的固体部件,例如,充气结构、充液结构、气垫、液体静力结构和流体动力结构等。

- 机械千斤顶可以认为是固定传动结构,部件间存在一定摩擦作用,在较

大压力作用下,更容易磨损。液压千斤顶利用液体,虽然原理不同,但成功避免了固件部分的直接接触,更加灵活、耐用和有效。

- 充气沙发可以通过控制充气量的多少,决定沙发的高度、外形和软硬程度,从而满足不同的需要,如图 4.78 所示。

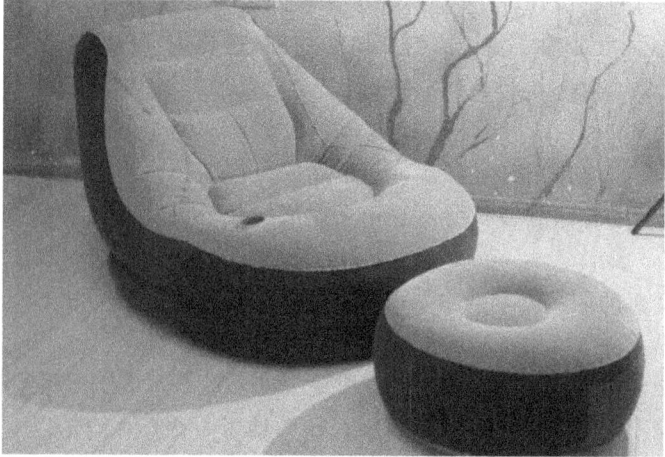

图 4.78　充气沙发

- 液压马达习惯上是指输出旋转运动的,将液压泵提供的液压能转发为机械能的能量转换装置。液压马达亦称为油马达,主要应用于注塑机械、飞机、船舶、起扬机等。有体积小、重量轻、结构简单、工艺性好、对油液的污染敏感、机械损耗较小、耐冲击和惯性小、扭矩脉动较大、效率较高、起动扭矩较大等特点。除此以外还有气压马达,其是以压缩空气为工作介质的原动机,它是采用压缩气体的膨胀作用,把压力能转换为机械能的动力装置。

4.2.1.30　IP30:柔性壳体或薄膜结构原理(Flexible shells and thin films)

IP30-1:用柔性壳体、活动的盖子或薄膜替代通常的结构

- 自行车的车座软垫可以使车垫变得柔软,坐上去没有硬的感觉。

- 在粒子加速器中,我们经常使用 He^- 离子作为产生 α 粒子(α 粒子就是将电子全部剥离之后的 He 原子核,带正电荷)的源,通过正电荷的吸引使 He^- 离子得以加速,然而我们最终需要得到的是 α 粒子,因此需要将离子中多余的电子剥离。传统的电子剥离装置盒中放置着对电子吸引能力很大的气体,使用时将盒的两端开口开启,令 He^- 离子从中穿过,即可以得到 α 粒子。然而该装置在开口开启时会有一定量的气体从中逸出,导致气体与加速器中其他部件的反应以及与 He^- 离子的提前反应,这将对系统一定的影响,如 α 粒子流强度的

削弱等等,如图 4.79 所示。

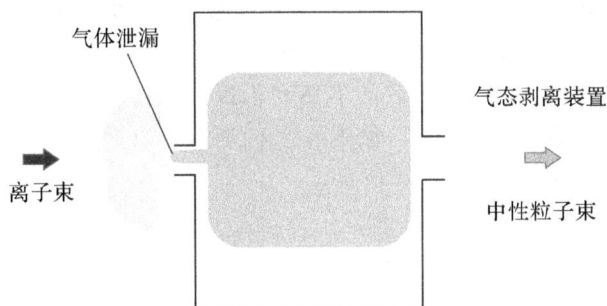

图 4.79 传统电子剥离装置

工程师对该装置进行了改进,改进后新的装置使用一层固体聚偏二氯乙烯可移动薄膜来进行电子的剥离。工作时,这层薄膜绕轴以固定的速度向一个方向运动以不断补充被反应掉的物质,当高能 He^- 离子撞击在这层薄膜上后,其电子将被固体薄膜所吸收,而产生的 α 粒子流从另一侧射出。采用薄膜结构完全避免了原电子剥离装置气体泄漏造成的影响,同时也方便了消耗性物质的补充过程,如图 4.80 所示。

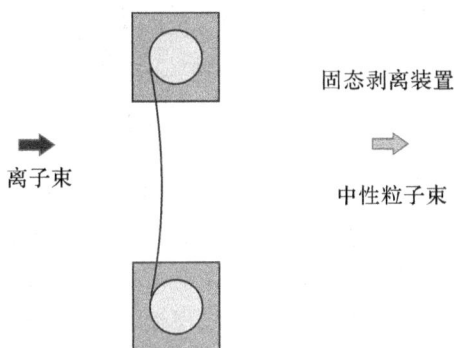

图 4.80 新型电子剥离装置

IP30-2:柔性壳体、用活动的盖子或薄膜把对象和外部世界隔离
- 胶囊(易于吞咽,便于药物的缓释)。
- 蚊帐的使用。
- 茶叶包、鞋盒中的干燥剂包,用外包装将干燥剂与食品隔离开来。
- 用塑料大棚代替温室,降低成本。
- 水上步行球的发明。根据新的材料理论研究,科学家们合成了一种新的高分子材料,该材料制成的膜结构能够从水中滤出所需要的空气成分以满足探索者的需要。该膜结构可以制成透明的成色,预期的成品类似雨衣的样式,可以将整个人体包围,但是又不会像过去的材料僵硬,更随体、更轻薄是其最突出的特色。这样的产品将人生存所需的环境与水通过透明的介质隔离起来,但在使用者的感官上并没有隔离之后的不便和不适。水上步行球采用这样的技术和原理,使人们实现了水上步行,使得水上行走球可以提供给游戏者更加真实更加舒适的游戏体验,如图 4.81 所示。

图 4.81 水上步行球

4.2.1.31 IP31:多孔材料原理(Porous materials)

IP31-1:给物体加孔或者运用补充的多孔物质(插入物、覆盖物等等)

• 空心砖克服了传统红砖质地重、费原料的缺点,在传统红砖的基础上加入了多孔的元素,制成了集质轻、高强度、保温、隔音降噪等众多优点于一身。同时,由于空心砖比较轻,也不容易造成楼板的开裂,如图 4.82 所示。

• 活性炭的微观结构充满孔洞,其堆积密度低,比表面积大。主要用于脱色和过滤,吸收各种气体与蒸汽等。

• 蜂窝煤是横断面中部有多个垂直通风圆孔,状似蜂窝的圆柱形煤球,主要用于家庭生火、取暖。圆柱形煤球内打上一些孔,可以增大煤的表面积,使煤能够充分燃烧。

IP31-2:如果对象已经由多孔物质组成,那么小孔可以事先用某种物质填充

图 4.82　空心砖

- 多孔催化剂

一般催化剂作为载体,反应物在催化剂表面附着,化学反应速率有时候取决于反应物在催化剂表面的附着速率。将催化剂装在多孔载体里,增加了催化剂的表面积,从而使反应物更容易在催化剂表面附着,在一定程度上提高了化学反应速率。

- 核反应控制器,将铀棒和镉棒按照一定次序安插在核反应堆孔隙里,控制反应速率,如图 4.83 所示。

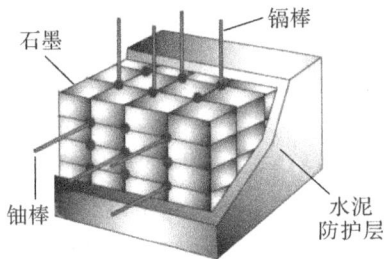

图 4.83　核反应控制器

- 电机蒸发冷却系统

电机在运作过程中会产生大量的热,严重损害电机的功效和使用寿命。传统的方法是给电机输送冷却剂来给电机降温,而电机蒸发冷却系统可以消除给电机输送冷却剂的麻烦,其活动部分和个别绪构元件由多孔材料制成,该材料渗入了液体冷却剂的多孔粉末钢,在机器工作时冷却剂蒸发,因而保证了短时、有力和均匀的冷却。(苏联发明证书 187135)

4.2.1.32　IP32：变换颜色原理（Optical property changes）

IP32－1：改变对象或者其环境的颜色

• 光敏玻璃。光敏玻璃是将光敏化学试剂引入玻璃体中，使之曝光加热的一种新型玻璃。这种玻璃的结构具有高度的多孔性：微孔占总体积的 30%，每个微孔的直径只有 20 纳米，大约能容纳 4000 个原子。所用的化学试剂几乎全部由羰基金属类化合物组成。试剂曝光后，可脱除一个或多个 CO 功能团，留下它的半裸金属原子。金属原子不"喜欢"单独存在，而到处寻找一些物质，以取代它失去的羰基。金属原子所能获得的就是它周围的玻璃，故而金属原子与玻璃结合在一起。

当玻璃加热到 200℃ 时，受光照射的化学试剂留存下来，而未曝光的试剂则被除去，相当于"固定"普通的照相图像。该图像并不模糊，因为微孔的孔径只有可见光波长的几分之几，所以微孔不致使光散射。当玻璃加热到约 1200℃ 时，微孔消失，形成致密玻璃，在玻璃中就存留下永久图像。借助于有图像的玻璃，可用来对其他物质产生图像，换言之，它可用作光刻的掩模，因而引起了半导体芯片制造者极大的兴趣。[①]

• 军用伪装服（迷彩服）。

• 在表面结构上利用干扰带来改变颜色。例如，蝴蝶翅膀上的图案、斑马身上的条纹。

• 在暗室中使用不会对胶片产生影响的光，如红光。

IP32－2：改变对象或其环境的透明程度

• 感光玻璃是一种能感光显色的玻璃。它含有微量感光着色剂（如铜、金、银、钯、铈的化合物等）的玻璃，经短波射线（如紫外线、X 射线等）通过底板照射感光后，再经热处理，可使玻璃内晶核长大而显色成像，色泽鲜艳，经久不变。主要用于艺术制品、建筑装饰和日用器皿等方面。

• 将绷带做成透明的，这样就可以在不揭开绷带的条件下观察伤情。

IP32－3：采用有颜色的添加物，使不易被观察到的对象或过程被观察到

• 杭州湾跨海大桥运行期间，桥面行车环境受大风、浓雾、暴雨及驾驶员视觉疲劳等不利因素的影响，采取合理有效的设计对策是保障桥面行车安全的关键。针对此情况，大桥采用如下设计：护栏每 5 公里左右换一种颜色，"赤橙黄绿青蓝紫"俱全。

• 水温感应喷头，在水温不同时喷头的颜色也不同。温度低的时候偏白

---

① 资料来源：百度百科词条"光敏玻璃"。

色、蓝色,温度高的时候偏橙色、红色。这样顾客不必用身体触碰就可根据喷头颜色的变化来辨别水温。

• 为了更好地观察病人的肠道情况,在检查前,让病人服用消化道钡餐,如图 4.84 所示。

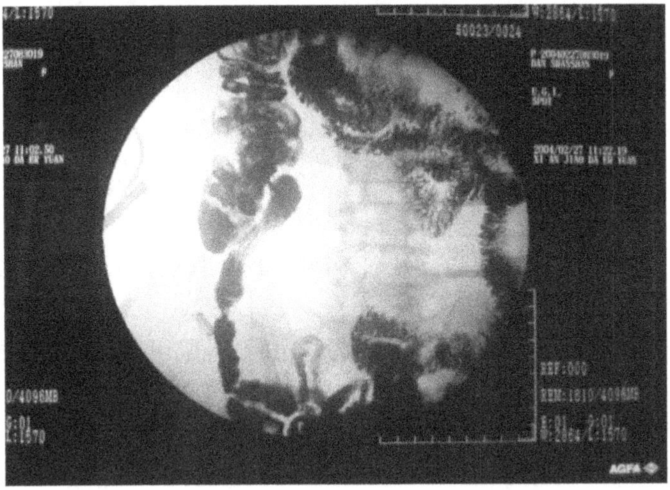

图 4.84　消化道钡餐

IP32-4:如果这种补充物已经得到运用,那么增加其发光特性可以提高可视性(考虑使用荧光物质)

• 在纸币中加入荧光物质,以提高纸币的防伪能力。

• 在无损检测中,利用荧光探伤法可以检测工件的表面缺陷。

• 在高速公路两侧利用荧光物质制作的道路标志牌便于司机在夜间驾驶。

4.2.1.33　IP33:同质原理(Homogeneity)

说明:与指定对象发生相互作用的对象,应该采用与指定对象相同的材料(或性质接近的材料)制成。

• 钻石的切割温度比较高,如果用其他材料制成的工具,在高温条件下容易发生化学反应,采用金刚石切割则可以避免。

• 蚕丝是天然蛋白,有许多其他材料不可替代的优点,丝素蛋白具有独特的分子结构、优良的机械性能、极好的吸湿保湿性和抗微生物的性能,与机体有良好的生物相容性,因此用于隐形眼镜材料的研制。

• 获得固定铸模的方法是用铸造法按照芯模标准件形成铸模的工作腔。为了补偿在铸模过程中成型的制品材料在冷却后的收缩,芯模和铸模使用与制品相同的材料制造。

- 爱斯基摩人在冰原上所住的房屋是用冰块堆砌而成的。
- 用糯米制成的糖纸来包装软糖(糖纸和软糖都是可食用的)。依此类似,利用鸡蛋和淀粉来制造装冰激凌的容器(冰激凌和容器具有相同的特性——可以食用)。
- 建于辽代的山西应县木塔,是世界上现存的最古老的木塔。它的神奇之处在于它是全木结构,除了底层的土墙之外,高达 67 米的木塔在整体结构上没有使用一块砖石,更没有使用一颗钉子,整座塔全部依靠木工工艺中的榫卯连接。木塔本身具有良好的能量吸附能力,每当遇到狂风、地震时,木质构件之间因为材质相同,所以仅产生细小的位移,吸收部分外来的能量。

4.2.1.34　IP34:抛弃与再生原理(Discarding and recovering)

IP34-1:已经完成任务的部件和无用的部件自动消失,或在工作过程中自动改变(溶解、蒸发等)

- 可消化性胶囊的外壳只是药物的一个载体,服用后会被消化掉。
- 多级火箭除第一级以外,其他级只是为了增加推进速度,当完成任务之后就会舍弃,基本是坠入大气层烧毁。
- 普通的子弹在被使用后,往往会将子弹壳抛弃。
- 可吸收外科手术缝合线具有生物可降解性。伤口缝合后,随着伤口的愈合,缝线自动在体内降解,通过酶的作用,最终代谢成二氧化碳和水排出体外。这样就避免了拆线的痛苦。

IP34-2:在工作时消耗或减少的部件应当被立即替换或自动再生

- 自动铅笔的铅芯头写完了,轻轻一按,就会得到补充,不需要削铅笔了。
- 自动步枪可以在发射出一发子弹后自动装填另一发子弹。
- 收割机的自磨刃可以在磨损的同时产生新的刃口,始终保持刃口的锋利。
- 砂轮是用磨料和结合剂树脂等制成的中央有通孔的圆形固结磨具。砂轮是磨具中用量最大、使用面最广的一种,使用时高速旋转,可对金属或非金属工件的外圆、内圆、平面和各种型面等进行粗磨、半精磨和精磨以及开槽和切断等。虽然在使用过程中不断有磨损,但是内层的磨料能接替发挥作用。
- 能自愈的混凝土[①]

钢筋混凝土是世界上使用最广泛的建筑材料,但它很容易出现微小的裂缝,随着时间的推移,水与侵蚀性化学物一起进入这些裂缝,并腐蚀混凝土。当

[①] 资料来源:译言网,"自愈混凝土研究取得突破",http://article.yeeyan.org/view/92797/328913。

使用期限过长或者遇到地震的时候就非常容易断裂。荷兰科学家在 2012 年年底研制出了能自愈的混凝土,这是一种可自行修补裂缝的实验性混凝土,它将可生产石灰石的细菌孢子和营养物质添加到混凝土配合料中,但由于缺乏水分,孢子处于休眠状态,直到雨水进入裂缝并激活它们,从而生成与石灰石成分相同的代谢产物,填补裂缝。这种新材料将提高混凝土的使用寿命,大大节约了建筑成本。

4.2.1.35　IP35:状态和参数变化原理(Parameter change)

IP35-1:改变对象的物理聚集状态(例如在气态、液态、固态之间转化)

• 用液态形式运输氧、氮、天然气,从而取代气体形式的运输,可以减少货物的体积,提高运输效率。

• 将需要干燥的药物溶液预先冻结成固体,然后在低温低压条件下从冻结状态下不经过液态而直接升华除去水分。

• 目前治疗呼吸系统疾病常用方法之一,利用雾化器使药物分散悬浮在气流中,形成气凝胶输入呼吸道,直接到达病灶沉降。

• 向磁流变液施加磁场,可以在 1 毫秒之内使其从自由状态变为固态,当磁场移去之后,又立即恢复液态,从而实现对流体传动介质的控制。

• 用液态的洗手液代替固态的肥皂,在公共场所使用更加方便卫生。

IP35-2:改变对象的浓度、密度、黏度

• 改变硫酸的浓度,不同浓度的硫酸有不同的性质。例如,稀硫酸具有强酸性,属于强电解质,可与比氢活泼的金属反应生成硫酸盐和氢气;而浓硫酸具有吸水性、强酸性(但它不能与比氢活泼的金属反应生成硫酸盐和氢气)、强脱水性、强氧化性、难挥发性。

IP35-3:改变物体的柔性(或灵活性)程度

• 通过硫化过程来提高天然橡胶的强度和耐久性。

• 改变自行车轮胎的充气程度(柔性),控制其与地面的接触面积。

• 柔性电路板是以聚酰亚胺或聚酯薄膜为基材制成的一种具有高度可靠性、绝佳的可挠性印刷电路板,简称软板或 FPC,具有配线密度高、重量轻、厚度薄的特点。主要使用在手机、笔记本电脑、PDA、数码相机、LCM 等很多产品上,如图 4.85 所示。

IP35-4:改变物体的温度或体积

• 低温麻醉:在全麻基础上用物理降温法使人体温度降至预定范围。旨在降低组织代谢及耗氧,提高器官对缺氧的耐受性。降温方法有体表、体腔及血流降温等法。主要用于需短暂阻断循环的心血管手术。应预防室性心律紊乱、

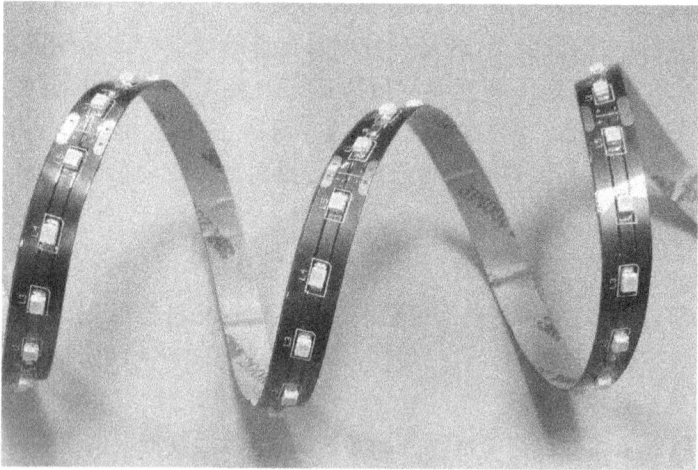

图 4.85　柔性电路板

呼吸功能不全、冷反射等并发症。

· 陶瓷烧制时颜色釉对温度的变化十分敏感（"窑变"），在不同的烧制温度下能呈现出不同的色彩，于是才有了色彩繁复、千变万化的瓷器。

IP35－5：改变对象的压力

· 在烹饪牛肉的过程中，普通的制作方式难以使其熟透，通过高压锅，增加锅内部的压力以提高水的沸点，可以使牛肉得到充分的烹制，色香味俱全。

4.2.1.36　IP36：相变原理（Phase transitions）

说明：相是物理化学上的一个概念，它指的是物体的化学性质完全相同，但是物理性质发生变化的不同状态。在发生相变时，有体积的变化同时有热量的吸收或释放，这类相变即称为"一级相变"（例如，在 1 个大气压 0℃的情况下，1千克质量的冰转变成同温度的水，要吸收 79.6 千卡的热量，与此同时体积亦收缩。所以，冰与水之间的转换属一级相变）。

在发生相变时，体积不变化的情况下，也不伴随热量的吸收和释放相变，只是热容量、热膨胀系数和等温压缩系数等的物理量发生变化，这一类变化称为"二级相变"（例如，正常液态氦与超流氦之间的转变、正常导体与超导体之间的转变、顺磁体与铁磁体之间的转变、合金的有序态与无序态之间的转变等都是典型的二级相变的例子）。相变原理就是充分利用在相变过程中产生的效应，比如体积、辐射或热量吸收的改变等。

· 储能材料的制备。当温度高于固液共晶温度时，晶相熔化，积蓄热量。一旦气温低于这个温度时，结晶固化再现晶相结构，同时释放出热量，在墙板或轻型混凝土预制板中浇注这种相变材料,可以保持室内适宜的温度。

• 氟利昂在冰箱制冷中的应用。低压气态氟里昂进入压缩机,被压缩成高温高压气体氟里昂;气态氟里昂流入室外冷凝器,放出热量,冷凝成高压液体氟里昂;高压液体氟里昂通过节流装置降压变成低温低压气液氟里昂混合物;气液混合氟里昂进入室内蒸发器,吸收热量,变成低压气体,重新进入了压缩机,如此循环往复。

• 超导电性(在接近绝对零度或在高于绝对零下几百度的温度下,电流在一些金属、合金或陶瓷器中无阻碍地流动)。

4.2.1.37 IP37:热膨胀原理(Thermal expansion)

IP37-1:加热时充分运用材料的膨胀(或缩小)

• 荧光灯泡将小剂量的水银蒸气密封在玻璃囊中,玻璃囊内壁镶嵌金属线圈。将该玻璃囊内嵌在真空管的一段构成荧光管。当通电时,玻璃囊受热升温,玻璃的热膨胀系数远小于金属线圈,于是玻璃囊被金属线圈自内向外撑爆,释放出水银蒸气,引起荧光。

• 板栗是坚果食物,其外皮非常坚硬,很难剥下来。运用板栗外壳和果肉的热膨胀系数不同的特点,给板栗加热,使果肉冲破外壳,自然达到剥去板栗外壳的目的。

• 生活中最常用的水银温度计,利用水银的热胀冷缩,温度变化与水银体积变化成比例。

• 过盈装配中,冷却内部件使之收缩,加热外部件使之膨胀,装配完成后恢复到常温,内、外件就实现了紧密装配。如轴承、联轴器等与轴的联接常采用这种配合方式。

• 在化学实验中,需要精确控制气流的流量,可现有的阀门均不能满足控制的要求。采用晶体结构的材料来做阀门的阀门体,利用气体的热膨胀原理来实现精确的流量控制。这就是现在已经普遍使用的超精确阀门,如图 4.86所示。

• 热气球的基本原理是热胀冷缩。当空气受热膨胀后,体积变大,密度会变轻而向上升起。

IP37-2:将几种热膨胀系数不同的对象组合起来使用

• 双金属片传感器,使用两种不同膨胀系数的金属材料并连结在一起,当温度变化时双金属片会发生不同程度的膨胀而弯曲。可以做出温控装置、火灾报警器等,如图 4.87所示。

4.2.1.38 IP38:强氧化作用原理(Strong oxidants)

IP38-1:用富氧空气取代普通的空气

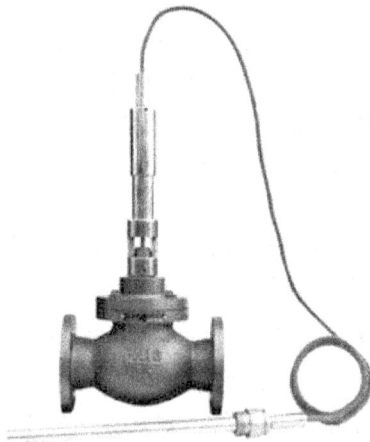

图 4.86 晶体结构材料制造的超精确阀门

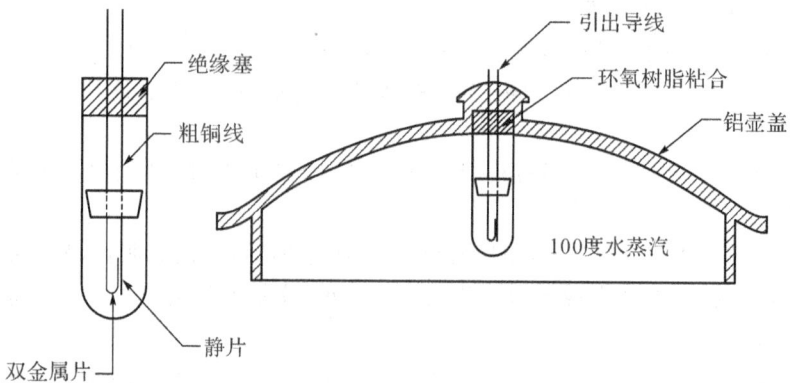

图 4.87 传感器及装配图

- 用双氧水消毒,利用其强氧化杀死细菌。
- 将病人放入氧幕(氧气帐)中,为其增加氧气供应量。
- 潜水时水下呼吸器中存储富氧空气,这种空气密度较大、氧含量较高,取代普通的空气,能够提供更加长久的呼吸支持,如图 4.88 所示。

IP38-2:用纯氧取代富氧空气

- 乙炔切割中用纯氧代替空气(纯氧可以使乙炔燃烧更完全,能够提高乙炔燃烧的热效率。
- 用高压氧气处理伤口,既杀灭厌氧细胞,又帮助伤口愈合。
- 在炼制超低碳钢时,为了减少钢中碳、磷和硫的含量,可以向钢液中吹入

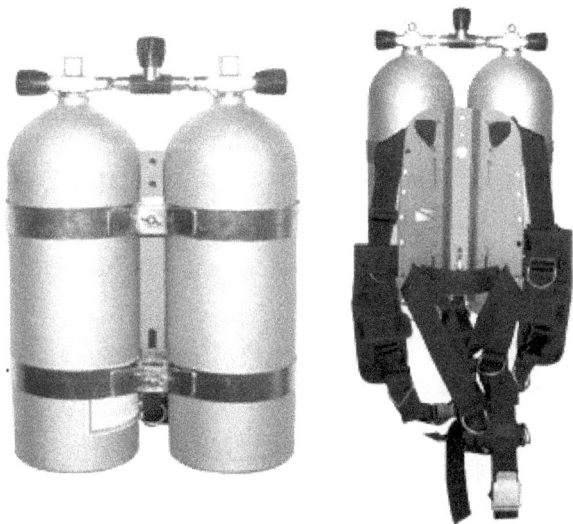

图 4.88 水下呼吸器

高压纯氧。

IP38－3：用离子化氧代替纯氧

• 传统空气过滤（净化）器为吸附型，是采用活性炭或其他多孔介质对气体中有害物质进行吸附。过一段时间以后吸附能力就会达到饱和，需要对它加热处理（专业上称为再生），把吸附材料中的污染物赶出来，使材料重新具有吸附功能。负离子型空气过滤器是利用高电压产生电离使空气产生负离子，负离子和空气中的污染物作用，从而达到净化空气的目的。

• 利用电离的空气来制造磁流体发电机。磁流体发电的基本原理是，将带电的流体（离子气体或液体）以极高的速度喷射到磁场中去，利用磁场对带电的流体产生的作用，从而发出电来，电离的空气可以实现这个目的。

IP38－4：用臭氧（臭氧化氧）代替离子化氧

• 在水处理中，利用臭氧杀菌系统杀灭水中的细菌。

• 臭氧是一种强氧化剂，同时具有抗炎和镇痛的作用。将臭氧气体通过细针穿刺注射入椎间盘髓核内，可以使髓核组织细胞逐渐脱水、萎缩，从而使椎间盘突出物缩小，减轻对神经根的压迫而达到治愈的目的。这是目前公认治疗椎间盘突出症既免开刀又具有良好疗效的最佳手段。

• 臭氧压舱水处理系统。船舶压舱水是为了保证船舶的安全性、平衡和船体完好而充填的海水或淡水，注入到压舱水中的臭氧依靠其强大的酸化力直接将外来海洋侵入物种杀灭。臭氧的半衰期很短（5 秒之内），不会残留在处理过的水中。处理水中存在的极少量的残留化学物质不会对处理水排放的周边水域构成污染。

4.2.1.39　IP39:惰性介质原理(Inert atmosphere)

IP39－1:用惰性介质替代普通的介质

• 在食物的加工、储存和运输过程中,利用惰性气体进行保鲜。

• 利用二氧化碳灭火器灭火。

• 向汽车轮胎中充入氮气(而不是空气),由于氮气的膨胀系数小于空气,因此受环境温度变化的影响较小。

• 引入惰性气体作为保护气体,利用其化学惰性,将高温熔化的金属与空气隔离开来,这样就可以避免金属被氧化,以克服这一难题,得到优质的铝镁合金。

• 我们知道,开了瓶的葡萄酒很难久存,气体保鲜器系统,原理是利用惰性气体对酒瓶内加压,取代隔绝瓶内的空气,起到保鲜作用。

IP39－2:向对象中添加中性或惰性成分

• 用氮气等惰性气体充入灯泡内,可以延长灯丝的使用寿命。

• 向钛中加入阻燃剂,以防其在高温环境中燃烧。

• 向航空燃油中加入添加剂以改变其燃点。

• 将难以燃烧的材料添加到泡沫材料构成的墙体中,形成防火墙。

• 六氟化硫绝缘灭弧。SF_6 是由硫和氟合成的一种惰性化学气体,无色、无臭、无毒、不燃,比空气重 5 倍。SF_6 分子具有很强的负电性,能吸附电子形成惰性离子。由于具有这种特性,在 SF_6 气体中很难存在自由电子,因此它是一种绝缘强度高、灭弧性能好的气体介质,其灭弧能力比空气高 100 倍,而且在电弧熄灭后能很快恢复绝缘。

IP39－3:使用真空环境

• 食品采用真空包装袋,有利于保险。

• 水沸腾产生水蒸气并不一定要加热到 100 摄氏度,因为根据物理常识,在一定真空条件下,水的沸点会相对常压下得以降低,因而只需消耗较少的能源即可产生水蒸气,从而根据此原理制造出真空锅炉。

4.2.1.40　IP40:复合材料原理(Composite materials)

说明:使用复合物质替代单一同种材料

• 钢筋混凝土(是由钢筋、水泥、小石头等物质组成的复合材料)。

• 汽车轮胎是由橡胶、钢丝等组成的多层复合结构体。

• 电动汽车的电池在整部汽车中占了很大一部分体积和重量;为了能够让

汽车更好地运行,有必要减轻这部分的重量。但是电动汽车是不能没有电池的,于是既要拿掉电池又要保留电池,通过借助能够存储电能的碳纤维和高分子树脂材料,将汽车外壳做成整部汽车的电池是一个非常好的解决方案。

• PN结(PN junction)。采用不同的掺杂工艺,通过扩散作用,将P型半导体与N型半导体制作在同一块半导体(通常是硅或锗)基片上,在它们的交界面就形成空间电荷区称PN结。PN结具有单向导电性。P是positive的缩写,N是negative的缩写,表明正荷子与负荷子起作用的特点。一块单晶半导体中,一部分掺有受主杂质是P型半导体,另一部分掺有施主杂质是N型半导体时,P型半导体和N型半导体的交界面附近的过渡区称为PN结。PN结有同质结和异质结两种。用同一种半导体材料制成的PN结叫同质结,由禁带宽度不同的两种半导体材料制成的PN结叫异质结。

• 为满足航空航天等尖端技术所用材料的需要,以苏联和美国为首的科学家先后研制和生产了以高性能纤维(如碳纤维、硼纤维、芳纶纤维、碳化硅纤维等)为增强材料的复合材料,其比强度大于 4×106 厘米(cm),比模量大于 $4\times108cm$。先进复合材料除作为结构材料外,还可用作功能材料,如梯度复合材料(材料的化学和结晶学组成、结构、空隙等在空间连续梯变的功能复合材料)、机敏复合材料(具有感觉、处理和执行功能,能适应环境变化的功能复合材料)、仿生复合材料、隐身复合材料等。

4.2.2 易混淆的发明原理辨析

辨析一:IP5合并原理与IP6多用性原理的辨析:

IP5是将时间或空间上相关的操作对象合并,要求对象间相关、相邻、相连;而IP6是将要实现的功能合并,这些功能间不一定要相互联系。

辨析二:IP9预先反作用原理,IP10预先作用原理和IP11预先防范原理的辨析:

IP9预先反作用原理:对象肯定要发生产生有害作用的动作,因此预先施加反作用以抵消动作所产生的危害;

IP10预先作用原理:对象肯定要发生产生有益作用的动作,因此预先施加作用以更有利于动作的发生;

IP11预先防范原理:强调针对系统中可靠性较差的部件或对象,做出预防或提供备用零件,以避免可能会发生的有害作用。也就是说,IP9是一定会发生有害作用,因此采用预先反作用来减小或消除危害,IP11中有害作用不一定会发生,但因为系统中部分部件或对象可靠性相对较差,易出现问题从而引发有害作用。因此IP11是针对上述部件与对象来进行针对性的防范,以此避免发生有害作用。

辨析三:IP25 自服务原理 2 号子原理与 IP22 变害为利原理的辨析:

IP25 自服务原理的 2 号子原理:强调对废弃资源的直接利用,并具有时间上的同时性;

IP22 变害为利原理:强调对有害效应和物质的利用和转化,中间存在转化过程,不需要时间上具有同步性。例如太阳风飞船,太阳能资源本身不是废弃的,但太阳风暴是有害的,不过利用太阳风暴的能量可以驱动飞船飞行,故该原理源于 IP22 而不是 IP25。

辨析四:IP26 复制原理、IP27 一次性用品替代原理与 IP34 自弃和修复原理的辨析:

其中,IP26 强调对复制品进行操作,复制对象的性能与原始对象要尽可能一致,原始对象不用承受作用,也不会遭到破坏;IP27 则将原始对象改换为一次性的,其承受相应的作用,也会遭到破坏,此外一次性的替代对象性能有所下降也是可以接受的;与 IP26 和 IP27 相比,IP34 关注的是部件(而非整体)的丢弃和修复。

辨析五:IP35 状态和参数变化原理、IP36 相变原理与 IP37 热膨胀原理的辨析:

其中,IP35 是利用对象状态变化后的最终状态;IP36 则利用对象在相变过程中所产生的效应;而 IP37 是利用对象在加热过程中的体积变化(最简单的如热胀冷缩)。

4.2.3　扩展阅读:发明原理在抗击非典时的应用[①]

非典型性肺炎在 2003 年袭击全球,TRIZ 研究人员根据发明原理的启示,向新加坡政府提供了若干措施应对非典,并取得了良好效果。具体如下所示。

IP1 分割原理

• 为了阻止病毒传播,新加坡政府区分了三类人群:那些已经被感染或者可能被感染的人;那些没有被感染的人;那些可能携带病毒进入新加坡境内的人。

重要的商业机构(例如银行、财政部门)将它们的员工分为不同的组,然后其分布在新加坡岛上不同的办公楼中。

• 高等教育机构将它们偌大的校园分为更小的区域,减少校园内的人员流动,以使追踪 SARS 病情的接触情况变得更加简单。

---

① 资料来源:www.innovatorsandleaders.com 网站材料,由英文翻译而来。

- 早些时间已经被隔离检疫的巴西班让批发中心（The Pasir Panjang Wholesale Market）将其购物区域重新划分，这样使得可以只隔离超市的某一部分而不至于整个超市都被关闭。

IP6 多用性原理

- 在新加坡樟宜机场引入基于红外传感器的体温检测系统，这样就不需要大量的护士人工地给旅客检测体温，大大减少了人力资源消耗。至 2003 年 5 月中旬，机场已经安装了 29 个红外检测器。

IP7 嵌套原理

- 通过增设一系列从非感染地带到感染地带（住有 SARS 病人）的封闭区域，陈笃生医院（Tan Tock Seng Hospital，新加坡主要的 SARS 医疗机构）的隔离情况得到了改善。

IP9 预先反作用原理

- 从 4 月中旬开始，新加坡政府就对陆续关闭的 80 余家小型商店和食品店进行为期一天的打扫和杀菌工作，在打扫一两天之后即可重新开张；
- 采用了增强免疫系统的药物；
- 国家环境署同意支付升级全国公共卫生设施所需费用的 50%，并且向食品店的经营者提供最高不超过 5000 美元的卫生整理补助。

IP10 预先作用原理

- 从 4 月末开始，为了追踪所有可能的 SARS 感染者，所有公司都要求他们的访客填写一张包含个人联络信息的表格（地址、护照号码等等）；
- 从 5 月 14 日开始，新加坡国际航空公司（Singapore International Airline，缩写为 SIA）的旅客收到了一些联络卡片，旅客可以将个人信息填写上去，然后将这种卡片留给他们去过的餐厅或者商店，以便在有任何疫情爆发的时候可以联系到他们。

IP11 预先防范原理

- 4 月末开始，在被隔离的住户家中装上了网络摄像头，以便不定期检查他们是否在家中；
- 许多公司都为麾下员工提供了个人专用的温度计；
- 在樟宜机场，除了对每位过路旅客检测体温之外，还配备了专门的医务人员，以备随时为病症明显的人提供帮助；
- 闲置的街区和房屋被占用，整个居住区的居民都被要求隔离检疫；
- 从 2003 年 5 月 12 日起，那些被要求呆在家里接受隔离检疫的新加坡居民可以不再局限在家中，而是选择来到位于罗央（Loyang）的政府公共房间中执行隔离检疫；

- 新加坡国际航空公司向来自或者前往 SARS 感染城市的旅客提供健康小工具箱,包括两个外科面具、三条抗菌手巾和一个单用途温度计;
- 为了阻止在 6 月学校假期期间外籍学生离开新加坡,政府要求这些学生在离境前必须缴纳 1000 美元的押金,如果该学生从国外回来时需要被隔离检疫,那么相关的住宿、医疗费用将从押金中支付;此外,学生签证在这段时间内也要重新申请。

IP15 动态性原理

- 新加坡国际航空公司根据新加坡国内外 SARS 病情的进展,不断调整其航班行程。

IP16 不足或过量作用原理

- 每个进入或者离开新加坡的旅客都要被检查(包括体温测试以及 SARS 典型症状检测)
- 从 3 月 31 日开始,那些从 SARS 感染地区来到樟宜机场的身体不适的乘客,都会接受一名专职护士的检查;而发烧的旅客也会被送往陈笃生医院(新加坡主要的 SARS 医疗机构)进行诊治。
- 每个与 SARS 病人有过接触的人都被要求在家接受隔离检疫。
- 拒不接受隔离检疫的人有可能面对最高 20000 美元的罚款以及监禁。
- 从 SARS 感染地区归来的人会被强制隔离检疫,为期 10 天,而在这期间他们无需工作。
- 从 3 月末到 4 月初,新加坡所有的学校都休学了。
- 商业机构新建了许多运营中心和办事处,并将其均匀分布在新加坡岛上,这与原来的集中分布有所不同。因此,如果某个运营点因为检疫原因被关闭,其他的仍然能够继续运转,保证经济和商业不停滞。
- 从 5 月初开始,所有的参观医院的活动都被取消了。

IP19 周期性动作原理

- 与公众有大量接触的人(如学校工作人员、出租车司机、宾馆员工或者商店售货员),其体温每天均需要测量若干次。
- 新加坡国际航空公司的机组乘务人员在飞行中每隔 6 小时测量一次体温。
- 机场清洁工将打扫航站楼的频率提高了一倍。
- 为了防止 SARS 从其他途径传播(如宠物、啮齿类动物、昆虫、流浪猫狗等),街道、市场、下水道等每天至少清洁两次。
- 类似于电梯这样的公共场所以及居民区每天都至少打扫三遍。

IP20 有益作用持续原理

- 樟宜机场的卫生间会不断地进行打扫,并且配备了专门的清洁工全天候值守,清理撒到外面的东西。
- 从 5 月 20 日开始,开通了一个专门播报 SARS 信息的电视频道,这是当地三家作为竞争对手的媒体运营商首次开展合作。除了关于 SARS 的最新信息,新传媒集团(Media Corp)和报业控股传讯公司(SPH Media Works)两家还重复播出有关 SARS 的节目。

IP21 急速作用原理

- 为了减少护士与病人接触的时间,医疗机构广泛地采用了能够快速读数的温度计。

IP22 变害为益原理

- 为了提升整个国家的清洁程度,新加坡政府呼吁大众重视个人和环境卫生。基于人们对 SARS 的恐惧,这项运动成效显著。
- 当许多住户得知自己的邻居是被隔离的 SARS 疑似患者时会变得很恐慌,政府通过科学地普及 SARS 相关知识,将这样的恐慌情绪转化为一次难得的机会,长期目标是构建和睦的邻里关系,也让邻居之间能够紧密连结,互相帮助。

IP23 反馈原理

- 在报纸、电视以及电台上发布有关 SARS 的最新信息和相应建议,而这些信息涵盖了世界、国家、社区、公司等不同的层面;
- 成立了 SARS 相关的网站:http://www.sars.gov.sg/,并在新加坡民众间进行推广;
- 新加坡樟宜机场采取了许多保障旅客健康的措施,并且印发了许多小册子向旅客宣传这些信息。这些宣传材料在机场内广泛分布,触手可及;
- 与隔离的人群交流时,采用了基于网络的解决方案(如通过联网的摄像头进行交流)。

IP24 中介原理

- 绝大多数专业人员都佩戴了防护面具和眼镜;
- 超市贩卖单独包装的水果和蔬菜。

IP25 自服务原理

- 学校的学生和许多公司的雇员每天自己测量若干次体温,以监控其健康情况;
- 出租车司机每个人都领到了一支个人温度计用以辨别自己是否发烧,这样就免得每天去官方设立的检测点排队测量体温;
- 因为 SARS 的出现,旅游业(如宾馆、运输、景区)遭受了很大冲击,许多从业人员变得无事可做。政府刚好利用一些闲置的旅游大巴车把 SARS 可疑患者从他们的家里运到医院,用旅游大巴运送患者,也避免了救护车在大街上飞驰而过引起市民的恐慌情绪。

IP26 复制原理

• 从 5 月初开始,就采用了与医院病人进行视频或者电话会议的方式,而不是直接去拜访;

• 商务人士用视频或者电话会议逐步取代了面对面的会议。

IP27 一次性用品替代原理

• 食品经销商更多地采用可降解的餐具,以减少清洁工作量。

IP28 替换机械系统原理

• 采用了一种整合了附加离子层的新型面具。

IP32 变换颜色原理

• 出租车司机、宾馆和商店员工都会佩戴一种醒目的颜色标签,以表示他们通过了当天早晨/下午的体温检测;

• 樟宜机场将乘客的脸部颜色(通过连接着红外摄像头的 LCD 屏幕显示)和标准图谱进行对比,从而监控乘客的健康情况。

4.3 矛盾矩阵

1970 年,阿奇舒勒将 40 个发明原理与 39 个通用工程参数相结合,开发出了经典矛盾矩阵。建立矛盾矩阵的初衷是,对某一种由两个此消彼长的工程参数确定的技术矛盾来说,解决时用到某些特定的发明原理的次数明显比其他原理多。换言之,就是不同的发明原理对不同的技术矛盾解决的有效性是不同的。如果能够将这种对应关系体现出来的话,技术人员就可以直接选用对解决自己遇到的技术矛盾最有效的几个发明原理,而不用将 40 个发明原理逐个思考并尝试。

正是基于这样的考虑,经典矛盾矩阵是一个二维表格,使用者从纵向排列的 39 个工程参数中选出得到改进的一个,再从横向排布的 39 个工程参数中找到恶化的一个,在行列相交的一栏中找到对应的发明原理,经过几次尝试就可以找到典型解决方案。

经典矛盾矩阵有以下几个特点:

(1)整个矩阵表中存在少量的空白,意味着有少许矛盾没有相应的发明原理予以解决;

（2）矛盾矩阵关于对角线是非对称结构，例如"功率"参数改善"稳定性"参数恶化，与"稳定性"改善"功率"恶化所对应的发明原理是不同的；

（3）矛盾矩阵的对角线部分，也就是同一个工程参数既要改善又要恶化（意味着物理矛盾的存在），没有提供相应的发明原理。在经典 TRIZ 理论中，物理矛盾的解决需使用分离原理（本节后文将予以介绍）。

4.3.1 运用 2003 矛盾矩阵的流程

经典矛盾矩阵问世后，迅速吸引了创新技法研究者以及实际应用者的关注，并在实践过程中不断改进，与 2003 年公布了新版矛盾矩阵（详见附录）。相比经典的矛盾矩阵，二者存在以下几点区别：

（1）增加了 9 个通用工程参数，矩阵的规模也随之扩展为 48 * 48。结果是，矩阵中能容纳的矛盾关系增加了 1000 个左右，扩大了能够解决问题的范围；

（2）每一栏中所提供的发明原理数量有所增加，更重要的是不再留有空格，也即所有的问题都能找到对应的发明原理加以解决；

（3）对角线处是物理矛盾的解决方案，也加入了相应的发明原理作为建议。如果将解决物理矛盾的发明原理单独列举出来，可以制作出一张"发明问题解决引导表"，可以更高效、有序地解决系统对同一个参数存在相反的要求而产生的物理矛盾，其简要版如表 4.5 所示。

表 4.5 发明问题解决引导表简略版

编 码	通用工程参数名称	发明原理编码
1	运动物体的质量	35、28、31、08、02、03、10
2	静止物体的质量	35、31、03、13、17、02、40、28
……	……	……
47	测量难度 *	28、32、26、03、24、37、10、01
48	测量精度	28、24、10、37、26、03、32

本书以 2003 矩阵为基础内容进行介绍。具体来讲，运用 2003 矛盾矩阵的核心流程包括：

（1）通过对初始情境的剖析，明确地找出系统中存在的发明问题；

（2）运用通用工程参数重新描述发明问题，确定改善的工程参数和随之恶化的工程参数（如果该矛盾是由同一参数构成的则为物理矛盾）；

（3）查询 2003 矛盾矩阵，将改善和恶化的工程参数代入，得到相交方格处推荐的若干发明原理编号（物理矛盾则可直接将工程参数代入 2003 矛盾矩阵的对角线处寻求推荐的发明原理编号）；

（4）应用所推荐的发明原理寻求解决方案，此步骤的核心是某个发明原理在具体问题中的应用和实现。

在现实问题的分析过程中，有可能存在一个工程参数改善了，却随之有多个工程参数恶化的情况发生。此时，则需要逐个尝试每一对可能的组合，直至找出合适的解决方案。下面我们以飞机机翼的进化问题为例[①]，具体说明运用 2003 矛盾矩阵的基本流程。

初始情境：随着飞机进入喷气式时代，其飞行速度迅速提高。然而在以接近音速飞行时，飞机所遭受的空气阻力骤然增大，这就是所谓的"音障"。与此同时，机翼上会出现"激波"，使机翼表面的空气压力发生剧烈变化造成不稳定，如图 4.89 所示。

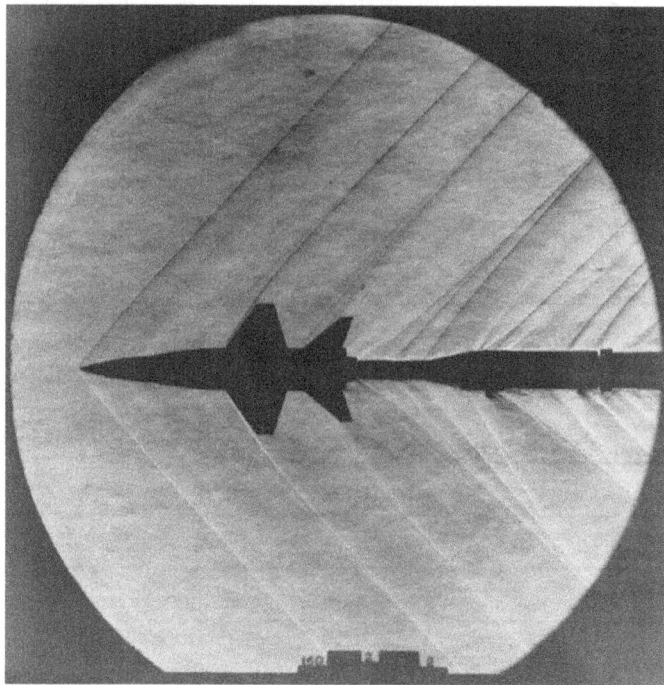

图 4.89　飞机在风洞试验中产生"激波"示意图

---

　　① 资料来源：张武城著：《技术创新实施方法论 DAOV》，北京：中国科学技术出版社，2011 年，第 215 页。以及"形形色色的机翼"，http://www.afwing.com/intro/wings/wings-3.htm。

　　为了突破"音障"，消除不稳定性，许多国家都在研制新型机翼。德国人阿道夫·布斯曼发现，把机翼做成向后掠的形式，像燕子的翅膀一样，可以延迟"激波"的产生，减小飞机接近音速时的空气阻力。但是，向后掠的机翼比平直机翼在同样的条件下产生的升力小，这使得飞机在起飞、着陆和低速巡航时的燃料消耗大大增加。

　　步骤一：明确地找出系统中存在的发明问题。根据初始情境的描述可以提炼出发明问题，即将战斗机平直机翼改进为后掠式机翼之后，能够减小高速飞行过程中的空气阻力，突破音速，但是起飞、巡航过程中的升力减小，耗油量增加。

　　步骤二：运用通用工程参数重新描述发明问题。上述矛盾中，改善的工程参数是"40 作用于对象的外部有害因素"（即空气阻力），恶化的工程参数是"16 运动对象的能量消耗"（即耗油量）；此外，另一组描述本发明问题的参数可以提取为，改善的工程参数是"14 速度"，恶化的工程参数是"16 运动对象的能量消耗"。

　　步骤三：查询 2003 矛盾矩阵。可以得到改进的 40 号工程参数与随之恶化的 16 号工程参数，二者交叉的方格内推荐的发明原理编号为 6、24、1、26、15、14、17、3。

　　步骤四：应用所推荐的发明原理寻求解决方案。上述推荐的发明原理具体列举如下，并思考合适的实现路径以及解决方案：

　　IP6：多用性原理——对解决本问题帮助有限。

　　IP24：中介原理——对解决本问题帮助有限。

　　IP1：分割原理——对解决本问题帮助有限。

　　IP15：动态性原理——通过对机翼的改造，使其成为活动部件，形成了可变式后掠翼。即在飞行的时候有效地控制机翼的形态，使之能够在比较大的范围内改变"后掠角"，兼具平直翼和三角翼的优点，表现出很强的适应性。如苏联的图-160 就采用了这种机翼，如图 4.90 所示。

　　IP14：曲面化原理——空气在翼尖绕流以及随之产生的涡流是音速飞行过程中一个很重要的阻力因素，平直机翼或后掠式机翼都存在这个问题。运用曲面化原理，对机翼形状进行改进，形成椭圆形机翼，因而靠近翼尖的地方空气绕流产生的阻力随之减小，较好地解决了音障问题，如图 4.91 所示。

　　IP17：多维化原理——不论是平直机翼还是后掠式三角翼，都可以看成是二维的机翼设计，根据多维化原理，为了彻底解决二维机翼所存在的矛盾，可以采用多种形式的三维机翼。例如，为了减少翼尖绕流，除了椭圆式机翼之外，还可以把机翼的顶端"折"起来，形成 C 形翼。进一步，把 C 形翼的顶端连接起来，就成为矩形翼，都可以有效地解决原有矛盾，如图 4.92 及图 4.93 所示。

图 4.90　苏联图-160 式战斗机

图 4.91　英国"喷火式"战斗机

　　IP3：局部特性原理——使得机翼的不同部分具有不同的特性。因此，将平直机翼与后掠式机翼结合起来，使得新机翼的某一部分具有平直机翼升力大的优点，另外一部分具有后掠式机翼阻力小的优点，梯形机翼的设计随之产生，如图 4.94 所示。

　　需要指出，另一组描述本发明问题的参数可以提取为，改善的工程参数是"14 速度"，恶化的工程参数是"16 运动对象的能量消耗"，查询 2003 矛盾矩阵

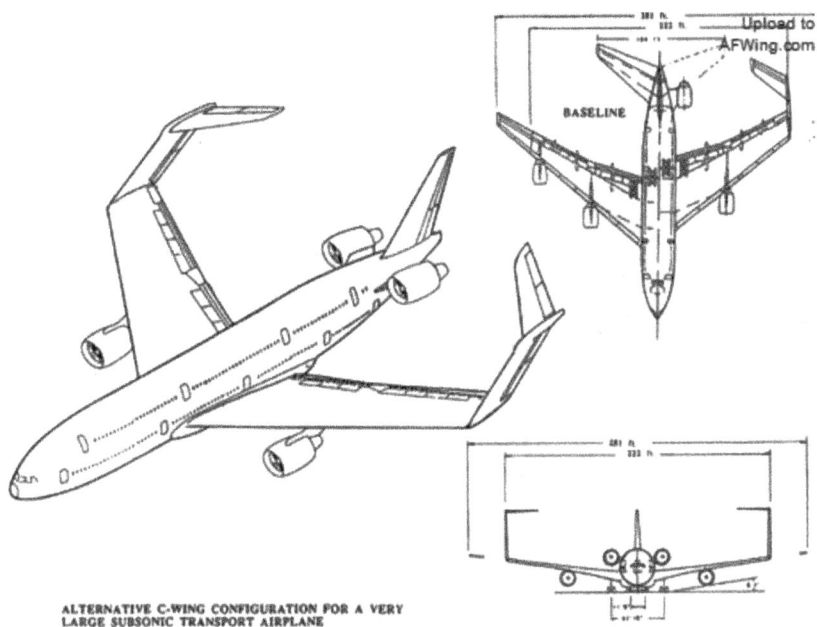

ALTERNATIVE C-WING CONFIGURATION FOR A VERY
LARGE SUBSONIC TRANSPORT AIRPLANE

图 4.92　C 形翼飞机示意图

图 4.93　矩形翼飞机示意图

后也可得到一系列的发明原理,其中 IP15:动态性原理与上述内容类似,不再重复;而其他发明原理对解决本例用处较小,在此从略。

以上实例,展示了通过运用 2003 矛盾矩阵解决发明问题的基本流程,整个流程较为清晰有效,也充分体现了矛盾矩阵和发明原理在解决创新问题时的威

图 4.94　梯形翼飞机示意图

力,希望本书读者能够理解并熟练掌握该流程,在 4.4 节"矛盾分析及解决综合案例"中大展身手。

4.3.2　物理矛盾与分离原理

2003 矛盾矩阵,相比于经典矩阵的改进之处,就是在对角线处加入了物理矛盾的建议解。有关物理矛盾的定义是 TRIZ 理论的基础内容,其基本含义是,系统对同一个参数提出了互斥的要求。例如,为了增强坦克的耐打击性,要增加其钢板的厚度;同时为了提升灵活性并降低油耗,又要求减小钢板的厚度。此时就可以认为技术系统对钢板的厚度(也可以认为是坦克的重量)这一参数提出了互斥的要求,物理矛盾成立,其中工程参数可提取为"1 运动对象的质量",运用 2003 矩阵可以查询建议的发明原理并探讨解的可行性。

在 2003 矩阵未问世之前,解决物理矛盾运用的是分离原理,这是经典 TRIZ 理论的重要内容。需要指出的是,现在运用发明原理解决物理矛盾,其核心思想仍然是分离原理,所以,对四大分离原理的掌握,有助于更好地理解矛盾分析和解决过程。

分离原理一:空间分离

如果在物理矛盾中,对待某一参数的互斥要求存在于不同的空间中,也即在某空间中要求该参数为 A,在另外一个空间中要求该参数为-A,则可以使用空间分离原理解决物理矛盾。例如在吃火锅的过程中,有人喜欢吃辣有人不喜欢。对待火锅口味是否喜辛辣的互斥要求存在于不同的空间中,鸳鸯锅的运用便是最佳例证。

分离原理二:时间分离

如果在物理矛盾中,对待某一参数的互斥要求存在于不同的时间内,也即在某时间段内要求该参数为 A,在另外的时间段内要求该参数为-A,则可以使用时间分离原理解决物理矛盾。例如,飞机的机翼面积要加大,以加强升力;同时机翼的面积也要减小,以减小阻力。细致分析机翼面积这一参数中包含的物理矛盾,在起飞的时候面积要大,在高空巡航的时候面积要小,这是不同时间段内的要求,所以采用时间分离原理,设计了可调节面积的活动机翼。再比如日常生活中常用的伞,既要面积大以遮风挡雨,又要面积小方便携带,这二者是不同时间内的要求,所以运用时间分离原理,设计了折叠伞。下雨时撑起面积大,不用时收起面积小,完美地解决了物理矛盾,如图 4.95 所示。

图 4.95 可调节面积的活动机翼

分离原理三:系统级别分离

如果在物理矛盾中,对待某一参数的互斥要求存在于系统不同的层次下(包括了超系统、系统、子系统等不同级别),也即在某一层次下要求该参数为 A,在上一层次或者下一层次则要求该参数为-A,则可以使用系统级别分离原理解决物理矛盾。例如,自行车链条在整体上(系统级别)要求柔性,在牙盘和飞轮间起到良好的连结和传动作用;但在局部(子系统级别)看来又要求刚性,提升其强度和耐用性。如图 4.96 所示。这是系统不同层次对同一参数提出的要求,可以使用该原理,设计出分段链接的链条,有效解决物理矛盾。

另外一个系统级别分离的典例是光的波粒二象性。在宏观层次下,光体现

图 4.96　自行车链条示意图

出"波"的性质,能够产生干涉、衍射等效应;而在微观层次下,光体现出"粒子"的性质,能够产生光电效应。

分离原理四:条件分离

如果在物理矛盾中,对待某一参数的互斥要求存在于不同的条件下,也即在某条件存在时要求该参数为 A,在另外的条件存在时要求该参数为－A,则可以使用条件分离原理解决物理矛盾。需要指明的是,条件分离原理是对以上三个分离原理的总结和提炼,是解决物理矛盾的最根本思想,不同的时间、空间、整体和部分都可以看作是条件,将其单独列为分离原理是因为其使用频率相对较高。

液体防弹衣的发明是运用条件分离原理解决物理矛盾的典型。众所周知,防弹衣需要由比较坚韧的材料制成,以便在受到打击时提供足够的保护,但同时导致穿戴不方便、敏捷行动受阻等问题。因此,对防弹衣材料的要求,既要坚韧又要灵活,存在物理矛盾。运用条件分离原理,在平时没有受到冲击的条件下,防弹衣呈柔性,便于穿戴和行动;在受到子弹尖锐打击的条件下,防弹衣呈韧性,有效吸收冲击能量。因此采用特殊聚合物填充的液体防弹衣,能够有效地解决其中的物理矛盾。(高分子聚合物在液体状态具有一个特殊性质,即在缓慢柔和的作用下呈流动态,在急促强力的作用下呈凝固态,称之为聚合物的黏弹性)

思想者专栏三

利用物理矛盾分离原理解决交通拥堵问题：

交通的本质是路权的分配。一方面希望车辆足够多，以充分利用道路运载能力；另一方面希望车辆足够少，以保持交通通畅。路权分配过程中对汽车数量的相反要求，成为其中的物理矛盾。请运用物理矛盾分离原理，尽可能多地提出不同类型的解决方案。

4.3.3 技术矛盾向物理矛盾转化

中世纪时枪支的出现，极大地增强了各国军队的作战能力，成为战争史上最重要的发明。然而在实际应用过程中，出现了这样一对矛盾，最初的枪都是通过枪管从前面装填火药和子弹，为了减少士兵装弹的时间间隔，就要缩短枪管的长度，枪管越短就越容易装填；相反，减少枪管的长度，会导致步枪的射击精准度下降。在本例中，可以容易地描述一个技术矛盾：子弹发射时间间隔的改进，导致了子弹射击精度的恶化。然而，进一步的分析表明，技术矛盾的背后是更为尖锐的物理矛盾——步枪的枪管应该既长又短。这个矛盾在后来出现的"后膛填充式"枪支中被消除了，这种类型的枪既方便填充又不影响步枪的精准度。

因此，物理矛盾通常成为解决问题的核心所在，克服更加核心的物理矛盾也预示着更高水平解决方案的出现。在绝大多数情况下技术矛盾都可以转化为物理矛盾，可以通过分析，找出控制着技术矛盾两个参数 A 和 B 的另外一个参数 X，也就是说，X 关联着改善的参数 A，-X 关联着恶化的参数 B，从而使发明问题中的技术矛盾转化为物理矛盾，通过分离原理进行解决。

再比如某种金属零件在化学热处理过程中，需要被放入到含有镍、钴、铬等金属离子的盐溶液中，以便在零件表面形成化学保护层。化学反应的速度会随温度的升高而迅速增大，温度越高，处理速度越快，生产效率越高；但是，在高温条件下，金属盐溶液会发生分解，将近 75% 的化学物质会沉淀在容器壁和容器底部，造成损失和浪费。加入稳定剂也没有明显效果。如果降低温度的话，会使化学热处理过程的生产效率急剧降低。

在本例中，可以分析存在的技术矛盾并提取出相应的通用工程参数，其中改善的参数是"44 生产率"，恶化的参数是"25 物质的无效损耗"。与此同时，可以构造出如图 4.97 所示的逻辑链：

为了将该问题转化为物理矛盾，我们可以选择温度作为中间参数。物理矛

盐溶液的稳定性 ← 物质的无效损耗

温度

化学反应的速度 ← 生产率

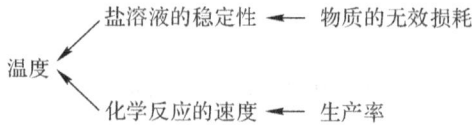

图 4.97 技术矛盾逻辑链示意图

本案例及图片来源:李海军、丁雪燕编著:《经典 TRIZ 通俗读本》,

北京:中国科学技术出版社,2009 年,第 125 页。

盾的描述为:提高盐溶液的温度,生产率提高,物质的无效损耗增加;反之,降低盐溶液的温度,生产率降低,物质的无效损耗减少。因此,盐溶液的温度既应该高,又应该低——成功将技术矛盾转化为物理矛盾。

技术矛盾向物理矛盾的转化,有助于我们了解矛盾问题的本质。与此同时,研究者也建立了四个分离原理与 40 条发明原理之间的对应关系,这对我们迅速地分析矛盾并加以解决大有帮助,如表 4.6 所示。

表 4.6 分离原理与发明原理之间的对应关系

分离原理		对应的发明原理
空间分离		1、2、3、17、13、14、7、30、4、24、26
时间分离		15、10、19、11、16、21、26、18、37、34、9、20
系统级别分离	转换到子系统	1、25、40、33、12
	转换到超系统	5、6、23、22
	转换到竞争性系统	27
	转换到相反系统	13、8
条件分离		35、32、36、31、38、39、28、29

4.4 矛盾分析及解决综合案例

请综合运用本节所涉及的内容,解决以下综合案例内包含的问题。

案例一:在第二次世界大战的战场上,坦克作为陆战之王,受到了各个参战国家的极大关注。在不断改进的过程中,为了增加坦克的抗打击能力,最直接的方法就是增加坦克的装甲厚度,这会导致坦克重量大幅增加,进而使得坦克机动性降低和耗油量增加等一系列问题。

本例中存在的发明问题已经明确,现运用通用工程参数重新描述。增加坦克的抗击打能力，可以提炼为"20 强度"的改善。与此同时，抗击打能力提升需要增加装甲厚度，从而引起了坦克战斗全重的增加。所以，恶化的参数就是"1 运动对象的重量"。

查询 2003 矛盾矩阵，将"20 强度"代入纵向维度（改善参数），将"1 运动对象的重量"代入横向维度（恶化参数），得到相交方格内推荐的发明原理包括 40、31、17、8、1、35、3、4。应用所推荐的发明原理寻求解决方案如下：

IP40：复合材料原理

应用该原理意味着用复合材料代替原来的均质材料，采用复合材料装甲不但能减轻重量、降低成本，而且可增加战斗负荷，提高战场生存能力。普通坦克常因中弹着火而严重毁损，而复合材料车体着火的装甲内壁温度不会明显升高，可防止乘员烧伤或弹药引燃。由于上述优点，近年来复合材料已成功用于现代坦克上，如 M1A1，T-80，"豹"2 等坦克均不同程度地使用复合材料，并且已由非承力部件逐步发展到用于主承力件。

除此以外，复合材料还具有下述优良特点：对光波和雷达波反射比金属弱，并可吸收部分雷达波；具有材料性能和结构外形的可设计性，以制成具有最佳隐形结构外形；可减少各发热部位的红外辐射和抑制车辆的推进噪声，使坦克的各种主、被动信号减少到最低限度。一些国家已经成功研制可以吸收、屏蔽雷达的 Kevlar 纤维复合材料。美国研制的高强度 S-2 型玻璃纤维增强模压热固性复合材料、荷兰研发的超高强度聚乙烯纤维复合材料，都具有上述特点，是一种可供装甲车辆外形使用的很有前途的隐形材料。

IP31：多孔材料原理[1]

在坦克装甲改进方面，运用多孔材料和运用复合材料的本质思路是相似的。由于粉末冶金多孔材料中存在大量的孔隙，所以其比强度（强度与密度之比）大，广泛应用于机械工具和交通运输工具等领域。例如多孔钢的密度与致密材料相比能够减轻 34.2%。铝合金多孔材料或镁合金的密度可以小于 $1g/cm^3$，当材料的外表为致密时，则可以浮出水面。

IP17：多维化原理——对解决本问题帮助有限。

IP8：重量补偿原理

在水陆两用坦克上，本原理得到了广泛应用。例如在第二次世界大战中，盟军为实施诺曼底登陆，对原有的谢尔曼坦克进行改进，设计出了 DD（duplex drive）坦克。该坦克也被戏称为"唐老鸭坦克"（Donald Duck），其原理就是在坦克上加装了一个 9 英尺（约 2.7 米）高的可折叠帆布框架，使其成为了像船一样

---

① 资料来源：http://blog.cdstm.cn/373411-viewspace-165562。

能漂浮在水面上的坦克。帆布框架的作用，就是通过排开海水，产生浮力，以补偿坦克的重量。

这套 DD 设备是匈牙利籍的英国工程师尼古拉斯·斯特劳斯勒的发明专利。DD 坦克的浮渡围帐的奥妙在于它是可以伸缩的。围帐的主体是用经过防水处理的粗帆布制成，结合部位用橡胶密封条来密封，围帐的四周有 36 根橡胶管，利用压缩空气，可以使这 36 根橡胶管充气，使围帐升起来提供浮力，坦克在水中利用螺旋桨提供动力（如图 4.98 所示）；把充气放掉后，围帐便收拢在车体的四周，上陆继续前进，如图 4.99 所示。

图 4.98　DD 坦克入水形态

IP3：局部特性原理——对解决本问题帮助有限。

IP1：分割原理，IP35：状态和参数变化原理，IP4：不对称原理

将以上推荐的三条原理综合考虑，其可以提供的启示在于，能否设计一种这样的坦克装甲，使得其在平时行进时保持低重量、低强度的状态，而在投入战斗、遭受打击的时候转换成高强度的状态（状态和参数变化原理）；为了达到这样的目标，应该将坦克的装甲分割为容易组装和拆卸的部分（分割原理），同时在重点部位多加防护（不对称原理），图 4.100 所示的新型坦克正是这种想法的实现。

除此之外，还可能存在的改进方案包括：

灵敏装甲[①]与传统的被动式装甲不同，它可主动改变弹丸或射流的动量方

---

① 　资料来源：中国复合材料信息网，http://www.cnfrp.net/news/echo.php? id＝46097&WebShieldSessionVerify＝9AkJcRQvtbsVCoYIgNSI。

图 4.99　DD 坦克陆地形态

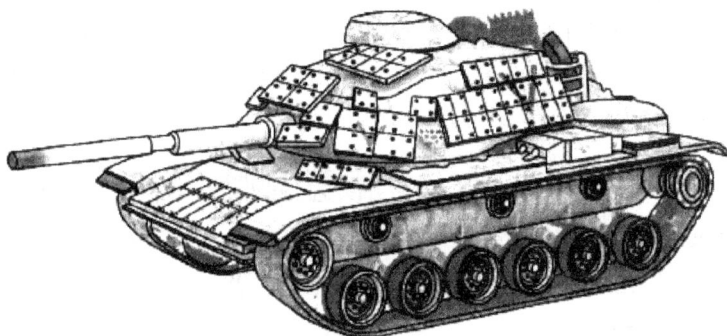

图 4.100　新型坦克示意图

图片来源:李海军、丁雪燕编著:《经典 TRIZ 通俗读本》,北京:中国
科学技术出版社,2009 年,第 103 页。

向,若这种灵敏装甲的某部位受到破坏,还可自行修复。在灵敏装甲层以下有
多个装有引发剂的小型球体,球体周围为单体材料。当弹丸撞击使球体破裂
时,引发剂从球体中释放出来,与周围的反应物聚合,得到的高分子材料可用以
填补受攻击后装甲的缺陷。

　　案例二:在使用开口扳手拧开六角螺栓时,二者之间的作用力集中在螺栓
棱边的顶点处(如图 4.101 中 A 所指示)。这样的受力点可能造成扳手打滑,也
会加快螺栓棱边顶点处的磨损,减少其使用寿命。

　　首先,明确本例中存在的发明问题,矛盾集中于扳手与螺栓的作用点上。

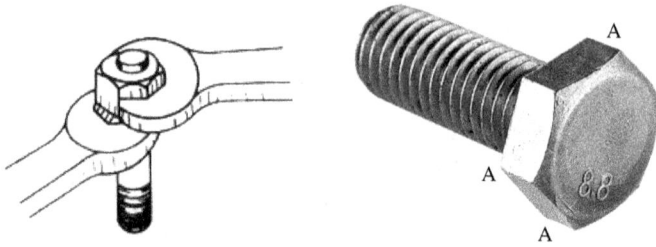

图 4.101　开口扳手及螺栓示意图

为了使得扳手能够拧动螺栓,则二者必须接触;而为了使扳手不损伤螺栓,二者又不能接触,这样相互矛盾的要求,构成一对物理矛盾。

其次,运用通用工程参数重新描述发明问题。发明问题中所包含的物理矛盾,可以提取出的通用工程参数是"9 形状"。

查找 2003 矩阵,将工程参数"9 形状"代入对角线处,得到建议的解决物理矛盾的发明原理有 3、35、28、14、17、4、7、2。

应用所推荐的发明原理寻求解决方案。在综合考虑各个发明原理之后,比较适合解决本例的是 IP14:曲面化原理。为了使得扳手和螺栓既接触又不接触,可以改变二者的接触面,使其曲面化,美国授权的 5406868 号发明专利就是该解法的具体实现,其具体发明如图 4.102 所示。

US005406868A

United States Patent [19]

Foster

[11] Patent Number: 5,406,868

[45] Date of Patent: Apr. 18, 1995

[54] **OPEN END WRENCH**

[75] Inventor: **Kenneth L. Foster**, Garland, Tex.

[73] Assignee: **Stanley-Proto Industrial Tools, Div. of Mechanics Tools**, New Britain, Conn.

[21] Appl. No.: **52,243**

[22] Filed: **Apr. 22, 1993**

Related U.S. Application Data

[63] Continuation-in-part of Ser. No. 797,393, Nov. 25, 1991, abandoned.

[51] Int. Cl.⁶ **B25B 13/08**
[52] U.S. Cl. **81/119; 81/186**
[58] Field of Search 81/119, 121.1, 186

[56] **References Cited**

U.S. PATENT DOCUMENTS

2,685,219 8/1954 Diebold .
3,242,775 3/1966 Hinkle .
3,908,488 9/1975 Andersen .
3,908,489 9/1975 Yamamoto et al. .
4,512,220 4/1985 Barnhill, III et al. .
4,581,957 4/1986 Dossier .
4,765,211 8/1988 Colvin .
4,930,378 6/1990 Colvin .
5,239,899 8/1993 Baker 81/186

Primary Examiner—D. S. Meislin
Attorney, Agent, or Firm—Jones & Askew

[57] **ABSTRACT**

An open-end wrench is disclosed which can be used with a variety of fastener head shapes and which reduces marring or rounding-off of the corners of the fastener head. The wrench has a wrench cavity for receiving the fastener. The wrench cavity includes offset convex drive surfaces which have a radius of curvature equal to half of the fastener head width. Clearance surfaces are provided adjacent to and in continuously curving contact with the drive surfaces to accept the corners of the fastener head when force is applied to turn the fastener.

12 Claims, 2 Drawing Sheets

图 4.102　美国授权 5406868 号专利

　　如图 4.103 及图 4.104 所示,根据曲面化原理改进后的扳手,其与螺栓作用时的着力点是 21A 及 21B,在保证与螺栓充分作用的同时又不会磨损螺栓棱

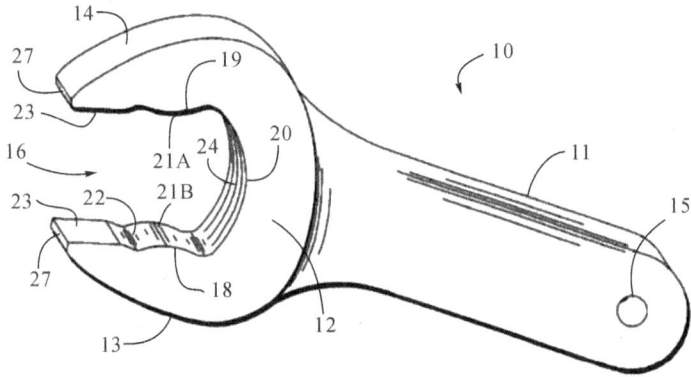

图 4.103　改进后的开口扳手示意图一

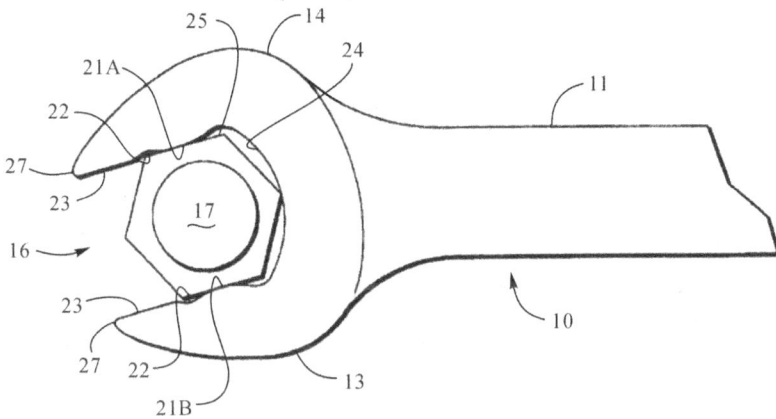

图 4.104　改进后的开口扳手示意图二

边的顶点,较为完美地解决了该实际问题中存在的物理矛盾。

05 物-场分析及标准解系统

5.1 物-场模型的概念和构建

    "曹冲称象"的故事简单、生动而又饶有趣味,我们可以这样去表述其需要解决的问题——大象的体积很大,要想获得它的重量,用普通的杆秤是无法进行的。请尝试在 TRIZ 的指引下,用矛盾矩阵来解决这个问题。

    经过思考,我们发现"曹冲称象"的问题比较特殊,在该问题中难以界定明确的"工程参数",也很难找到一对此消彼长的矛盾来有效地应用矛盾矩阵。在现实生产实践和技术开发中通常会遇到类似的状况,就是在一些技术系统中"参数属性"不明显,或者工程人员认为技术系统中的矛盾不可见或不明显,这时矛盾矩阵就不能有效应用。我们需要另一种工具来分析系统中的问题所在,这就是物-场模型分析方法,它是一种用图形化的语言对技术系统进行描述的方法,也是后续使用 76 个标准解系统的基础。

    阿奇舒勒对大量的技术系统进行分析后发现,一个技术系统至少由两个物质与一个场(或两个场与一个物质)三个元素组成,缺一不可。其中"场"(Field,简写为 F)是两个物质之间相互作用、联系和影响的力、能量,包括了机械场、引力场(重力场)、电磁场、热力场(温度场)、光场声场等具体存在形式,其名称、符号以及实例如表 5.1 所示。

表 5.1　各种类型场的实例

名　　称	符　号	实　　例
重力场	G	重力
机械场	ME	压力、惯性、离心力
流体场	P	流体静力、流体动力
声场	A	声波、超声波
热场	T	热储存、热传导、热绝缘、热膨胀、双金属效应
化学场	C	燃烧、氧化、腐蚀
电场	E	静电、电感应、电容
磁场	M	静磁、铁磁
光场	O	光波反射、折射、衍射、干涉
辐射	R	X 射线、不可见电磁波
生物场	B	腐烂、发酵
核能场	N	α、β、γ 射线束、中子束、电子束

表格来源:檀润华著:《TRIZ 及应用:技术创新过程与方法》,北京:高等教育出版社,2010 年,第 51 页。

两种物质,第一种物质(简写为 S_1)是作用的承受者,或可称之为产品/目标/对象物质;第二种物质(S_2)是作用的施加者,或可称之为工具物质,需要说明的是,这之中物质的概念是广义上具体或抽象的对象;而人们所期望的功能是对象物质与工具物质在"场"的作用下实现的。TRIZ 利用物质和场来描述系统问题的方法叫做物-场分析方法,也称作物-场理论。在分析某个具体的技术系统时,建立的模型就叫做物-场模型。

基本的物-场模型及实例如图 5.1 所示。人们要用锤子在墙面上实现钉钉子的功能,这里钉子是对象物质 S_1,锤子是工具物质 S_2,人手的作用力就是 F(机械场),该作用力施加于锤子 S_2 上,实现钉钉子的功能。

较为复杂的物-场模型,则可以用多个基本的物-场模型连接起来。基本形式有以下两种,如图 5.2 所示,其中左半部分为串联式链接,右半部分为并联式链接。

在物-场模型图示中,除了若干物质 S 和不同类型的场 F 作为基本元素,各元素之间不同的连线也代表了不同的含义,具体来讲,实线代表存在有益作用/联系;虚线代表存在有益作用/联系,但效应不足;双实线代表存在有益作用/联系,但效应过度;波浪线代表存在有害作用/联系;如果在连线之间存在箭头,则指示了作用/联系的方向。

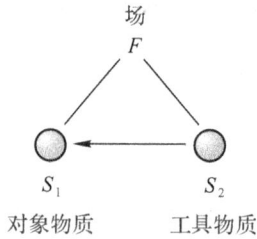

图 5.1　基本物-场模型示意图

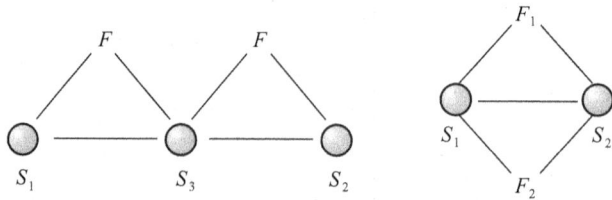

图 5.2　较为复杂的物-场模型示意图

5.2　四种基本的物-场模型

5.2.1　有效的完整物-场模型

此种模型中三个要素完备,能够顺利完成所期望的功能。如游泳者 S 在水中游泳,受到一个足够大的浮力 F_2 和手脚的划水的作用力 F_1,其中 F_2 的承受对象和 F_1 的施加主体都是游泳者,F_2 的施加主体和 F_1 的承受对象是水本身,两种物质和两种场的共同作用完成了游泳的整体功能,如图 5.3 所示。

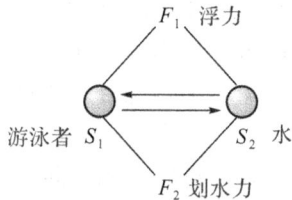

图 5.3　实现游泳功能的物-场模型

5.2.2　不完整的物-场模型

此种模型中三个要素不完备,在解决问题的过程中构建出的物-场模型不完善就直接说明了原技术系统存在缺失。基于此,物-场模型就会引导创新思维的方向,指出该在哪里需要给予完善,使其向完备的物-场模型转换。物-场模型不完备是最基本、最常见的一种问题类型,在后续的标准解中有详细论述。

5.2.3　有害的完整物-场模型

有害的完整物-场模型是指组成物-场模型的三个元素完备,但彼此间产生的是有害作用,或是在产生了有用作用的同时产生了有害作用。这种有害作用可能是由 S_2 引起的,也可能是由 S_1 引起的,如图 5.4 所示。

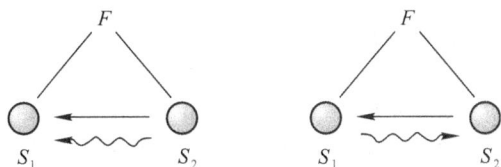

图 5.4　有害的完整物-场模型

对于此种类型的系统,必须保留或进一步扩大有益作用;对有害作用也必须设法予以消除,在此介绍两种最基本的解决方案,方法一:如果 S_1 和 S_2 两个物质间不要求紧密相邻,则可以引入第三个物质 S_3 作为中介物来阻断有害作用。在餐馆中,刚出锅的菜肴盛装在碗中(S_1),温度很高,有可能会烫伤服务员的手(S_2),S_2 对 S_1 的作用是我们需要的,而 S_1 对 S_2 的作用是有害作用,解决方案是引入托盘作为中介物(S_3),阻断了有害作用,有益作用也完全没有受到影响,如图 5.5 所示。

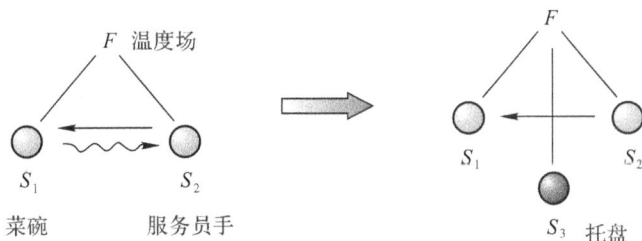

图 5.5　有害的完整物-场模型解决方法一实例

针对有害的完整物-场模型的解决方法二是,如果两个物质间要求紧密相邻,则引入第二个场来抵抗有害作用。例如,在利用刀具来完成切削功能的过程中,为了防止车床加工过程中,切削工具的作用力导致细长轴件的变形,通过引入与长轴平行的支架,其产生的反作用力能够防止(抵消)细长轴的变形,如图 5.6 所示。

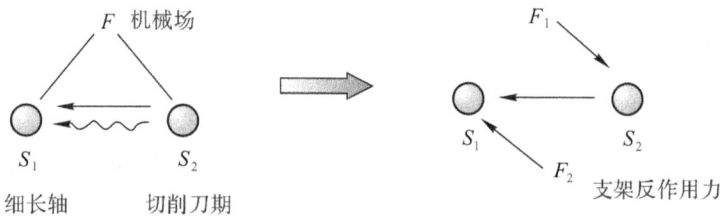

图 5.6　有害的完整物-场模型解决方法二实例

5.2.4　效应不足的物-场模型

效应不足的物-场模型是指模型的基本元素完备,但是需要实现的功能不足,此时该问题可以通过改变原有的场和物质,或者引入新的场和物质加以解决。例如,在矿石开采的过程中,经常需要将大块的岩石碎裂成小块以便进一步的加工,这一过程通常是由人力完成的,效率非常低,此时建立起的就是效应不足的物-场模型,我们可以通过以下几种方式进行改进。

方法一:改变原有的场或物质,可以有三种不同的思路,均展示在图 5.7

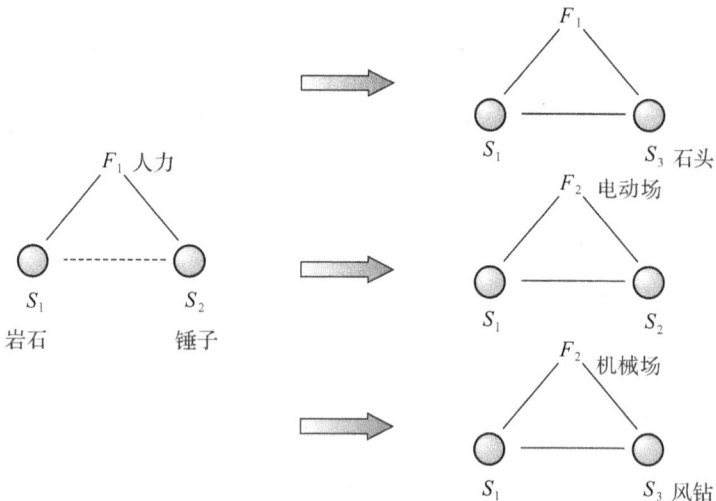

图 5.7　效应不足的物-场模型方法一

中。第一种情况，F_1仍然使用人力，但把工具物质S_3由锤子换成大石头，用石头来砸碎石头，提高工作效率；第二种情况，将机械场F_1改变为电动场F_2，也就是采用电力工具来碎石；第三种情况是引入风钻，利用压缩空气驱动活塞做高频往复运动的原理，冲击岩石至其破碎。

方法二：引入新的场或物质，可以有两种不同的思路。第一种方法，引入新的化学场使岩石脆化，或引入新的温度场（冷冻场）使岩石冻裂，这些新引入的场在模型中均以F_2来表示，如图5.8所示。

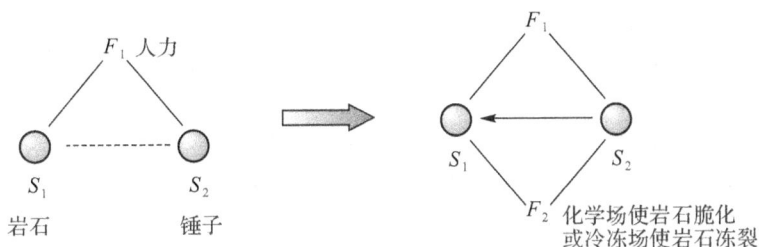

图5.8 效应不足的物-场模型方法二a

第二种方法，引入新的物质S_3，在本例中为凿子，辅助人力敲击石头，提高工作效率，其完善后的模型如图5.9所示。

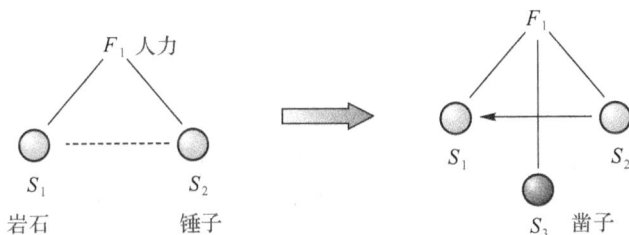

图5.9 效应不足的物-场模型方法三 b

5.3 基本物-场模型及其解法训练

训练题一：医生在为病人施行手术时，如果赤手操作，很难保证卫生性，极易交叉感染，与此同时，人手在接触血液之后会变得湿滑，难以精确开展手术。请本书的读者尝试构建本例中的物-场模型，明确其中存在的问题，并予以解答。

训练题一的解决方案及物-场模型如图5.10所示。该问题是有害的完整物-场模型，引入橡胶手套（S_3）作为中介物，消毒过的橡胶手套避免了感染的风险,也令医生更容易操纵手术仪器。

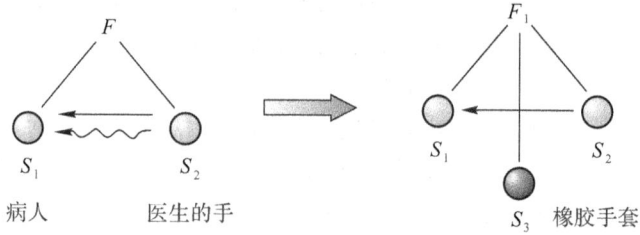
图 5.10　训练题一的物-场模型

训练题二:墙上的壁纸单纯用刀子很难刮掉,请本书读者明确该问题是哪一种基本类型,画出物-场模型图,并提供相应的解决方案。

训练题二的解决方案及物-场模型如图 5.11 所示,该问题是效应不足的物-场模型,引入蒸汽温度场 F_2,预先用蒸汽喷一下壁纸使其湿润,然后再用刀子刮,壁纸就会轻而易举地被刮下来了。

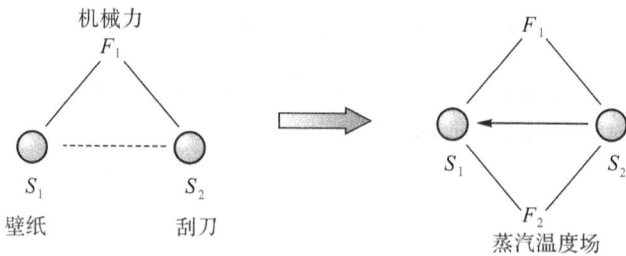
图 5.11　训练题二的物-场模型

训练题三:尝试运用物-场模型,对经典的曹冲称象问题进行分析解答。

训练题三的解决方案及物-场模型如图 5.12 所示。曹冲巧妙地借助石头代替大象作为 S_1,借助水的浮力 F_1 量出了大象的重量,这是一个经典的通过引入新的场和物质改进效应不足的物-场模型的例子。

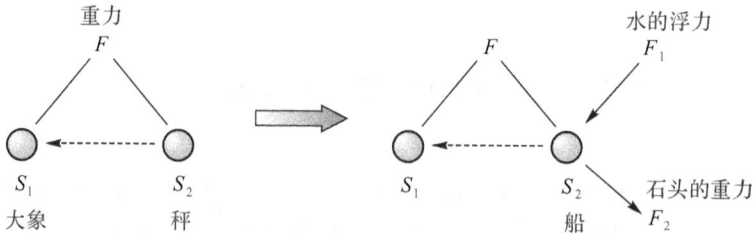
图 5.12　训练题三的物-场模型

5.4 标准解的定义及解析

在上一节的内容中,我们集中阐述了物-场模型的概念,构建物-场模型的基本元素和相应规则,并且进一步介绍了能够解决实际问题的四种基本物-场模型及其解决方案。本节所介绍的标准解系统(总共有 76 条标准解),正是对这些基本模型和解决方案的极大扩充。

具体来讲,标准解系统是对"标准"发明问题进行求解的工具。阿奇舒勒分析了大量的发明专利,发现在去除不同工程领域待解决问题的具体技术背景之后,许多问题的本质可以用某一种相似的物-场模型来表示,与此同时,在问题的物-场模型和工程约束条件相同的情况下,可以采用相同的解决方案(即相同的解模型)来解决该技术问题。

阿奇舒勒总结了 76 个标准解,这 76 个标准解,根据其针对的问题类型的不同,可以分成五大类:第一类包含 13 条标准解,是在不改变系统,或只对系统作微小改变的条件下改善系统;第二类包含 23 个标准解,是通过改变系统来改善系统,与第一类是递进关系;第三类包含 6 个标准解,是向双、多级系统和微观级系统转换的标准解法;第四类包含 17 个标准解,是有关检验和测量的问题;第五类包含 17 个标准解,专注于简化与改善系统。

接下来将对 76 个标准解进行详细说明,并配以相关实例。在此基础上明晰标准解系统的应用流程,并辅之来自实践的题目训练解决问题的能力。需要说明的是,按照约定俗成的做法,76 个标准解都有自己对应的编号,类似于 1.2.1(代表第一类,第二子类下面的第一条标准解),本书也遵照此体例编排。

第一级 基本物-场模型的标准解

第一级的标准解,有关于基本的物-场模型,是在不改变系统,或只对系统作微小改变的条件下改善系统。具体有两个子类别,分别是 1.1 构建完整的物-场模型以及 1.2 消除或中和有害作用,构建完善的物-场模型,具体如表 5.2 以及表 5.3 所示。其中,子类别 1.1 的内涵是完整的物-场模型至少有两个物质和一个场组成,物与场之间能够进行正常有效作用,具体分为 8 条标准解;子类别 1.2 的内涵是在完善的物-场模型中,当物质和场之间产生有害的作用时,可以按以下方法予以消除,以提高系统的使用效率,具体分为 5 条标准解。

表 5.2　构建完整的物-场模型标准解

1.1	构建完整的物-场模型
1.1.1	由不完整的向完整的物-场模型转换
1.1.2	在物质内部引入附加物,建立内部合成的物-场模型
1.1.3	在物质外部引入附加物,建立外部合成的物-场模型
1.1.4	利用环境资源作为物质内部外部附加物,建立与环境一起的物-场模型
1.1.5	引入由改变环境而产生的附加物,建立与环境和附加物一起的物-场模型
1.1.6	对物质作用的最小模式
1.1.7	对物质作用的最大模式
1.1.8	对物质作用的选择性最大模式:分别向最大和最小作用场区域选择性引入附加物

表 5.3　消除或中和有害作用,构建完善的物-场模型标准解

1.2	消除或中和有害作用,构建完善的物-场模型
1.2.1	在系统的两个物质间引入外部现成的物质
1.2.2	引入系统中现有物质的变异物
1.2.3	引入第二物质
1.2.4	引入场
1.2.5	切断磁影响

1.1　构建完整的物-场模型

1.1.1　由不完整的向完整的物-场模型转换

完整的物-场模型是由三个因素组成的,如果有缺失的因素就补齐它。标准解 1.1.1 的内涵是通过引入缺失的场或物质来建立完整的物-场模型。

一个最简单的实例是人们用锤子打钉子,只有钉子(目标物质 S_1)不行;只有锤子(工具物质 S_2)也不行;有了钉子和锤子,没有人的手臂用力(机械场 F)同样不行;只有当三个因素同时具备时才能完成打下钉子的任务,如图 5.13 所示。

1.1.2　在物质内部引入附加物,建立内部合成的物-场模型

从形式上看,三个元素都齐全,是一个完整的物-场模型,但表现为不能够正常地进行工作,因此是一个不完善的物-场模型。倘若系统内部对引入物质没有限制,引入的附加物质对现有的系统也不会产生大的变化时,则可在系统

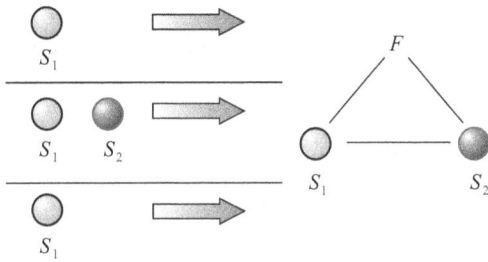

图 5.13　由不完整的向完整的物-场模型转换

物质中通过引入附加物 S_3，构建完整、完善的、物质内部合成的物-场模型。该附加物也可以是系统物质的变异，如图 5.14 所示。

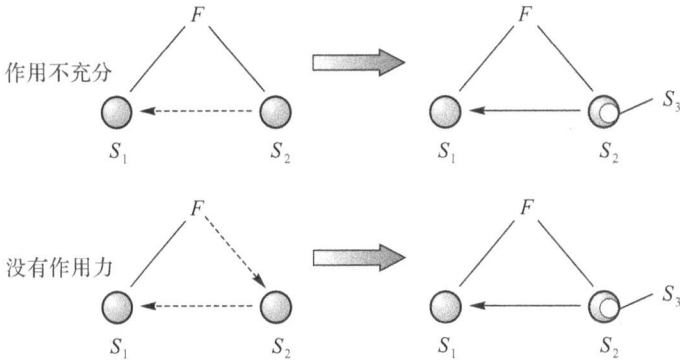

图 5.14　在物质内部加入附加物，建立内部合成的物-场模型

实例：在冰面上行走。穿着普通鞋子在冰面上行走，因得不到冰面足够的摩擦力，所以容易滑倒。解决办法是换上钉鞋，如图 5.15 所示。

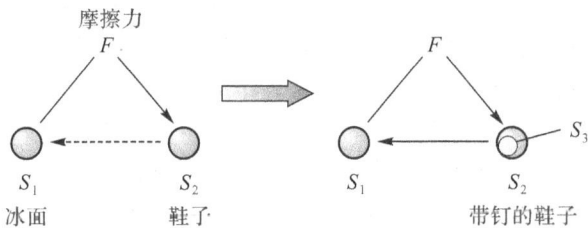

图 5.15　在冰上行走的物-场模型

实例：人工降雨。倘若天空中的乌云（水蒸气）没有冷凝成足够大的雨滴，就不会形成雨，人工降雨就是向乌云中引入水的变异物——人造冰粒（干冰），使水蒸气迅速冷凝，致使其从天上掉下来形成雨滴，如图 5.16 及图 5.17 所示。

图 5.16　人工降雨示意图

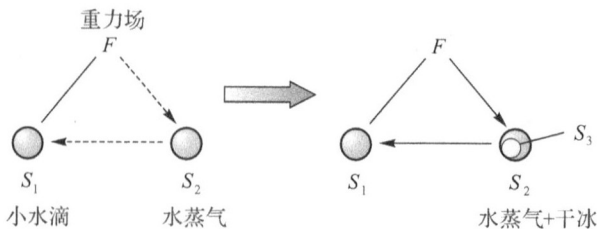

图 5.17　人工降雨物-场模型

1.1.3　在物质外部引入附加物,建立外部复合的物-场模型

从形式上看,三个元素已经齐全,是一个完整的物-场模型,但表现为不能够正常地进行工作,因此是一个不完善的物-场模型。然而系统内部对引入物质有限制,系统不能改变,实施内部合成受阻,则可在两个物质 S_1 或 S_2 的外部引入附加物 S_3 来达到增强效应的目的,如图 5.18 所示。

实例:查找出压缩机氟利昂渗漏部位。在压缩机制冷系统中,在普通光照下,一旦发生氟利昂泄漏很难觉察,因为氟利昂制冷剂是无色无味又不能发光的液体。氟利昂制冷剂中是禁止加入发光体的,于是,只能在压缩机的外部引入附加物 S_3(卤素灯)建立外部合成的物-场模型,渗漏出的氟利昂在卤素灯的照射下会发出荧光,可以准确地确定氟利昂的渗漏部位,如图 5.19 所示。

实例:路标的涂层。路标的明亮度对于汽车司机的安全行驶至关重要。在路标表面涂上高分子涂层,在汽车灯光的照耀下,增加了路标的反射光,借此可以提高路标对司机的可视性,如图 5.20 所示。

1.1.4　利用环境资源作为物质内部或外部的附加物,建立与环境一起的物-场模型

在基本物-场模型已经形成的基础上,如果系统难以满足要求的变化,且限

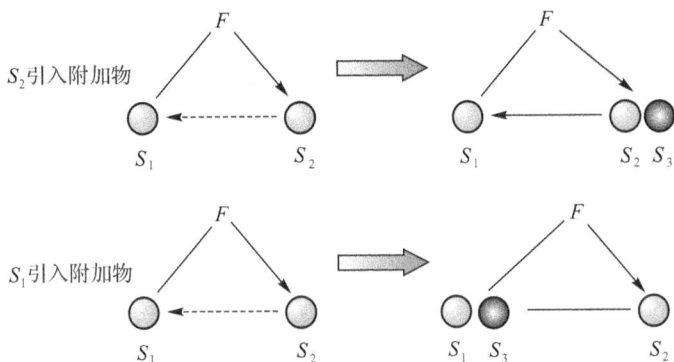

图 5.18 在物质外部引入附加物,建立和外部合成的物-场模型

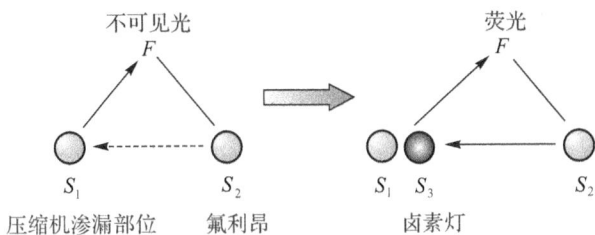

图 5.19 查找出压缩机氟利昂渗漏部位物-场模型

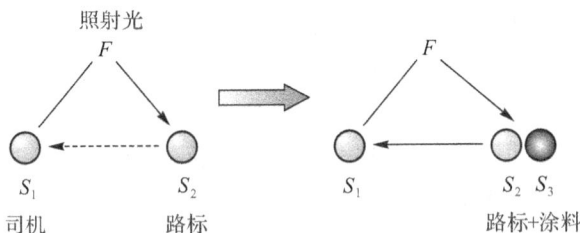

图 5.20 路标的涂层物-场模型

制将物质引入系统内部或外部,则可以将环境中的物质 S_E 作为附加物引入,形成与环境一起的物-场模型,如图 5.21 所示。

实例:潜水艇下水深度的调整。当潜水艇浮在水面上时,同时承受着来自地球自上而下的重力和与之相反方向的水的浮力,倘若将环境中的水大量地注入潜水艇中,一旦潜水艇的重力克服了水的浮力时,潜水艇就会开始下沉,如图 5.22 所示。

1.1.5 引入由改变环境而产生的附加物,建立与环境和附加物一起的物-场模型

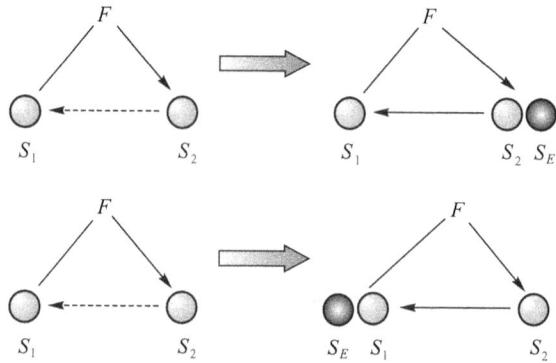

图 5.21　与环境一起的物-场模型

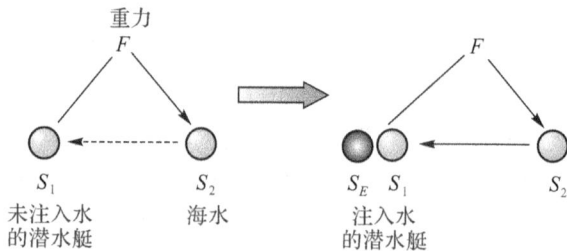

图 5.22　潜水艇下水深度的调整物-场模型

在基本物-场模型已经形成的基础上,如果系统难以满足要求的变化,且限制附加物引入系统内部或外部,对引入环境虽然没有限制,但原有环境或原环境中的物质不能满足需求时,则可通过改变或分解环境来获得所需的附加物 S_{ed} 引入系统,建立与环境和附加物一起的物-场模型,如图 5.23 所示。

实例:拍摄太空物体图像。利用望远镜在正常的环境下拍摄太空物体的图像很不清晰,倘若在太空中设置望远镜,由于完全改变了的环境,致使望远镜的功能和清晰度大大提高,如图 5.24 所示。

实例:改善轴承的润滑剂特性。相对于轴承来说,润滑油是轴承的环境,通过电解分解汽化润滑油,可改善普通径向轴承的阻尼特性,如图 5.25 所示。

1.1.6　对物质作用的最小模式

如果希望获得最小作用,但现有条件很难或无法保障做到,就先应用最大模式(最大作用场 F_{max} 或最大物质 S_{2max})作为过渡形式,随后再设法将过量消除,以使最终达到对物质的最小作用。其中过量的场用物质来去除;过量的物质用场(通过引入能生成场的物质)来去除,如图 5.26 所示。

实例:磁发电机导体陶瓷板上涂强磁性涂料。为了要在陶瓷板的凹槽上涂

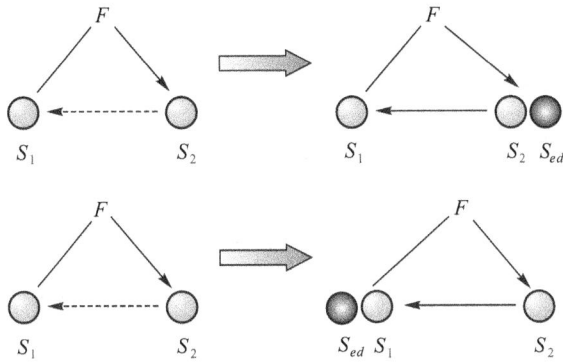

图 5.23　引入由改变环境而产生的附加物,建立与环境和附加物一起的物-场模型

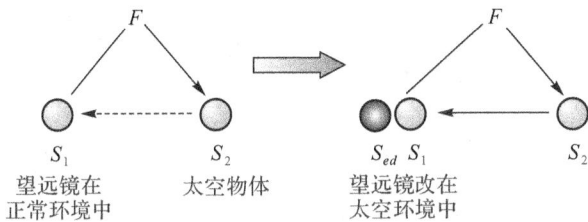

图 5.24　拍摄太空物体图像物-场模型

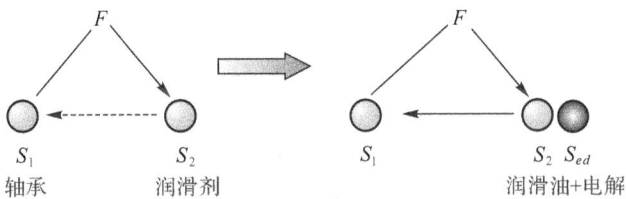

图 5.25　改善轴承的润滑剂特性物-场模型

一层薄薄的磁性涂料,首先向整个陶瓷板满喷一层磁性材料,随后将凸面上的过量部分通过机械作用场将它们去除掉,最终只在板槽中留下适量需要的强磁性导电涂料,如图 5.27 所示。

实例:洗完衣服后的甩干。要把衣服洗干净必须将衣服弄湿(过量的水),衣服洗完后想依靠重力或手臂的能力拧干衣服上的水是不太容易的事,借助于洗衣机,让衣服随洗衣机滚筒转起来,利用洗衣机的离心力把衣服上多余的水分去除,如图 5.28 所示。

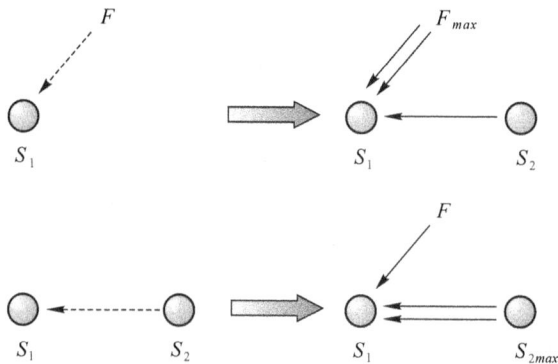

图 5.26 对物质作用的最小模式

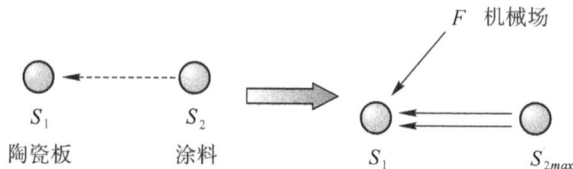

图 5.27 磁发电机导体陶瓷板上涂强磁性涂料物-场模型

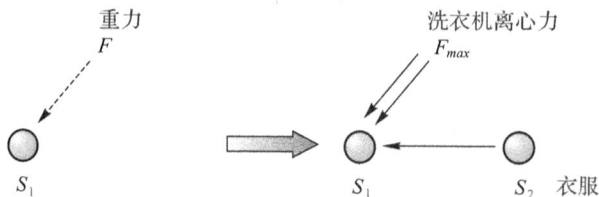

图 5.28 洗衣后的甩干物-场模型

1.1.7 对物质作用的最大模式

如果系统要求获得最大的作用,但这对系统物质 S_1 会产生伤害时,引入保护性附加物 S_2 让最大作用首先直接作用在与原物质相连接的附加物 S_2 上,然后再到达需免受伤害的物质 S_1 上,如图 5.29 所示。

实例:焊接工人的面罩。焊接时产生的弧光辐射对焊接工人的眼睛有极大的伤害,然而为了保证焊接质量,焊接的弧光强度是不可能减弱的,焊接的工作又必须连续进行,为此,焊接工人使用保护面罩(中性滤光镜),过度的弧光(多余的场)被保护面罩(引入的添加物)消除掉了,如图 5.30 所示。

实例:拳击用手套。在进行拳击时,拳击手总是要以尽可能大的攻击力出手,对拳击手的攻击力是不可限制的,但为了避免对攻击对象造成致命的伤害,

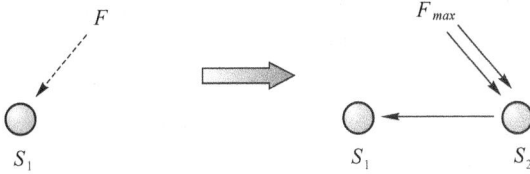

图 5.29 对物质作用的最大模式

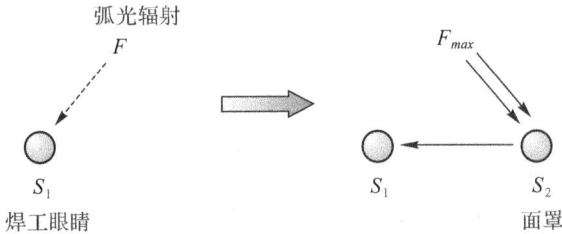

图 5.30 焊接工人的面罩物-场模型

引入保护性物质拳击手套,拳击手套可以起到极好的缓冲作用,如图 5.31 所示。

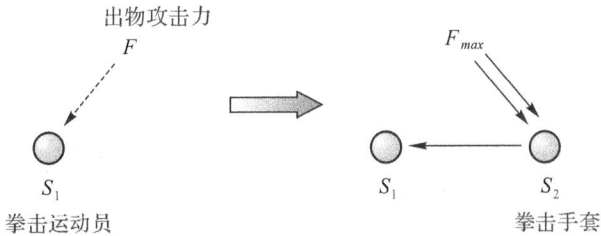

图 5.31 拳击用手套物-场模型

1.1.8 对物质作用的选择性最大模式

当在系统中某些区域需要使用最大作用场,并在该系统的另外某些区域同时需要使用最小作用场时,可以根据使用的作用场区域究竟是最大还是最小,参照 1.1.6 和 1.1.7 分别引入附加物:当最大作用情况下,将一种保护性物质引入到要求最小作用的所在区域,使避免最大作用场可能引起的伤害;当最小作用情况下,将一种可以产生局部场的物质引入到要求最大作用的所在区域,以获得增强输出场。

实例:注射液玻璃瓶的封口工艺。当为注射液玻璃瓶进行封口时,必须将火焰调整到最大功率,以使火焰在瓶口处达到最大效应,快速地熔化玻璃并完成封口;但是,灼热的火焰对瓶内的药液质量会产生伤害,为使瓶内的药剂免遭受热,影响药液的质量,在完成封口操作时,必须将瓶身浸在水中,以使瓶身受火焰的影响达到最小,如图 5.32 所示。

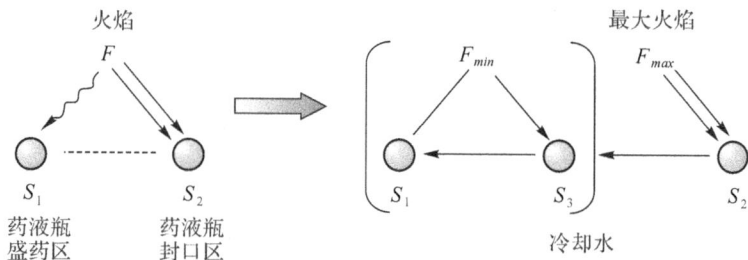

图 5.32 注射液玻璃瓶的封口工艺物-场模型

1.2 消除或中和有害作用,构建完善的物-场模型

1.2.1 在系统的两个物质之间引入外部现成的物质

当在物-场模型中同时存在有用和有害的作用,且它们的两个物质之间可以不紧密相邻时,则可将外部现成的附加物引入在系统的两个物质之间,以避免两个物质之间的直接接触来消除它们间的有害作用。该附加物可以是临时的,也可以是永久的,如图 5.33 所示。

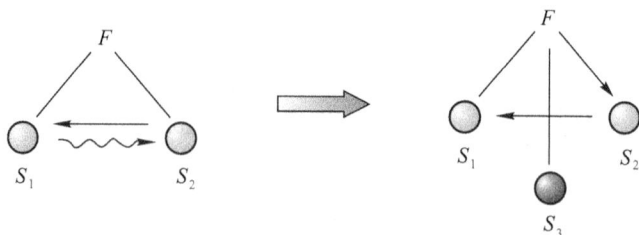

图 5.33 在系统的两个物质之间引入外部现成的物质

实例:微芯片的铜导线。在微电路中,用直径 0.2 微米的铜导线来替换 0.35 微米宽的铝导线,腾出的空间可以在芯片上增加 3 倍的电组元,提高运行速度,节约用电。铜导线对系统存在有效作用;但由于铜原子会向硅中扩散,铜导线对硅基存在有害作用,从而会恶化了整个系统。在硅和铜导线之间增加隔离夹层,消除了铜导线与硅的有害效应,如图 5.34 所示。

实例:给杠铃套上橡皮圈。地面对杠铃的有用作用是让杠铃固定就位,制止杠铃发生滚动;但杠铃盘对地面同时会产生有害作用,因为当放下杠铃时,由于杠铃的重力碰撞会造成对地面的损伤,并引起噪声。给杠铃盘套上橡皮圈或在地面上铺上一层厚厚的橡皮,在保留地面对杠铃的有效作用的同时,杠铃对

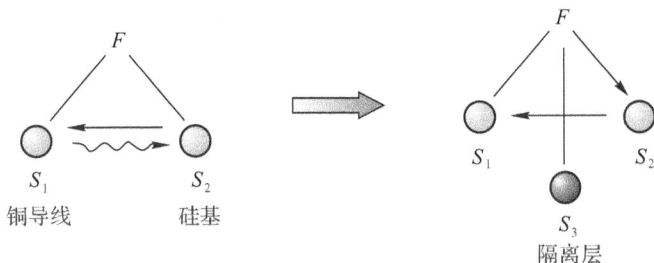

图 5.34　微芯片的铜导线物-场模型

地面的有害作用就会被消除。本例的物-场模型与上一例类似,请本书读者尝试独立完成。

1.2.2　引入系统中现有物质的变异物

当在物-场模型中同时存在有用和有害的作用,且在它们的两个物质之间不要求紧密相邻,但限制从外部引入新物质时,引入通过修正系统形成的系统物质变异物 $S_{1modified}$ 或 $S_{2modified}$ 来消除两个物质间的有害作用,如图 5.35 所示。

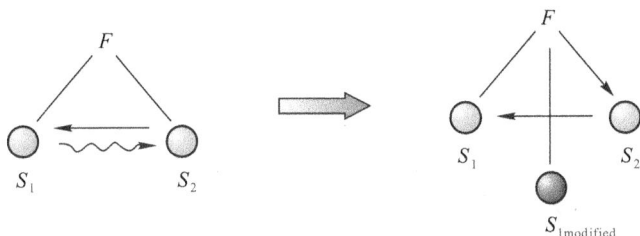

图 5.35　引入系统中现有物质的变异物

实例:炼铜厂的冶炼浴槽。矿石的熔点是 1200℃,因此,密封浴槽内的温度必须维持在 1300℃。浴槽壁是用铜制成的,铜的熔点是 1083℃,为了防护浴槽免遭高温破坏和大块矿石的严重磨损,在浴槽壁的外围设有冷却水套,在冷却水作用下,使在浴槽的四周形成来自矿石熔融物的结渣层一经磨损,冷却水的作用会使结渣层进行不断地"自我更新",如图 5.36 所示。

实例:高温焦炭的输送。炙热的焦炭在运输过程中,为了避免高温对传送带的伤害,在传送带上铺设一层碎的焦炭,可以起到隔绝热的作用。碎的焦炭就是来自灼热焦炭的变异物,如图 5.37 所示。

1.2.3　引入第二物质

为了消除一个场对物质的有害作用,引入第二种物质来排除有害作用,如图 5.38 所示。

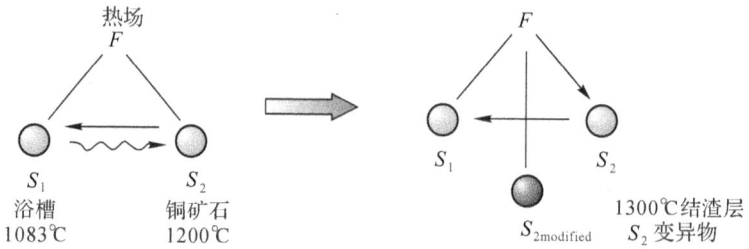

图 5.36 炼铜厂的冶炼浴槽物-场模型

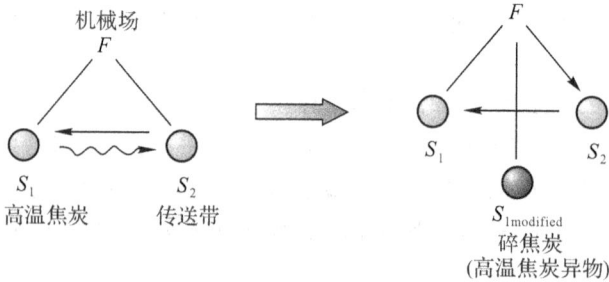

图 5.37 高温焦炭的输送物-场模型

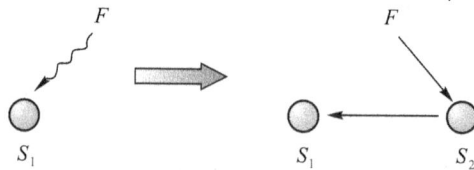

图 5.38 引入第二物质

实例:电器接地保护。为了防止电器设备漏电造成对人的伤害,采取接地保护措施,如图 5.39 所示。

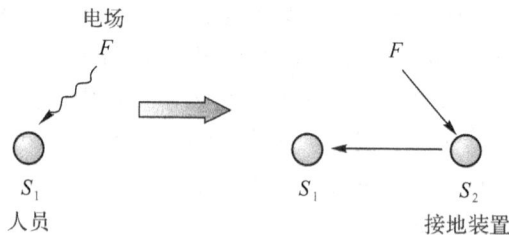

图 5.39 电器接地保护物-场模型

实例:消音墙。为了挡住来往频繁车辆的嘈杂声,在繁华地区的马路两旁,建立了消音墙,起到了隔声的效果。本例的物-场模型与上一例类似,请本书读者尝试独立完成。

1.2.4 引入场

若在系统中同时存在有用和有害的作用,且两个物质之间要求必须直接紧密相邻,则可通过直接引入另一个场 F_2 来消除有害作用,或将有害作用转化为另一个有用功能,系统则向并联式双物-场模型转换,如图5.40所示。

图 5.40　引入场

实例:钻孔机喷嘴的冷却作用。牙科医生在应用钻孔机对病人病牙进行钻孔时,由于机械作用会使钻孔机头发热,向钻孔机钻头通上冷却水,用来消除在钻孔过程中引起机械发热的有害作用,如图5.41所示。

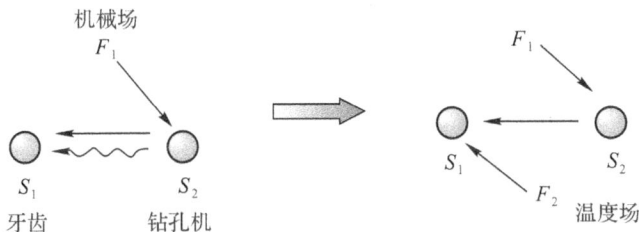

图 5.41　牙科钻孔机上的喷水装置物-场模型

实例:骨折病人后的理疗。医生对腿骨折的病人进行外科手术后,用支撑架通过机械场作用在腿上将其固定。仅仅依靠支撑架,久而久之会导致病人肌肉萎缩的不良后果。通过施加脉冲电场对肌肉进行理疗,以刺激肌肉并阻止肌肉萎缩,如图5.42所示。

1.2.5 切断磁影响

如果系统中存在着有害作用的磁性,采用退磁的方法(加热磁性物质到居里温度以上,或引入另一相反的磁场)来给予消除其系统中存在着的有害磁性,如图5.43所示。

实例:汽车上的指南针。在汽车上的指南针,其内部装有一块小的永久磁铁,就是用来消除汽车本身的磁场影响,以确保指南针的读数精确。

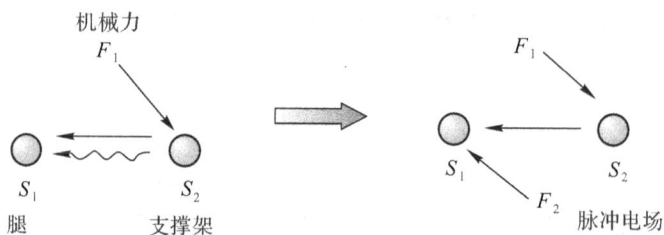

图 5.42　医生对骨折病人手术后的理疗物-场模型

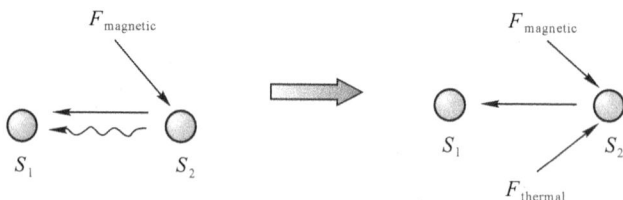

图 5.43　切断磁影响

实例:起重机的应用。用电磁吸盘的起重机运输铁质材料时,所需的能量直接与运输的距离和时间有关,为了减少所需的能量,可以通过永久磁铁来抓举货物,在释放货物时,只要通过激活一个相反电场,产生所需要的负相位磁场,以抵消永久磁铁产生的磁场,从而使货物被释放。在突然停电的情况下,货物也不会掉下,非常安全,如图 5.44 所示。

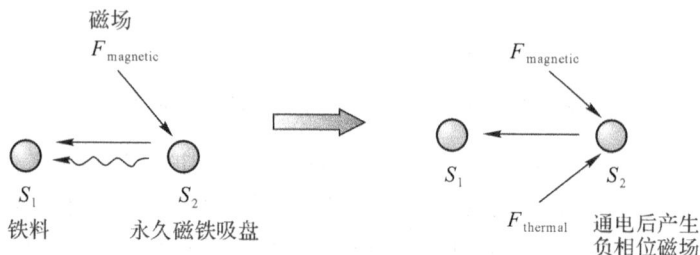

图 5.44　起重机的应用物-场模型

实例:焊接与粉末焊剂。焊接电流产生的磁场会将粉末焊剂从工作区吹散开,造成铁磁粉末的焊接困难,影响到焊接的质量。预先将粉末加热到居里点以上,焊接粉末被退磁,上述情况就不会再发生了,如图 5.45 所示。

第二级　增强物-场模型的标准解

第二级的标准解,是通过改变系统来增强功能。具体有四个子类别,分别是 2.1 向复合物-场模型转换、2.2 增强物-场模型、2.3 利用频率协调增强物-场

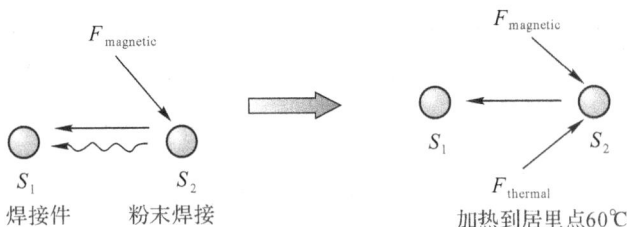

图 5.45 焊接与粉末焊剂物-场模型

模型以及 2.4 引入磁性附加物增强物-场模型,如表 5.4 所示。其中,子类别 2.1 的内涵是,复合物-场模型分有串联和并联两种形式。在基本物-场模型的基础上,当引入的添加物为物质时,构成了串联式复合物-场模型;当直接引入场时,则构成了并联式复合物-场模型。以此来达到提高系统的效率,具体分为 2 条标准解。

子类别 2.2 的内涵是通过改变场的结构和改变物质结构的方法来提高系统的柔性和可动性,获得增强系统可控性的有效功能,具体分为 6 条标准解。其增加物-场模型的思路与方法符合前文所讲的进化法则。

子类别 2.3 的内涵是,对于元件之间具有周期性的相互作用特点的系统,当需要增强该系统的有用功能效应,但是系统本身却又限制引入附加物时,可以通过对构成系统的各元件之间固有频率的协调匹配(或故意不匹配),包括场与场之间、场与物质之间的协调匹配,来达到增强所需的功能或要求的特性,具体分为 3 条标准解。

子类别 2.4 的内涵是,为了提高系统的功能效应和可控性,在已有的基本物-场模型或复合物-场模型中,可以通过在组成系统的物质中或环境中引入铁磁物质或磁场,以获得所需的性能,具体分为 12 条标准解。

表 5.4 增强物-场模型的标准解

2.1 向复合物-场模型转换
2.1.1 引入物质向串联式复合物-场模型转换
2.1.2 引入场向并联式复合物-场模型转换
2.2 增强物-场模型
2.2.1 利用更易控制的场替代
2.2.2 加大对工具物质的分割程度向微观控制转换
2.2.3 利用毛细管和多孔结构的物质

续表

2.2.4	提高物质的动态性
2.2.5	构造场
2.2.6	构造物质
2.3 利用频率协调增强物-场模型	
2.3.1	匹配组成物-场模型中的场与物质元素的节奏(或故意不匹配)
2.3.2	匹配组成复合物-场模型中的场与场元素的节奏(或故意不匹配)
2.3.3	利用周期性作用
2.4 引入磁性附加物增强物-场模型	
2.4.1	引入固体铁磁物质,建立原铁磁场模型
2.4.2	引入铁磁颗粒,建立铁磁场模型
2.4.3	引入磁性液体
2.4.4	在铁磁场模型中应用毛细管(或多孔)结构物质
2.4.5	建立合成的铁磁场模型
2.4.6	建立与环境一起的铁磁场模型
2.4.7	利用自然现象或知识效应
2.4.8	提高铁磁场模型的动态性
2.4.9	构造场
2.4.10	在铁磁场模型中匹配节奏
2.4.11	引入电流,建立电磁场模型
2.4.12	利用电流变流体

2.1 向复合物-场模型转换

2.1.1 引入物质向串联式复合物-场模型转换

在基本物-场模型已经形成的基础上,为了强化系统,提高系统的有效性,将物-场模型中的一个物质元素转换为一个独立控制的完整物-场模型,向串联式复合物-场模型转换,如图 5.46 所示。

实例:让带有衬垫紧固件中的楔子轻而易举地拔出。楔形系统由楔子和间隔的衬垫组成,为了容易拔出楔子,衬垫由两部分组成,其中的一部分为低熔点合金,衬垫经加热后,易熔合金衬垫熔化,楔子就会轻而易举地被拔出,如图 5.47 所示。

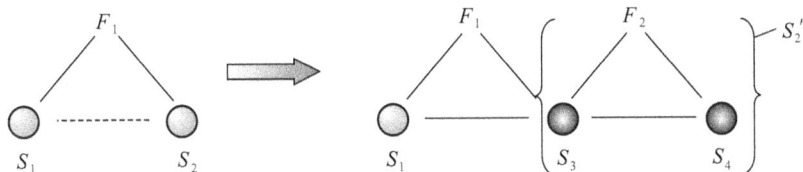

图 5.46   引入物质向串联式复合物-场模型转换

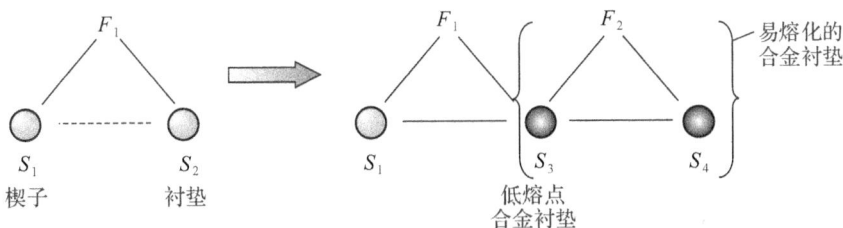

图 5.47   带有衬垫紧固件中的楔子物-场模型

实例：宇航员的手套。宇航员的手套既要有保暖性，又要保证戴上手套后便于操作的柔软性。为此，将手套做成夹层式结构，手套内层带有"加热装置"，使手套具有良好的保暖性，如图 5.48 所示。

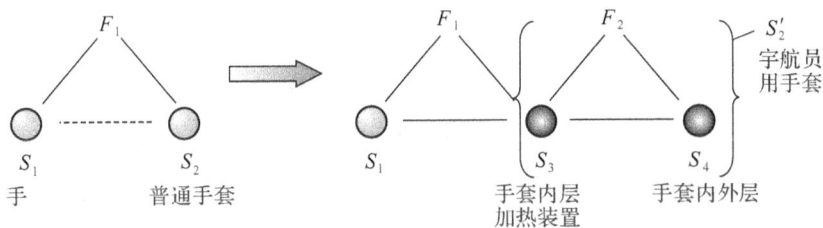

图 5.48   宇航员的手套物-场模型

实例：炼钢工人的降温防护服。为保护炼钢工免受高温的伤害，穿着用低导热材料制成的防护服，在短时间内效果还是很好的，但经过一段时间后，衣服内外的温度达到平衡，其隔热效果就会明显下降。

在防护服的外表面附设一个袋子，使普通的防护服转换为降温防护服。在袋子中插入充有可融化材料 14 烷和 16 烷的混合物，融点在 10～16 摄氏度之间。使用前，将其冷却到摄氏零度以下，以便混合物变成固相。待穿上身时，室外的高温透过相变材料后再作用到人体上，利用相变材料产生的吸热效应，使防护服具有良好的降温效果，如图 5.49 及图 5.50 所示。

$S_3 =$ 可融化材料

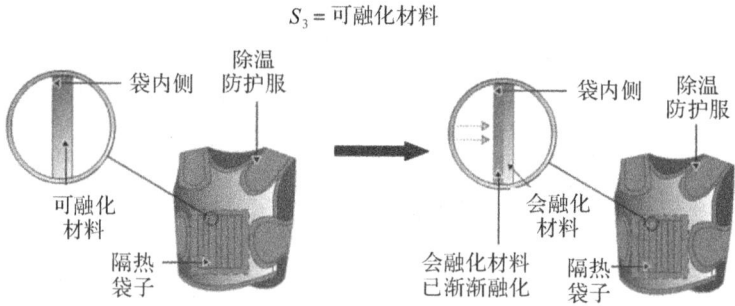

图 5.49　降温防护服示意图

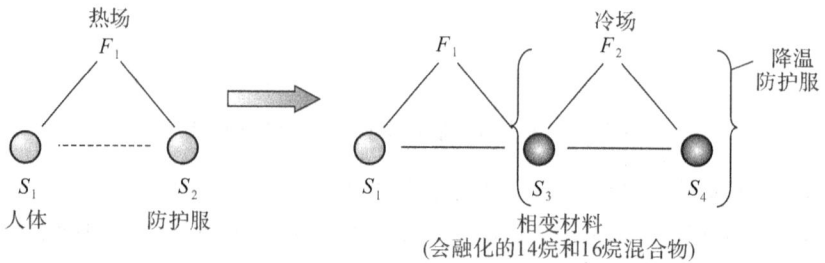

图 5.50　降温防护服物-场模型

2.1.2　引入场向并联式复合物-场模型转换

在基本物-场模型已经形成的基础上,为了提高系统的控制性,但系统对引入物质有限制,又不能改变现有系统的物质时,则可在系统中直接引入另一个场,形成并联式复合物-场模型,如图 5.51 所示。

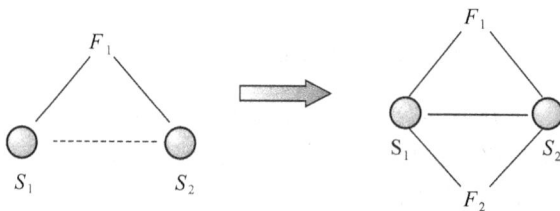

图 5.51　引入场向并联式复合物-场模型转换

实例:太空中的孵卵器。在太空中有着孵化小鸡的正常大气环境和温度,可以使孵卵器保持正常地工作,但唯一不足的是缺乏重力,致使小鸡无法发力。让孵卵器绕着轴心旋转,利用形成的重力附加场 F_2,小鸡就可以顺利地出生在太空上了,如图 5.52 所示。

实例:零部件电解液的清洗工艺。电解的两极是薄铜片,在电解过程中往

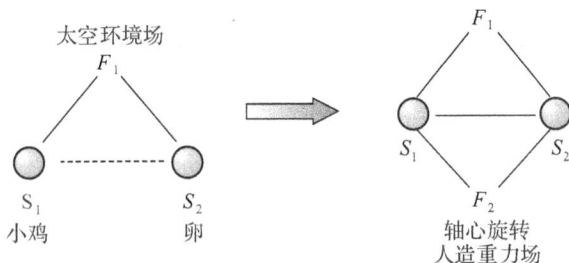

图 5.52　太空中的孵卵器物-场模型

往会产生少量电解液被沉积在铜片的表面上,为了清除这些沉积物,如果仅仅依靠洗涤剂的化学作用往往会感到不足,如果在利用洗涤剂化学场的作用下,再引入第二个超声波场,沉积物就能迅速、完全地被清除掉,如图 5.53 所示。

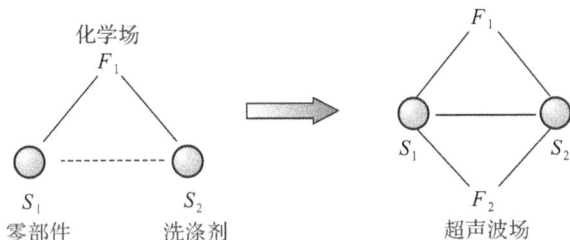

图 5.53　零部件电解液的清洗工艺物-场模型

2.2　增强物-场模型

2.2.1　利用更易控制的场替代

如果物-场系统的效率不足,其工作场无法控制或者难以控制,那么,就要用可充分控制的场替代不可控制或难以控制场,来获得增强功能效应。选择易控制场的进化路径,可以随着进化路径方向的逐级被替代,获得逐级增强系统功能效应的目的,如图 5.54 及图 5.55 所示。

图 5.54　向更易控制的方向进化的"场"

实例:内燃机进出气阀的控制。内燃机进出气阀的启动和关闭通常由机械力转动轴来控制。改用电磁场控制后,可以提高内燃机工作的自动化程度,如图 5.56 所示。

实例:破碎大型混凝土块。破碎大型混凝土块通常采用的机械冲击装置会产生很大的噪声,改用液压冲击装置后,由于液压冲击波比机械冲击波平稳,使

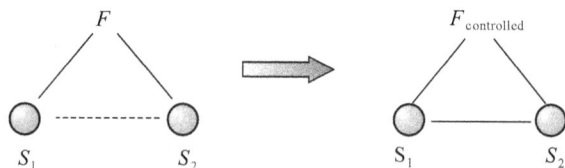

图 5.55　利用更易控制的场替代

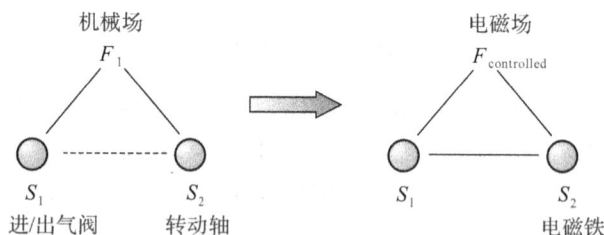

图 5.56　内燃机进出气阀的控制物-场模型

产生的噪音大大降低,如图 5.57 所示。

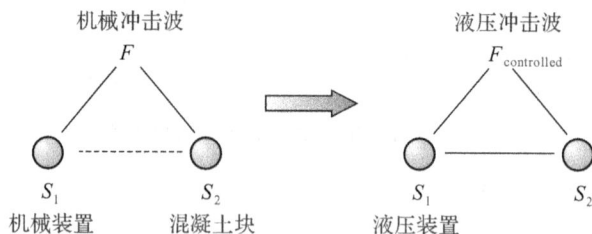

图 5.57　破碎大型混凝土块物-场模型

2.2.2　加大对工具物质的分割程度向微观控制转换

通过加大对工具物质 S_2 的分割程度来达到微观控制,以此来获得增强系统功能效应,如图 5.58 所示。

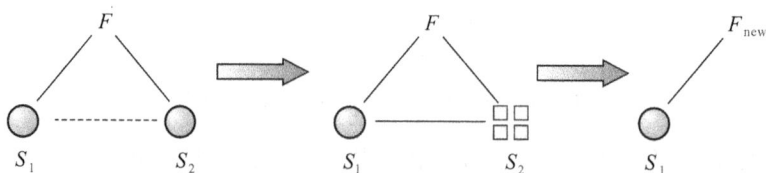

图 5.58　加大对工具物质的分割程度向微观控制转换

在此过程中,固体物质结构进化的路径如图 5.59 及图 5.60 所示,分别为结构上的进化路径和材料上的进化路径。随着进化路径方向逐级递增,可以达到逐步增强系统功能效应的目的。

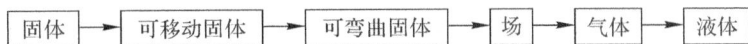

固体 → 可移动固体 → 可弯曲固体 → 场 → 气体 → 液体

图 5.59　固体物质在结构上的进化路径

均质的物体 → 薄膜卷材 → 粉末 → 原子粒子 → 分子离子 → 复合分子

图 5.60　固体物质在材料上的进化路径

实例:在一个不规则的表面上支撑物体。用一个不规则的表面支撑物体时,要使支撑力均匀地分布在这不规则的表面上是非常困难的。如果用充满液体的袋子覆盖在不规则的表面上,然后再将物体作用在袋子上就能将荷载均匀地分布于不规则的表面上。就像为了卧躺在病床上的病人支一张小餐桌,可以在餐桌下先放上一个充满液体的袋子,这样就能确保放上的小餐桌比较平稳。

实例:舒适的汽车坐垫。为了使汽车的座位更舒适,坐垫设计成气囊形式(可弯曲固体)以取代"硬板凳"(固体),气囊可以对身体的接触点进行自我调整,以使气囊均匀地支撑人的重量,人坐在上面就会很舒服。

实例:分割大口径弯管。把一个大口径弯管分割成一组相互独立的一排小口径弯管,可以减小涡流,改善气体流通。

实例:"针式"混凝土。用一系列钢丝代替标准的钢筋混凝土中常用的较粗钢筋,可以制造出"针式"混凝土。相比于粗钢筋来讲,一束钢丝不易折断,能够提供更强劲的韧性,其结构能力获得大大增强,如图 5.61 所示。

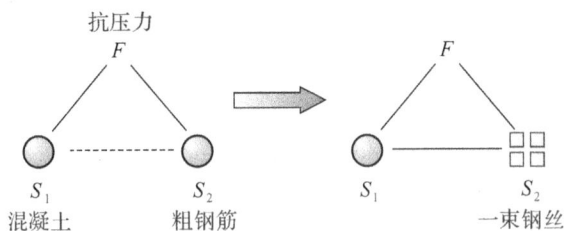

抗压力
F

S_1　　　S_2
混凝土　　粗钢筋

F

S_1　　　S_2
　　　　　一束钢丝

图 5.61　"针式"混凝土物-场模型

2.2.3　利用毛细管和多孔结构的物质

改变物质结构,使其成为具有毛细管或多孔的物质,并让气体或液体通过这些毛细管或多孔的物质,以此来获得系统功能效应的加强。例如胶水瓶头一旦改用多孔的海绵状瓶头后,可以明显地提高胶水涂布的质量和效率,如图 5.62 所示。

在此过程中,从固体物转化到毛细管和多孔物质的路径如图 5.63 所示。

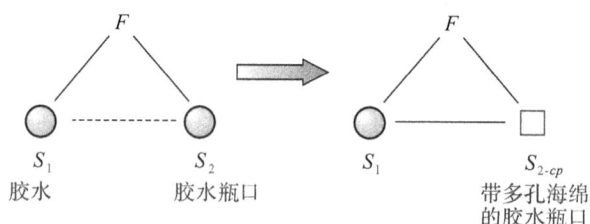

图 5.62　多孔的海绵状胶水瓶口物-场模型

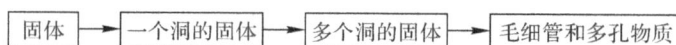

图 5.63　从固体物转化到毛细管和多孔物质的路径

实例：改善减速箱的润滑作用。减速箱的齿轮在转动时，只是在齿轮上设置一根供油管道的话，不能使润滑油均匀分布，如果运用多孔分配器或多孔球轴承，就能均匀分布润滑油，以改善齿轮的润滑情况。

实例：净化过滤器。净化水系统过滤器运用微孔材料，使流过的水能得到充分的净化。

实例：在电池或超大电容器中的电极结构。在电池或超大电容器中，使用多孔电极代替表面光滑的平面电极，可以起到强化电场的作用，如图 5.64 所示。

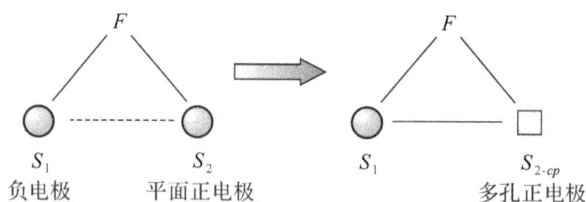

图 5.64　在电池或超大电容器中的电极结构物-场模型

2.2.4　提高物质的动态性

对于效率低下的系统，其物质是具有刚性的、永久和非弹性的，可通过提高动态化的程度（向更加灵活和更加快速可变的系统结构进化）来改善其效率，如图 5.65 所示。

在此过程中，物体动态性进化的路径如图 5.66 所示。

实例：汽车的变速器。汽车的变速从有级变速向无级变速演变，使汽车的变速更为平稳和连续，动态性能更好。

实例：直升飞机机翼。直升飞机的优点在于不需要起降跑道，然而在起降

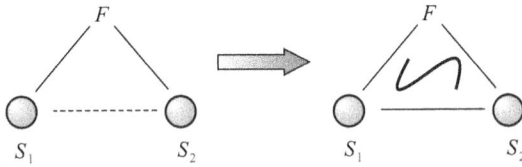

图 5.65 提高物质的动态性

图 5.66 动态性进化路径

过程中,机身处于垂直状态,特别是当降落的时候,飞行员只能背靠椅子,只能看到天空,尾巴着地,视觉监控和操作十分困难。在垂直起降的飞机机翼上安装了铰链结构后,整个发动机可以旋转,能使它们依据飞行的不同状况而改变方向,在飞行过程中,发动机旋转至垂直状态,而在起降时,处于水平状态,保证飞行员拥有观察和控制飞机的正常条件。

实例:切割技术的动态性进化。切割技术的发展,遵循着物体动态性进化的法则。最初的刀具是刚体,到剪刀是单铰链系统,多功能钳是多铰链系统。进而,向柔性体的进化是一个飞跃,产生了线切割机床;后续的切割技术则更加柔性化,包括水切割、激光切割,如图 5.67 所示。

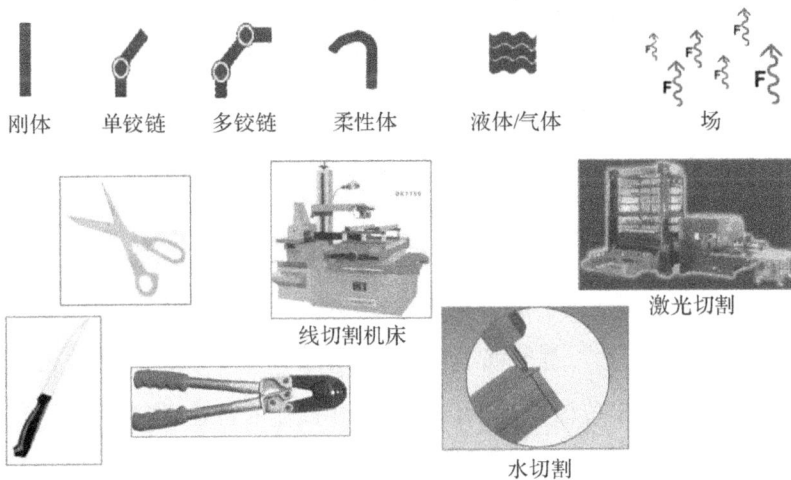

图 5.67 切割技术的动态性进化

2.2.5 构造场

利用异质的或可调的、有组织结构的场，来代替同质的或无序结构的场来增强物-场模型。如图 5.68 所示。

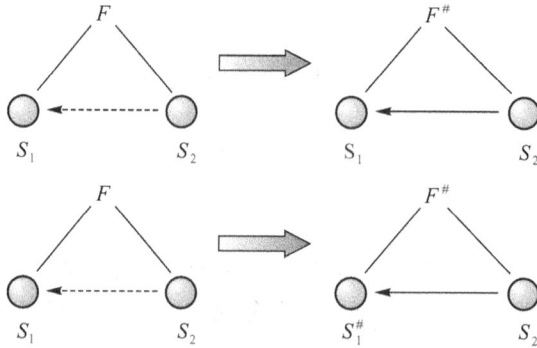

图 5.68 构造场

实例：超声波焊接。超声波是一种无组织的场，如不能将超声波聚焦在焊接区域则无法进行焊接。超声波焊接过程是这样的：先是通过超声波发生器将 50/60 赫兹电流转换成 15、20、30 或 40kHz 电能。被转换的高频电能通过换能器再次被转换成为同等频率的机械运动，随后机械运动通过一套可以改变振幅的变幅杆装置定向传递到焊头产生区域振动，根据位置不同确定振动频率（异质可调场）。焊头再将接收到的振动能量传递到待焊接工件的接合部，在该区域，振动能量被通过摩擦方式转换成热能，将焊件熔化，如图 5.69 所示。

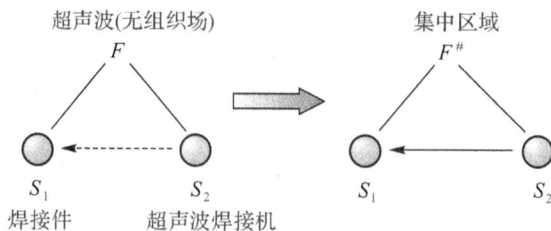

图 5.69 超声波焊接物-场模型

实例：提高雷达定位的精确性。作为定位目标的雷达，当利用调制固有无线脉冲来替代以往简单无序的无线脉冲时，雷达的可控性增加了，其精确性也获得了提高。

实例：加热的硅板。采用恒定结构的螺旋感应器加热硅板，由于硅板中心部分会产生过热，而在硅板的边缘部分会产生温度过低，不均匀的温度会导致硅板的变形。为了改变这种状况，可以通过改变感应器的结构，用可变场替代恒定场,在中心部分就减少了加热螺旋线的匝数,在边缘处则增加加热螺旋线的匝数,这样,整个硅板的温度基本是一致的,硅板变形的现象也就不会发生。

实例:有噪声的渔网。海豚看不到渔网,为防止海豚误入捕鱼网,在渔网上添加活性声波辐射器,并制成塑料球面或抛物面状的反射器,用异质场替代同质场,并用结构化的场替代非结构化的场,提高声波定位信号对海豚的反射,可以非常有效地防止海豚触及渔网,如图 5.70 所示。

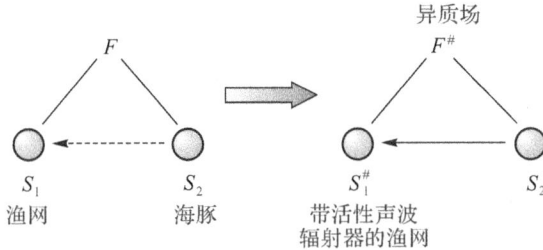

图 5.70 有噪声的渔网物-场模型

2.2.6 构造物质

利用异质的或有序结构的物质替代同质的或无序结构的物质,以此提高系统的功能。

实例:防止失火装置。为了保护建筑免遭火灾,在可能失火的部位,事先在供水装置上加设熔断器,这样才能达到自动、有效地防止失火保护物质。

实例:橡胶球的制造工艺。确保有一定的圆度是橡胶球制造工艺的重要指标。直接用单一橡胶硫化很难达到要求。制造时采用多质材料,即实现要做好一个球芯,它是用粉状的白垩粉和水经混合干燥后制成的,然后在其外部敷以橡胶,经硫化后,用一根针头刺入球体并注射进去一种液体,促使球芯溶解,随之,液体通过针头被取走,如图 5.71 所示。

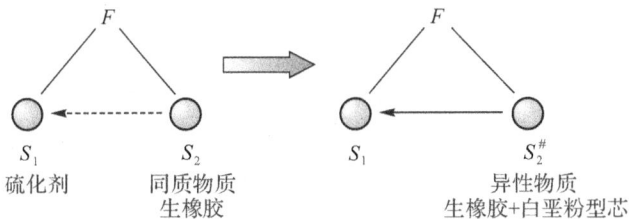

图 5.71 橡胶球的制造工艺物-场模型

2.3 利用频率协调增强物-场模型

2.3.1 匹配组成物-场模型中的场与物质元素的节奏(或故意不匹配)

利用原基本物-场模型中的场与物质固有频率的协调来达到增强物-场模型。

倘若固有频率协调产生了有害作用时,设置一个对应于有害振动源相反方向的振动源物质(引入物质 S_3,其振动频率 $S_{3\#fo}$ 与物质 S_1 的振动频率 $S_{1\#fo}$ 为反向),用以消除产生有害的相互作用,如图 5.72 所示。

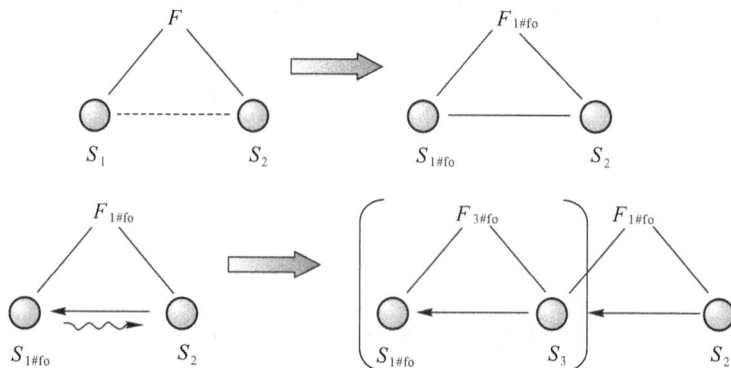

图 5.72　匹配组成物-场模型中的场与物质元素的节奏(或故意不匹配)

实例:用超声波破碎人体结石。将超声波的频率调整到结石的固有频率,使得结石在超声波作用下产生共振,结石就能被震碎,如图 5.73 所示。

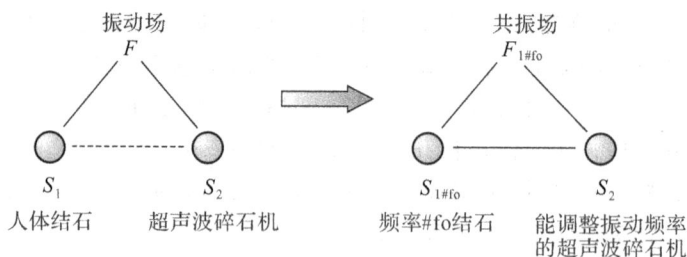

图 5.73　用超声波破碎人体结石物-场模型

2.3.2　匹配组成复合物-场模型中的场与场元素的节奏(或故意不匹配)

在使用了两个场的复合物-场模型中,利用协调场与场的固有频率来完成所需的功能或要求的特性来达到增强系统的功能效率或可控性,如图 5.74 所示。

实例:分选磁矿石。在进行分选强磁成分的废矿石时,为了有效提高分离效果,必须让坚硬的磁矿石同时置于连续磁场和振动两个场的作用下,且磁场的强度与振动频率必须在匹配的情况下进行分离,如图 5.75 所示。

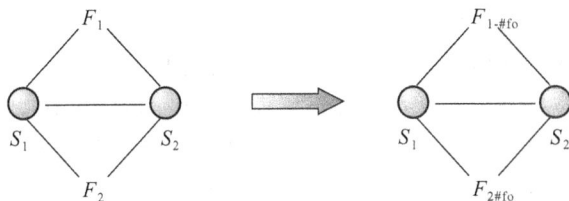

图 5.74 匹配组成复合物-场模型中的场与场元素的节奏(或故意不匹配)

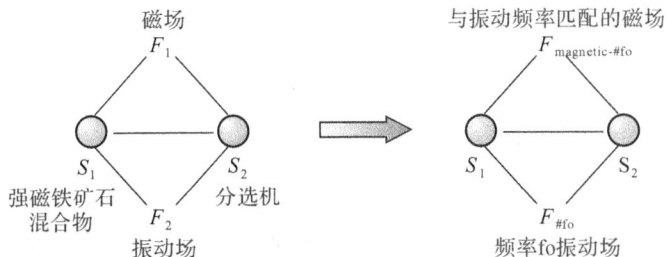

图 5.75 分选磁矿石物-场模型

2.3.3 利用周期性作用

如果在系统中,需要完成两个互不相容或两个独立的功能时,为了达到协调,利用周期性作用,周而复始地利用在完成其中一个功能的间隙来实施并完成另一个功能。

实例:接触式电焊机的焊接与控制。利用高频脉冲焊接的接触式点焊机,是通过测量热电动势的反馈信息来进行对焊接工艺的精确控制的。也就是说,要实现在一个周期内,完成两个完全不同的功能,其中热电动势的测量,就是在焊接电流的两个脉冲之间的间歇来完成的,如图 5.76 所示。

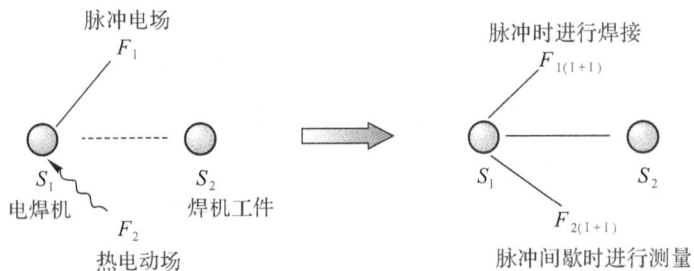

图 5.76 接触式点焊机的焊接与控制物-场模型

2.4 引入磁性附加物增强物-场模型

2.4.1 引入固体铁磁物质,建立原铁磁场模型

原铁磁场模型为物-场模型和铁磁场模型的中间步骤,在物-场模型中引入固体铁磁物质(磁铁),构建原铁磁场模型来增强两个物质间的有效作用和可控性。注意,这里的 S_1 必须是铁磁性物质,否则磁铁将不会产生作用,如图 5.77 所示。

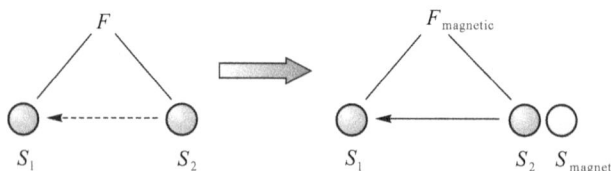

图 5.77 引入固体铁磁物质,建立原铁磁场模型

实例:安装地下排水系统。安装地下排水系统时,用掺有磁化的铁磁物质作为排水管的端头填充料,可避免水管间产生错位。

实例:用小磁铁代替图钉张贴海报。通常用图钉或胶带将海报贴到墙面上,无论对墙面或海报都会造成伤害,可采用小磁铁来代替图钉或胶带,问题就能迎刃而解,也方便多了。但是张贴海报的墙面必须是铁磁表面,如图 5.78 所示。

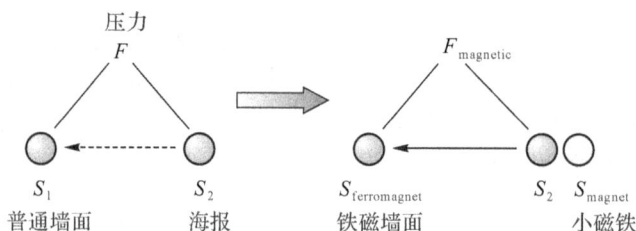

图 5.78 用磁铁代替图钉张贴海报物-场模型

实例:磁悬浮列车。为了提高火车上的行驶速度,在轨道与火车之间增加一个移动磁场。在该磁场的作用下,使火车悬浮在铁轨上,减少了火车与铁轨之间的摩擦,提高了运行速度,如图 5.79 所示。

2.4.2 引入铁磁颗粒,建立铁磁场模型

应用铁磁颗粒,构建铁磁场模型来替代物-场模型(或预铁场模型),用一个易控场(或增加易控场)来代替可控性差的场,从而达到提高系统的可控性。铁磁性碎片、颗粒、细颗粒等统称为铁磁颗粒,铁磁颗粒越细小,其可控性就越大,如图 5.80 所示。

移动磁场
$F_{magnetic}$

F

S_1 S_2
铁轨 火车

S_1 S_2 S_{magnet}
带固体磁铁的火车

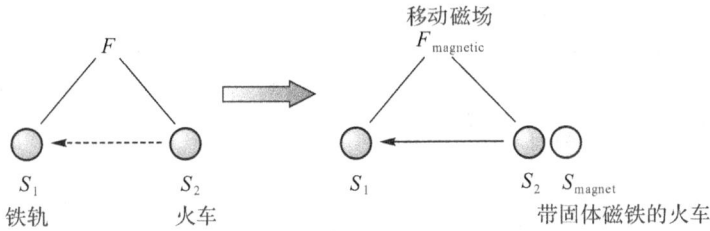

图 5.79 磁悬浮列车物-场模型

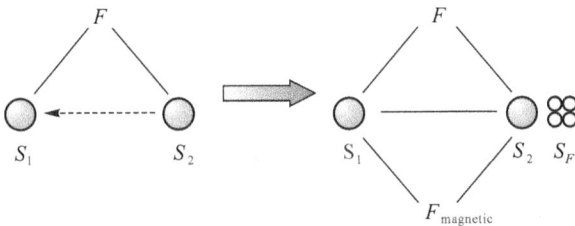

F

S_1 S_2

F

S_1 S_2 S_F

$F_{magnetic}$

图 5.80 引入铁磁颗粒,建立铁磁场模型

实例:提高喷雾器的雾化程度。为便于控制喷雾器的使用,提高气雾剂的雾化程度,在容器四周用磁化的铁磁线圈环绕,构成铁磁场模型。

实例:提高晶体吸油效果。正在行驶的油船一旦出现事故,大量的油会被流入海中,为了及时将油去除,通常是将疏松的晶体抛洒在受污染的油面上,以此来有效地吸除油污。但这些晶体颗粒彼此不能相互吸附,很容易被风或波浪吹散,极大地影响晶体的吸附效果。在晶体中添加磁化颗粒,使晶体之间由无效作用转换为相互吸附的有效作用,用来抑制油污面积的向外扩散,如图 5.81 所示。

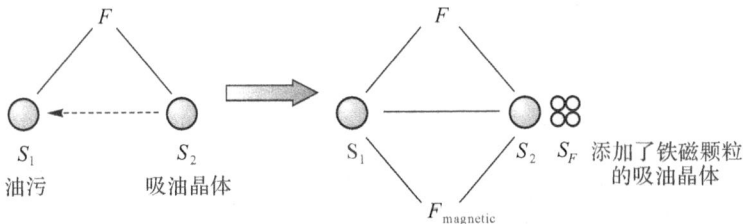

F

S_1 S_2
油污 吸油晶体

F

S_1 S_2 S_F 添加了铁磁颗粒的吸油晶体

$F_{magnetic}$

图 5.81 提高晶体吸油效果物-场模型

2.4.3 引入磁性液体

物质包含铁磁材料的进化路径是:固体物质→颗粒→粉末→液体。系统的控制效率将随着铁磁材料的进化路径而增加。磁性液体是一种含有铁磁颗粒

的胶状溶液,是铁磁粒子在汽油、硅酮或者水中的胶状悬浮液,或者是铁磁粒子以化学方式与聚合物成分结合的胶状悬浮液。使用磁性液体构建强化的铁磁场模型是"2.4.2 引入铁磁颗粒,建立铁磁场模型"标准解法进化的高级状态,如图5.82所示。在系统中引入磁性液体,将使系统的控制效率得到极大的提高。

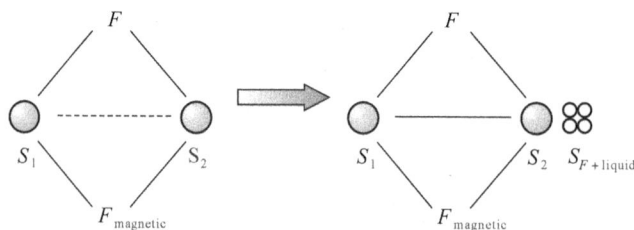

图5.82 引入磁性液体

实例:废金属的分类。废金属的分类是个非常复杂的工作,因为金属的种类繁多,尤其是废金属的形状、尺寸各异,但要做到对废金属分类既要准确又要提高效率。

使用带有磁流变或电流变液体的电镀槽,在大功率的电磁作用下,磁流体的密度会出现可控制的变化,通过变化的磁流体的密度,从而使废金属可以严格按照自己的比重逐个浮出液面。人们就可以在磁流变液体的液面上很容易地把它们分门别类地收集起来,如图5.83所示。

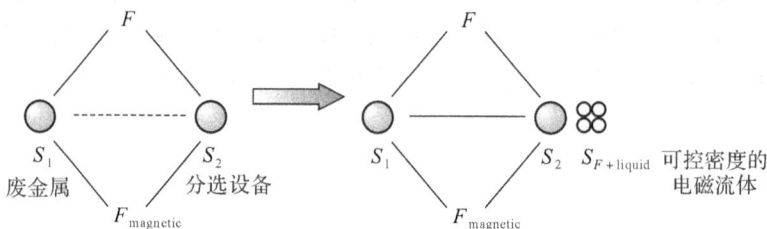

图5.83 废金属的分类物-场模型

实例:多孔轴承的润滑剂。在多孔轴承中用铁磁流体替代润滑剂,可以确保铁磁流体在轴承缝隙中的填充度,并能提供毛细渗透力,致使轴承能起到更好的润滑效果。

2.4.4　在铁磁场模型中应用毛细管(或多孔)结构物质

如果已经存在着铁磁场,但其效率不足,可将固体结构的物质改为用毛细管或多孔结构或毛细管与多孔一体结构的物质,从而可使效应得到增强,如图5.84所示。

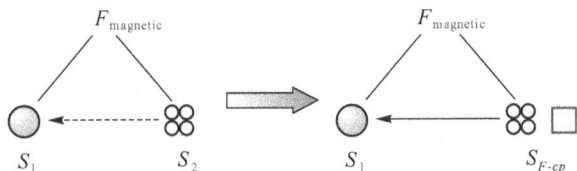

图5.84　在铁磁场模型中应用毛细管(或多孔)结构物质

实例:波峰焊接装置。波峰焊接装置是将传统的覆盖了一层铁磁颗粒的磁性圆柱体转换成带内孔的磁性圆柱体,实现从内孔来供应助焊剂,有利于消除过度焊接的现象。

实例:毛细管多孔一体过滤器。用包含磁性粒子的毛细管(散纤维)和多孔一体制造的可逆过滤器替代用磁性粒子制作,具有超过基于散纤维的过滤器渗透能力,以及具有超过散纤维系统的可控性,如图5.85所示。

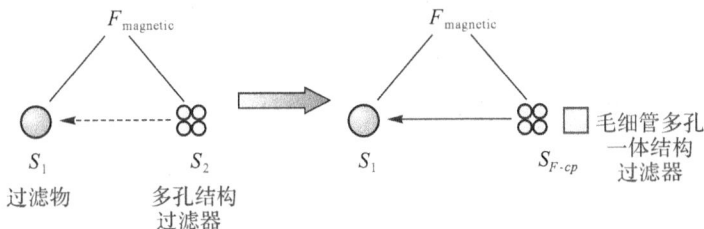

图5.85　毛细管多孔一体可逆过滤器物-场模型

2.4.5　建立合成的铁磁场模型

当非磁性物质内部禁止引入铁磁颗粒时,可以利用非磁性物质的空腔或外部(如涂层)引入具有临时性的或永久性的磁性附加物,构建内部的或外部合成的铁磁场模型,以此来获得提高系统的功能性和可控性,如图5.86所示。

实例:控制药物迅速到达病人的特定部位。普通口服用药的办法,用量往往需要偏大,药效也来得比较慢。在药物分子添加磁性分子,并在病人的周围施加一个相关外部磁场,在它们的相互作用下,可以控制药物在病人体内的流动方向,引导药物迅速地流向人体的病灶部位,实现了定点供药,以便能充分而迅速地发挥药的效力,如图5.87所示。

实例:电磁铁移动带空腔的非磁性工件。为了用电磁铁来移动带空腔的非

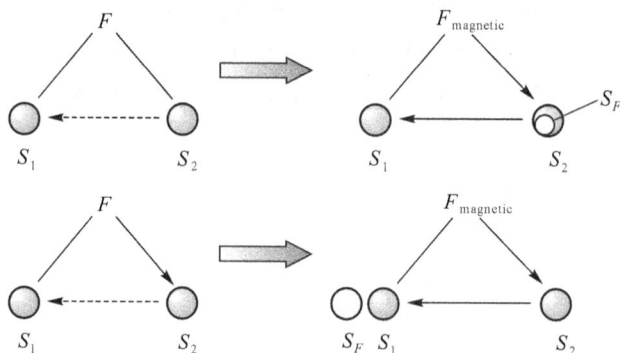

图 5.86　建立合成的铁磁场模型

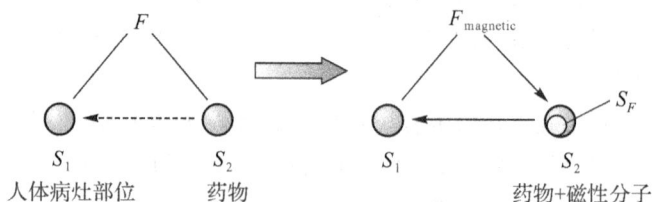

图 5.87　控制药物迅速到达病人的特定部位物-场模型

磁性的工件,临时将磁性松软材料注入空腔中,非磁性工件就会被磁化,在电磁铁的作用下,就能够很容易地被控制移动。一旦工件空腔内的磁性松软材料被去除,工件的磁性也就随着被解除,如图 5.88 所示。

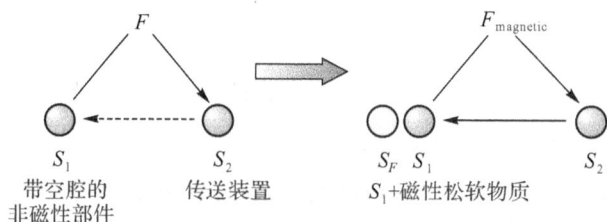

图 5.88　电磁铁移动带空腔的非磁性工件物-场模型

实例:钢珠的运输(抛丸机)。利用抛丸机在运输钢珠的过程中,由于钢珠对管道的冲击力大,特别是在管道的拐弯处造成钢珠对管道的磨损很严重。给弯管强烈磨损区添加保护层电磁铁 F_2,在磁场的作用下,使一部分钢球被吸附在钢管的内壁,避免了钢珠与钢管的直接碰撞,抛丸机的使用寿命得以延长,如图 5.89 及图 5.90 所示。

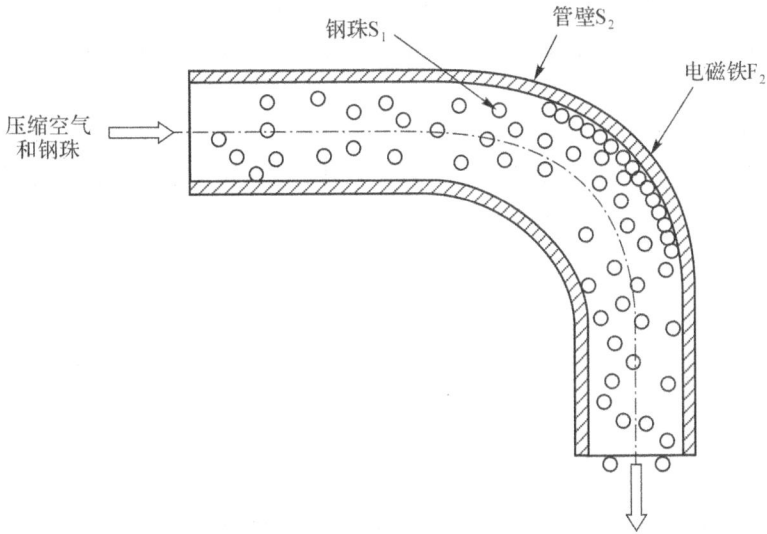

图 5.89　钢珠的运输示意图

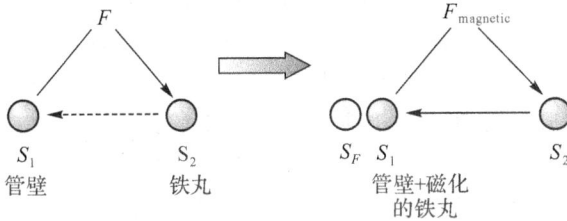

图 5.90　钢珠的运输(抛丸机)物-场模型

2.4.6　建立与环境一起的铁磁场模型

当禁止使用铁磁颗粒引入物质,又禁止在物质内部或外部引入磁性附加物时,则可将铁磁粒子(或磁性液体)引入环境,通过改变环境的磁场,来实现系统的有效作用及其可控性,如图 5.91 所示。

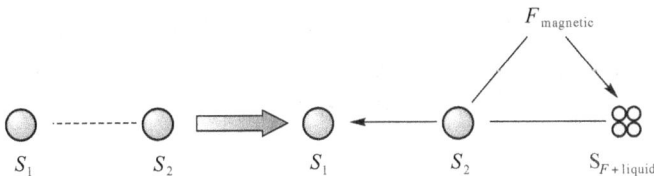

图 5.91　建立与环境一起的铁磁场模型

实例:汽车上的橡胶垫。将内封有铁磁粒子的一块橡胶垫放在汽车上,然后再在橡胶垫上放置的一系列维修工具就会稳稳当当地被排列在橡胶垫上,一旦需要时取用方便,也避免了汽车被磁化(用于外科手术的器械也是类似如此安置)。

实例:在磁极间移动一个金属的、无铁磁性的元件。引入一个衰减的机械振荡,为减少衰减时间,在磁极和金属元件的间隙中引入磁流体,磁场的作用力与振荡振幅成正比,根据振幅大小进行调整,如图 5.92 所示。

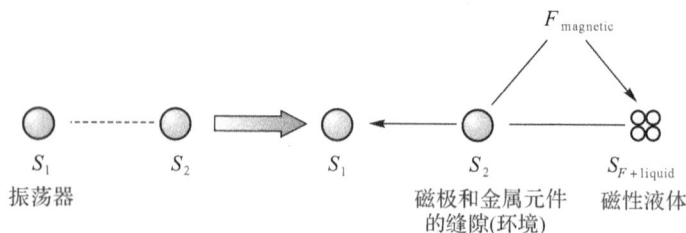

F_{magnetic}

S_1 振荡器　　S_2　　S_1　　S_2 磁极和金属元件的缝隙(环境)　　$S_{F+\mathrm{liquid}}$ 磁性液体

图 5.92　在磁极间移动一个金属的、无铁磁性的元件物-场模型

2.4.7　利用自然现象或物理效应

利用自然现象或效应来获得增强铁磁场模型的功能及提升其可控性。

可以利用的效应包含物理效应、化学效应和几何效应三大类。物理效应和化学效应是通过改变作用区域的元素,使系统出现新的功能和特征;几何效应只是改变系统的形状或相对位置,其物理或化学的属性没有改变。

实例:磁共振成像。运用可调谐的振动磁场,以探测特定对象的共振频率,然后将那些对象的中心区域着色成像。由于肿瘤与正常组织密度的不同,在磁共振成像时,通过探测到这部分组织结构变化,就能探测出肿瘤的具体位置。

实例:利用液位计准确测量液位。液位计在可变磁场的作用下,磁性浮筒撞击金属杆,产生声波,利用声波传播的时间周期来准确地确定浮子的位置及所对应的液位。

实例:利用电晕电极自动采摘棉花和葡萄。葡萄自动采摘是配备有一台能产生 4~6 千伏电压的小型发动机的拖拉机,用一个片状电极接触葡萄,另一个电极搭在束缚葡萄藤上。当通电时,由于成熟果柄的电阻比果枝的电阻要小得多,所以果柄易瞬间烧断,就像短路一样,让自动采摘机在成行葡萄架间行驶,成熟、完整的符合商品外观的葡萄串自动落在传送带上,并送到筐或包装箱中。

2.4.8　提高铁磁场模型的动态性

对于由刚性的、永久的和非弹性的稳定结构物质组成的、效率很低的铁磁场系统,可以通过提高动态化的程度,将物质结构转化为动态的、可变的或能自我调节的磁场,以此来获得提高系统的适应性和可控性,如图 5.93 所示。

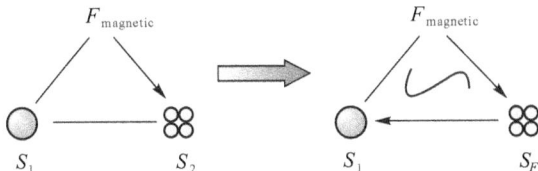

图 5.93　提高铁磁场模型的动态性

　　实例:测量无磁性不规则物体的壁厚。物体的壁厚可以用外部的感应换能器与内部的铁磁物质来测量。但是对于不规则物体的壁厚的测量,放入内部的铁磁物质必须有所讲究,需要用一个表面涂上铁磁粒子的气球,放入非规则物质的空腔内,柔性的气球能充分体现产品空腔的内部形状,放入物体内部后,能和被测物体的内部紧密配合,然后,利用感应式传感器就能准确地测量出该产品的壁厚,如图 5.94 所示。

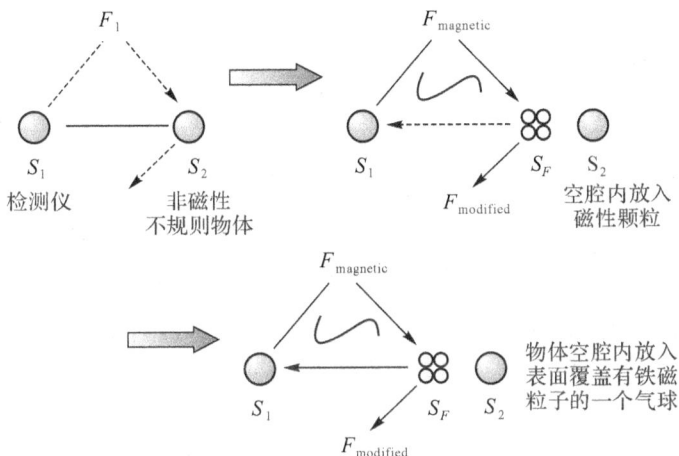

图 5.94　测量无磁性不规则物体的壁厚物-场模型

2.4.9　构造场

　　使用异质的或结构化的铁磁场,替代同质的无序结构的铁磁场,来获得增强铁磁场模型,如图 5.95 所示。

　　实例:在塑料表面绘制凸起的图案。为了让塑料垫子的表面形成复杂的图案,在未凝固的塑料垫子中混合一些铁磁微粒,而后用结构性的磁场(借助于激光光束产生有规律的磁场)拖动铁磁微粒所需要的形状,当塑料凝固后,就能在塑料表层获得凸起的复杂图案,如图 5.96 所示。

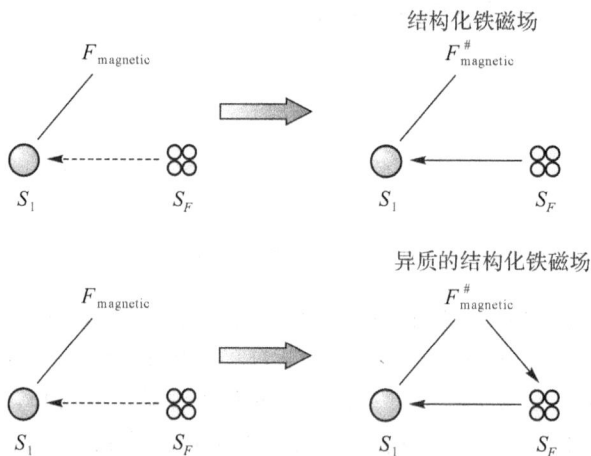

图 5.95　构造场

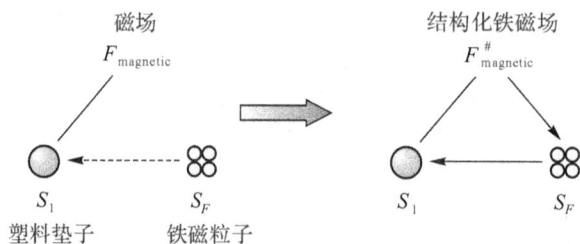

图 5.96　在塑料表面绘制凸起图案物-场模型

实例：磁丸造型。用聚苯乙烯做铸件模具，放入砂箱，填入铁丸，通电形成磁场，使铁丸成型，浇铸后，聚苯乙烯模气化，即可获得铸件，如图 5.97 所示。

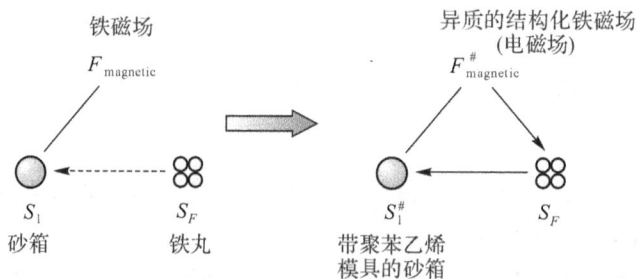

图 5.97　磁丸造型物-场模型

实例：塑料零件的磁成型。在同质磁场的作用下，不能很好地完成塑料零件的磁成型，在特定的空间里，利用磁和热的异质场，使用加热到居里点以上和处于最小伸张的适当状态的铁磁粉制成模具,如图 5.98 所示。

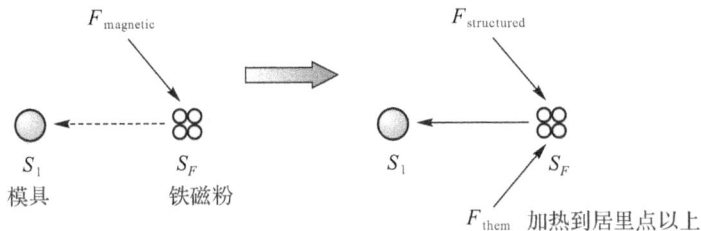

图 5.98　塑料零件的磁成型物-场模型

2.4.10　在铁磁场模型中匹配节奏

通过匹配组成铁磁场模型中的场与物质元素的频率来获得增强原铁磁场模型或铁磁场模型。

振动原理在实践中应用很广。例如:磁场中的振动常被用来分离混合物,可以降低粒子间的黏附和改善分离效率;每类原子都有一个共振频率,材料的成分可以通过对磁场强度和频率的改变来与共振频率相匹配,研究者也可通过共振频率光谱的改变来判断复合材料的成分等,如图 5.99 所示。

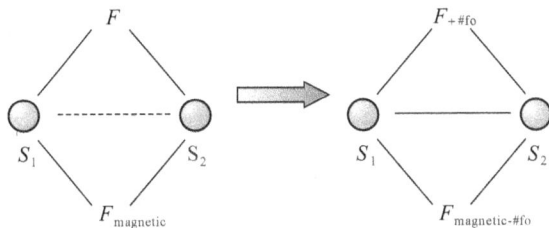

图 5.99　在铁磁场模型中匹配节奏

实例:提高磁性混合物分离效果的方法。为了提高在磁场作用下对磁性混合物的分离效果,可以增加与磁场同步变换方向的振动场,这样,可以降低物体之间的黏合力,从而提高分离效果,如图 5.100 所示。

实例:微波炉的应用原理:利用微波管与食品中的水分子产生共振,运用振动产生的热量来迅速加热食品,如图 5.101 所示。

2.4.11　引入电流,建立电磁场模型

在基本物-场模型或复合物-场模型中,通过对组成系统的物质或环境中引入铁磁物质或磁场,显然可以大大提高系统的功能和可控性,但是,当禁止进入铁磁粒子或不易将一个物体进行磁化时,可通过引入电流来产生电磁场,如图 5.102 所示。

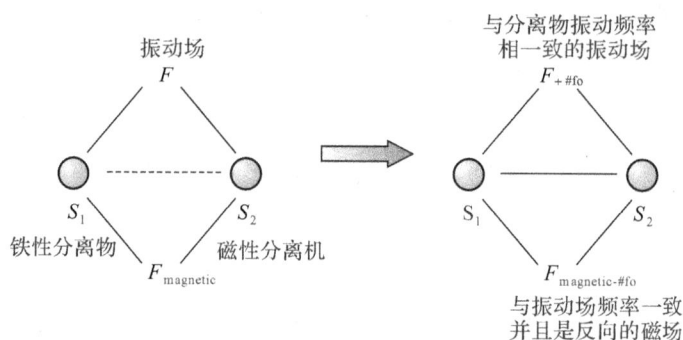

图 5.100　提高磁性混合物分离效果的方法物-场模型

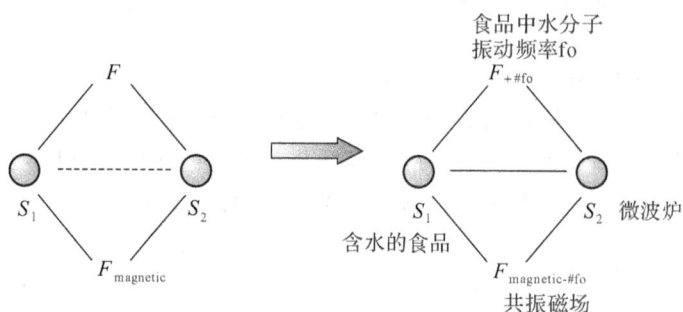

图 5.101　微波炉的应用原理物-场模型

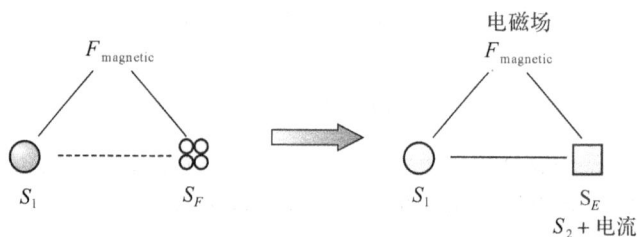

图 5.102　引入电流,建立电磁场模型

　　利用电磁场还有一个更重要的优势是:在没有电场作用时,不会产生磁场,而且磁场的大小可以通过电流的大小来控制,这样就可以通过改变电流来精确地控制磁场的大小。

　　增强电磁场的进化路径与铁磁场相同。遵循由基本电磁场——复杂电磁场——环境电磁场——动态化电磁场——结构化电磁场——节律匹配/失配电磁场的进化路径。

实例:提高常规电磁冲压金属工件的效率。常规的磁铁冲压金属工件的方法,其冲压效率不高。它是采用强大磁铁产生的脉冲磁场在工件坯板中产生涡电流,其产生感应的脉冲磁场所产生的排斥力会造成工件坯板变形。

利用脉冲电流来替代磁场,情况就会发生改变。两块金属板在两个冲压模之间相互叠放,脉冲电流平行地流经两块金属板,形成两个平行电流磁场,在其作用下通过机械场,互相排斥,在这排斥作用中,金属板被加速并撞击冲压模的表面,产生了两块被冲压的产品。

2.4.12 利用电流变流体

在汽油、硅酮或者水等的流体中,需要引入磁性物质,但禁止引入铁磁粒子的场合,可以引入电流来替代。通过引入电流的大小来改变电场,从而可以获得所需要的电磁场。利用改变电场来控制电流变流体的速度和控制液体黏度,如图 5.103 所示。

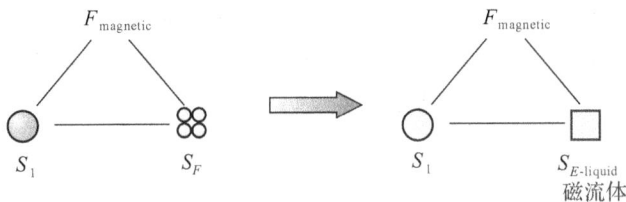

图 5.103 利用电流变流体

实例:在车辆的减震器中用电流变流体替代标准润滑油。通常在车辆减震器中用的润滑油由于车辆机械冲击力的作用,温度会升高,润滑油的黏度会随着温度的上升而提高,导致降低润滑效果,因此改用电流变流体来替代,利用改变电场来控制好润滑油的黏度不发生变化,从而可以提高车辆的使用效率和可控性。

第三级 向双、多级系统或微观级系统进化的标准解

第三级的标准解,是基于技术系统的进化法则,解决由于结构变化和系统进化产生的技术矛盾和物理矛盾,增加有效功能,增强系统的功能效率,可操作性和可控性。具体有两个子类别,分别是 3.1 向双系统或多系统转换以及 3.2 向微观级系统转换,如表 5.5 所示。其中,子类别 3.1"向双系统或多系统转换"的内涵,就是将两个或多个相同的或不同的系统组合为一个系统,以使在原有基础上,增加系统的功能和提高系统的功能效率,具体分为 5 条标准解;子类别 3.2 的内涵是,将系统中的物质用能在原子、分子、粒子等各种场的作用下实现功能的物质来替代,以实现系统从宏观向微观系统的进化,包含了一条标准解。

3.1　向双系统或多系统转换

3.1.1　系统转换 1a:通过集成创建双、多级系统

将两个或多个系统组合起来,保持各自的功能,使整体系统的功能获得了增强,如图 5.104 及图 5.105 所示。

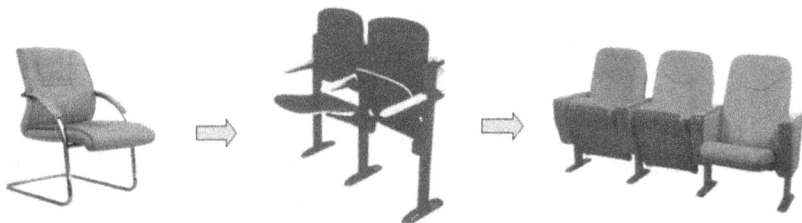

图 5.104　向双系统或多系统进化的简单模式

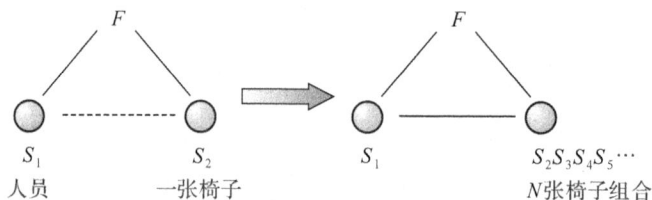

图 5.105　通过集成创建双、多级系统

实例:房屋中多光源的配置。在进行室内装修时,配置单光源,只能解决室内一般性的适当亮度问题,如果用多光源来替代,就可以达到多种装饰和照明效果,并能满足个别的特殊需要。

实例:薄片玻璃的加工。当单独给一片很薄的玻璃进行打磨时很容易使玻

璃破裂,如果将薄片玻璃堆叠起来(用水做临时的黏合剂)变成一块"厚玻璃"后再加工,玻璃的破损率可以明显降低,如图 5.106 所示。

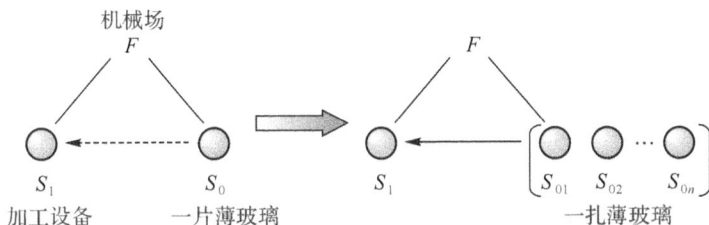

图 5.106 薄片玻璃的加工物-场模型

3.1.2 改进双、多级系统间的链接

经组合(或集成)后将形成的双级系统和多级系统,如果出现缺失或者不足(难以控制或无法控制),可根据"协调法则",增加柔性、移动性和可控性,通过改进双、多系统间的链接来获得增强系统的可控性。

双、多系统间的链接方法有刚性链接和柔性链接两种。其中刚性链接的实例:当众人在移动和安装沉重的东西时,为了使他们能够做到同步,将多位安装工的手设法用刚性装置连接起来;而柔性链接的实例:将两个刚性的船体,通过柔性链接形成的双船体,就能允许调整两个船体间的距离,提高了系统的灵活性。

实例:多路电气线路板的安装。多路电气线路板的安装用多系统替代单一系统,将单一系统的一组导线改编成线束,导线的线束占据了最小的空间,大大提高系统的可操作性,并可为各个电气线路的维修提供了方便,如图 5.107 所示。

3.1.3 系统转换 1b:加大系统元素间的特性差异

基于"向较高级系统跃迁的进化法则",通过加大元素间功能特性差异,然后再进行组合,以此来获得双级系统和多级系统效率的增强。具体来讲,系统转换 1b 的路径为:相同元素的组合→改变了特性的不同元素的组合→相反元素的组合。其中相反元素的组合是系统转换的终极状态,它意味着系统的变化由技术矛盾向物理矛盾的转换,因此,一旦能完成相反元素的组合,就预示着新一轮的创新产品的诞生。

实例:复印机。由复印机向彩色复印机转换,再向带扫描、复印、传真、打印等多功能复印机的转换,正是由单一元素向改变了特性的不同元素组合的转换。

实例:常开和常闭触点并存的继电器。由相同的常开触点 S_{01} 元件(相同的

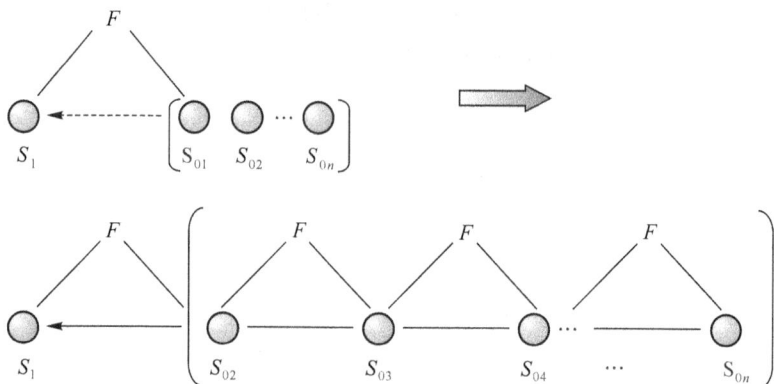

图 5.107　多路电气线路板的安装物-场模型

元素)组合的多系统向具有常开触点 S_{01} 元件和常闭触点 S_{02} 元件(元素和反元素)组合的多系统转换,用以提高系统的可操作性和灵活性,如图 5.108 所示。

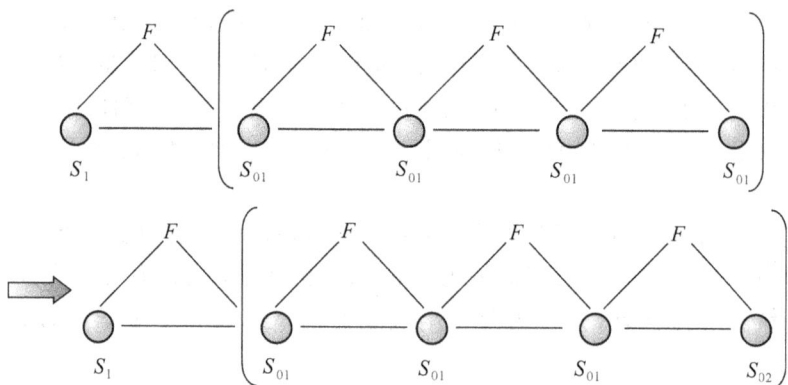

图 5.108　常开和常闭触点并存的继电器物-场模型

　　实例:扩大热处理炉的使用功能。车间内设置了数台形式完全相同的热处理炉,给各台炉子以相同方法预设加热,可获得经热处理后的同一种产品;如果给每台炉子首先以预设不同的加热方法 $S_{01'}$、$S_{01''}$ 等等,组合后可以获得热处理后的多种不同产品;如果将其中的炉子改变为冷却炉 S_{01n},则组合后可以实现完全不同的新处理工艺,如图 5.109 所示。

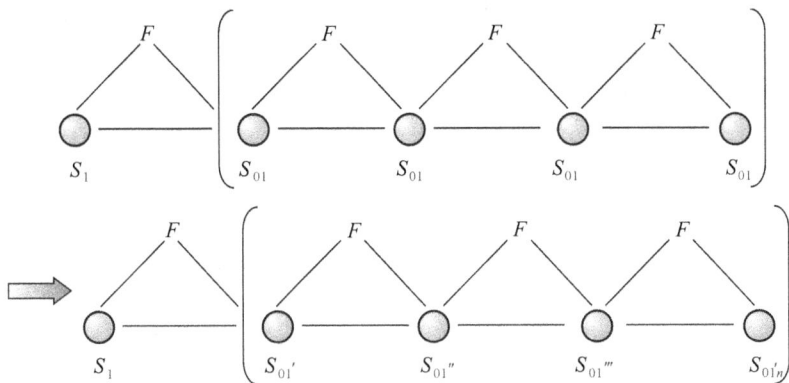

图 5.109　扩大热处理炉的使用功能物-场模型

3.1.4　简化双、多级系统

对双、多系统进行简化,反映了对系统实施向"增加理想度法则"方向进化。双、多系统进行简化的路径,首先是减少辅助的子系统和系统元件,进而寻求最终完全地简化,形成在新的水平上的一个单一系统。通过对双、多系统的简化,将许多系统的功能集为一体,既简化了系统又使系统功能获得增强。

实例:瑞士多功能刀。在一个共用的外壳内嵌入数种工具,组成多用工具。功能增加了,体积缩小了,如图 5.110 所示。

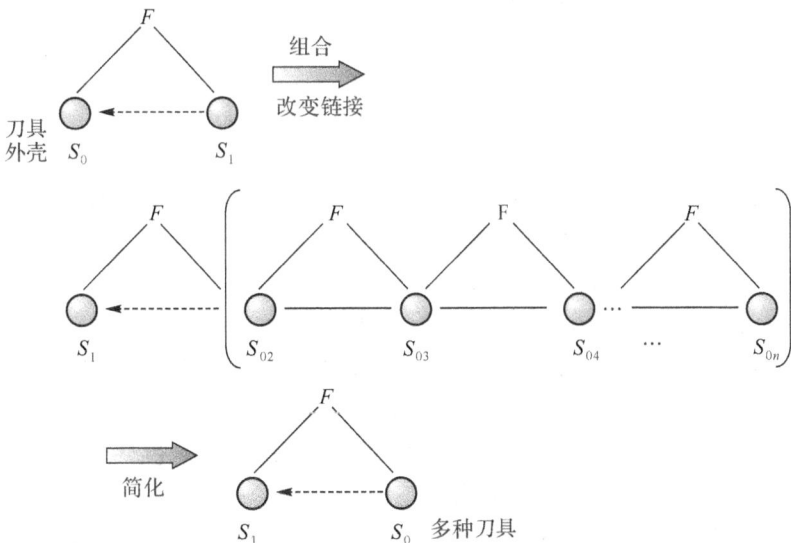

图 5.110　瑞士多功能刀物-场模型

实例：分立的电子电路向集成电路转换。多系统的分立的电子电路可以分别完成不同的有用功能，但尺寸和重量均偏大，可控性较低，耗电量较大，将其转换为单系统的集成电路，则可将系统大大简化，稳定、可靠、体积小、耗电量少。

3.1.5 系统转换 1c：使系统的部分与整体具有相反的特性

分解系统整体与部分间的矛盾特性，使整体系统具有特性 A 的同时，各部分系统则具有相反的特性－A，以此来增强双、多系统的功能性，如图 5.111 所示。

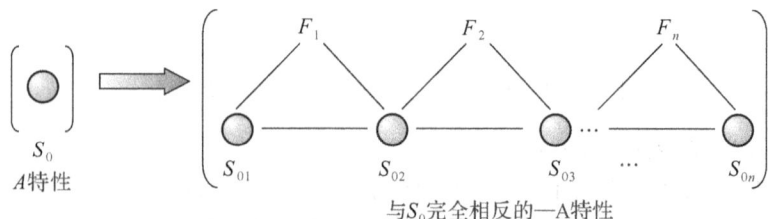

图 5.111 使系统的部分与整体具有相反的特性

实例：自行车链条。自行车链条具有柔性，但组成链条的零件则是刚性的。

实例：水刀切割。水刀切割是将普通的水经过多级增压后所产生的高能量（380MPa）水流，通过一个极细的红宝石喷嘴（$\Phi 0.1 \sim 0.35$mm），以每秒近千米的速度喷射，产生切割的作用。在这个系统中，水本身是流动的，柔软的，而水刀却是锋利坚硬，削铁如泥的。

3.2 向微观级系统转换

3.2.1 系统转换 2：向微观级系统转化

将系统中的物质用能在原子、分子、粒子等各种场的作用下实现功能的物质来替代，以实现系统从宏观向微观系统的进化。技术系统在其进化的任何阶段，向微观级的跃迁均可以提高其效率。

实例：计算机、打印机和声乐工业的发展。有关计算机的发展，从真空管到单个晶体管，到原始合成电路，再到大规模集成电路，如今已经发展到功能强劲的微芯片，整个系统已经发生了彻底的变化；有关打印机的发展，从 9 点矩阵到 24 点矩阵的针式打印，到 100 点/英寸（dpi）的喷墨打印，再到 1200 点/英寸（dpi）的激光打印，以及高精度的商用打印机；有关声乐工业的发展，开槽的蜡留声机被有更细开槽的密纹唱机（LP）替代，后来又被光学记号的光盘（CD）替代，如今又被有数字传输的 MP3 替代，声音的清晰度与开槽尺寸已经毫无关系了。

　　实例:平整玻璃板的加工。在玻璃生产线中,传递玻璃板的滚轮,改用被熔化的锡液所替代,确保传递中的玻璃板的平整度。

　　实例:微型电磁阀。当电流通过微型电磁阀的绕组时,在电磁场的作用下,阀片被提升打开;当切断电流时,在弹簧力的作用下,使阀片下滑关闭。这种类型的微电磁阀价格昂贵,特别是极小型绕组,制造困难,导致使用时易出故障,不太可靠。

　　用形状记忆合金制作的板代替电磁铁绕组,并将记忆合金板固定在阀片上,当电流通过时,在温度场的作用下,合金板被伸长,阀片被打开;当切断电流时,温度降低导致合金板被收缩,带动阀片被关闭返回原处,如图5.112所示。

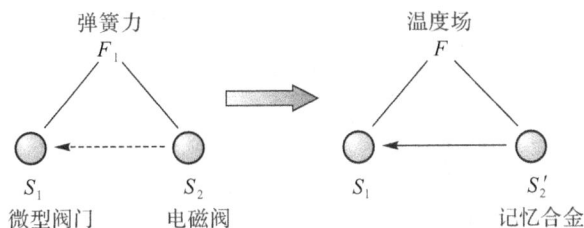

图 5.112　微型电磁阀物-场模型

第四级　测量与检测的标准解

　　第四级的标准解,是专门用于解决有关测量与检测物体参数的技术系统的标准解。其中,检测是指检查某种状态发生或不发生,测量是指在被分析的现象与量值之间建立相关性,具有量化及精度的功能,既可以测量"系统",也可以测量技术系统的任何部分。

　　一个完整的测量系统,应该包括以下几方面内容:测量的对象、被测值表现出物质的特性或状态、测量单位、选用单位校准的测量工具、测量方法、接收测量结果的观察器或记录器以及最后测量结果。

　　按照技术系统的完备性法则和能量传导法则,能量在最低限度可操作的测量技术系统中,从产品流向传感器。传感器将来自产品的能量转化为在转化器可处理的形式。转化器将从传感器——执行结构接收到的能量转化为可用相应方式进行定性和定量比较的形式,比较结果被传到控制装置作为测量结果。控制装置产生针对技术系统各元件的控制作用。在系统各元件的操作中进行最低限度的协调是测量技术系统可操作性的必备条件。

　　第四级标准解,具体分为五个子类别,分别是4.1利用间接的方法、4.2构建基本完整的和复合的测量物-场模型、4.3增强测量物-场模型、4.4向铁磁场测量模型转换以及 4.5 测量系统的进化方向,如表 5.6 所示。其中,子类别 4.1 的内涵是,检测或测量结果不是直接地获得,而是通过迂回的方法来获得,具体分为 3 条标准解。子类别 4.2 的内涵是,通过构建完整或复合的测量物-场模型来获得检测或测量结果,具体分为 4 条标准解。

子类别 4.3 的内涵是,利用物理效应节奏匹配来达到增强测量物-场模型的目的,具体分为 3 条标准解;子类别 4.4 的内涵是,将非磁性的物-场测量模型转化为具有磁性的物-场测量模型,可以提高系统测量的灵活性和测量精度,具体分为 5 条标准解;子类别 4.5 的内涵,也即测量系统的进化方向目的是为提高测量的效率和精确程度,具体分为 2 条标准解。

表 5.6　测量与检测的标准解

4.1　利用间接的方法
4.1.1　以系统的变化来替代检测或测量
4.1.2　利用被测对象的复制品
4.1.3　利用两次检测来替代
4.2　构建基本完整的和复合的测量物-场模型
4.2.1　构建基本完整的测量物-场模型
4.2.2　引入附加物,测量附加物所引起的变化
4.2.3　在环境中引入附加物,构建与环境一起的测量物-场模型
4.2.4　改变环境,从环境已有的物质中分解需要的附加物
4.3　增强测量物-场模型
4.3.1　利用物理效应或自然现象
4.3.2　利用系统整体或部分的共振频率
4.3.3　连接已知特性的附加物后,利用其共振频率
4.4　向铁磁场测量模型转换
4.4.1　构建原铁磁场测量模型
4.4.2　构建铁磁场测量模型
4.4.3　构建复合铁磁场测量模型
4.4.4　构建与环境一起的铁磁场测量模型
4.4.5　利用与磁场有关的知识效应或自然现象

4.5 测量系统的进化方向
4.5.1 向双、多级测量系统转换
4.5.2 向测量一级或二级派生物转换

4.1 利用间接的方法

4.1.1 以系统的变化来替代检测或测量

通过改变系统的方法来代替检测或测量,使检测或测量不再需要。

实例:计量客户天然气用量。天然气过户系统要求精确传递仪表计量的气体,它不是靠测量天然气的体积,而是利用节流孔板限制流动的最大动压来完成测量的。

实例:加热系统的自动调节。加热系统的自动调节是通过运用热电偶或双金属片作为自动转换开关来实现的。当温度低于给定温度时,热电偶是接通的,加热系统自动投入工作;当温度高于给定温度时,热电偶就会自动断开,加热系统就会停止工作,系统就可以保持在给定的温度下,专门的温度检测系统就不需要了。

实例:控制有机混合物的分离过程。为了使控制分馏器正常地工作,必须保持分馏器内有机溶剂混合物的温度控制在要求的95℃~100℃范围内。传统方法是采用电加热的方法来控制分馏器的工作温度。如果是采用电加热的方法,利用温度传感器来控制有机混合物温度的测量系统是必不可少的。但是,如果改变系统,将分馏器改成套筒式的,即在分馏器外加设一个水套,只要让水套内的水始终保持在沸腾状态,此时,带有传感器的测量系统就可以取消了,如图 5.113 所示。

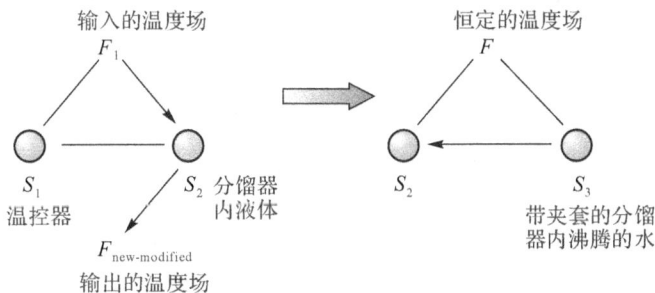

图 5.113 控制有机混合物的分离过程物-场模型

4.1.2 利用被测对象的复制品

采用测量被测对象的复制品、图片或图像来替代对被测对象本身的直接测量。对难于测量的物体（如软物体或具有不规则表面的物体），通常较多使用这种测量方法，如图 5.114 所示。

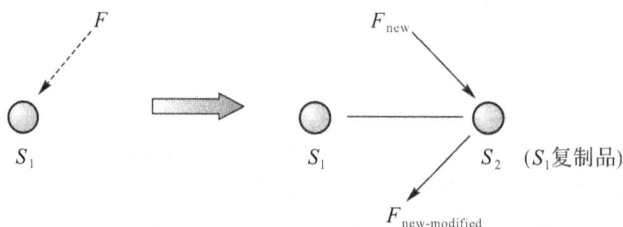

图 5.114 利用被测对象的复制品

实例：测量即将运行的货车上的圆木。火车即将要开动了，要在很短时间内丈量出圆木的体积，可以借助摄像机，尽快对所运圆木进行拍照，然后，再根据获得的照片进行测量和计算，如图 5.115 及图 5.116 所示。

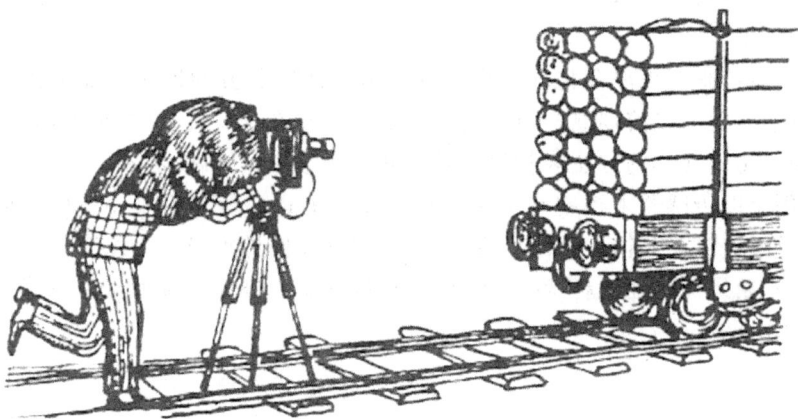

图 5.115 测量即将运行的货车上的圆木示意图

实例：高炉内铁水温度的测量。铁水的温度很高，人们一般不采用直接测量。通常利用光学高温计，通过接收器测量物体在高温计透镜上所形成的图像，然后根据该图像输出的亮度对比，即可得知铁水的温度值，如图 5.117 所示。

4.1.3 利用二级检测来替代

如果遇到无法用 4.1.1 或 4.1.2 标准解法进行间接测量时，采用将其分解为二级测量的方法来完成对系统的检测工作。

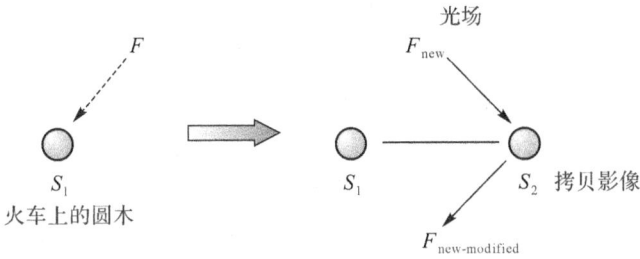

图 5.116　测量即将运行的货车上的圆木物-场模型

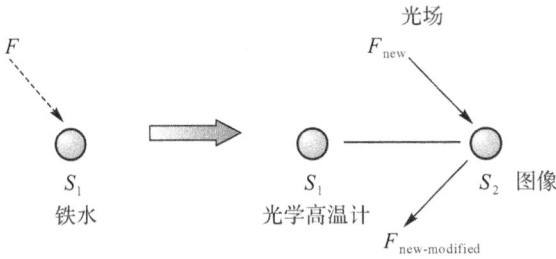

图 5.117　高炉内铁水温度的测量物-场模型

实例：测试项目颜色的确定。在不同环境的灯光下，染色或复印都要求与确定的标准颜色相一致，在两种不同的或已知光源下的测试项目，只要与标准颜色相对照，就能确定测试项目的颜色。标准色谱的确定是一级测量，与标准色谱相对照的测量是二级测量。

实例：进行加工过程中使用的量规。为测量轴径，通常预先做成量规（间距为 0.01mm 的许多圆孔），然后，轴径的测量问题就变为在量规上检测能否通过的问题。制造量规时的测量是一级测量，对照量规的测量是二级测量，如图 5.118 所示。

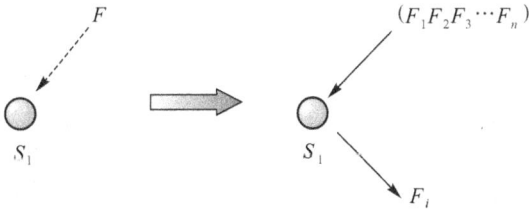

图 5.118　进行加工过程中使用的量规物-场模型

4.2 构建基本完整的和复合的测量物-场模型

4.2.1 构建基本完整的测量物-场模型

测量物-场模型与物-场模型的差别在于：一个基本完整的测量物-场模型，必须是在它的输出端载有被测对象信息参数的输出场。如果原有的场是无效的或不充分的，则必须在不影响原系统的情况下改变引入另一个增强场，该改变的新场或增强场的输出场应当有一个容易检测的参数，该参数与所需测量的参数是相关联的，如图 5.119 所示。

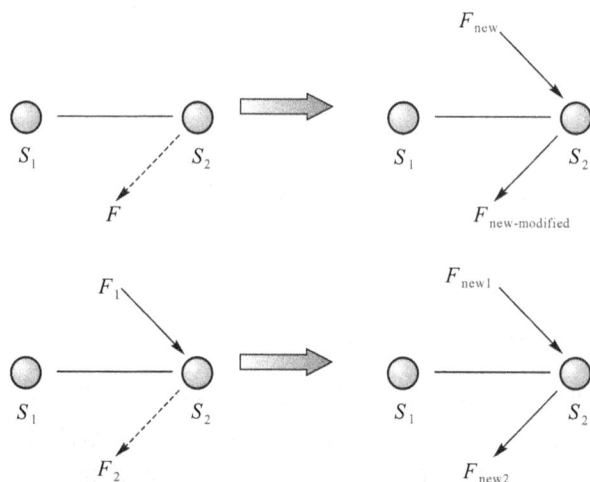

图 5.119　构建基本完整的测量物-场模型

实例：检测液体开始沸腾的瞬间。如果利用温度场来进行测量显然是无效的，因为液体在开始沸腾的瞬间，温度并不会发生变化，不发生变化的参数输出场，进行测量也就成为不可能。引入电流，让电流通过液体，在液体开始沸腾的瞬间，液体中开始出现气泡，随气泡的开始出现而相应地测得所骤变的输出电阻，如图 5.120 所示。

实例：超声波探伤仪。直接对被检测材料进行损伤检测效率是很低的，可引入超声波场构成完整的物-场模型。超声波在被检测材料中传播时，材料的声学特性和内部组织的变化对超声波的传播产生一定的影响，通过对超声波受影响程度和状况的探测可以了解材料性能和结构变化，这就是超声波探伤仪的工作原理，如图 5.121 及图 5.122 所示。

实例：汽车挡风玻璃上的自动雨刷。通过辐射光检测器，记录汽车挡风玻璃上的水滴在半导体激光束的作用下，造成的电磁辐射散射的强度来自动启动雨刷。当无水滴时，激光束不能到达光检测器。当玻璃上出现水滴时，

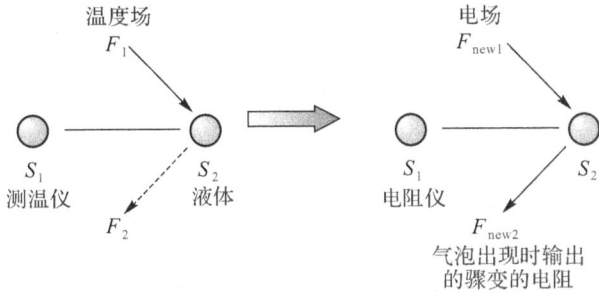

图 5.120　检测液体开始沸腾的瞬间物-场模型

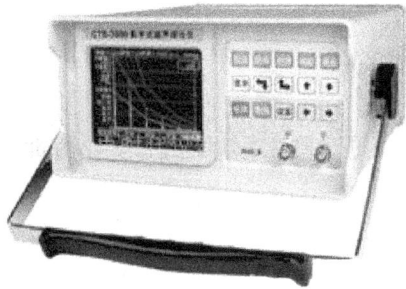

图 5.121　超声波探伤仪示意图

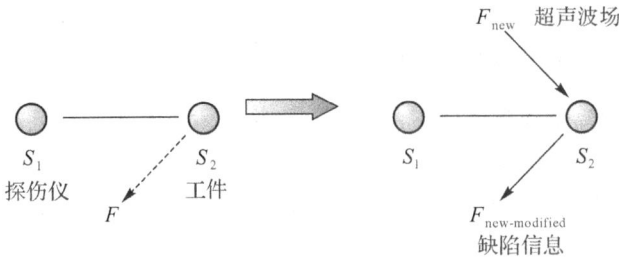

图 5.122　超声波探伤仪物-场模型

水滴将激光束部分散射,光检测器记录下以特定角度散射的辐射,生成光散射输出信号 $F_{new\text{-}modified}$ 被传至雨刷的控制系统,雨刷即可投入运行,如图 5.123 所示。

4.2.2　引入附加物,测量附加物所引起的变化

对难以测量和检测的系统或部件,引入易检测的附加物 S_3,形成内部或外部合成的测量物-场模型,检测或测量该合成附加物的变化,如图 5.124 所示。

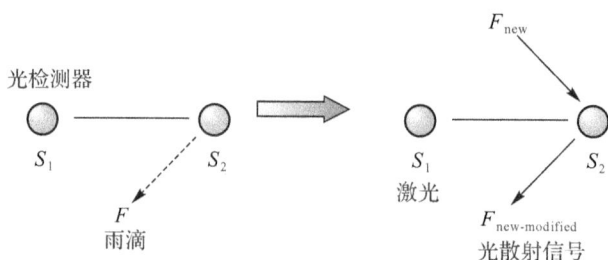

图 5.123 汽车挡风玻璃上的雨刷物-场模型

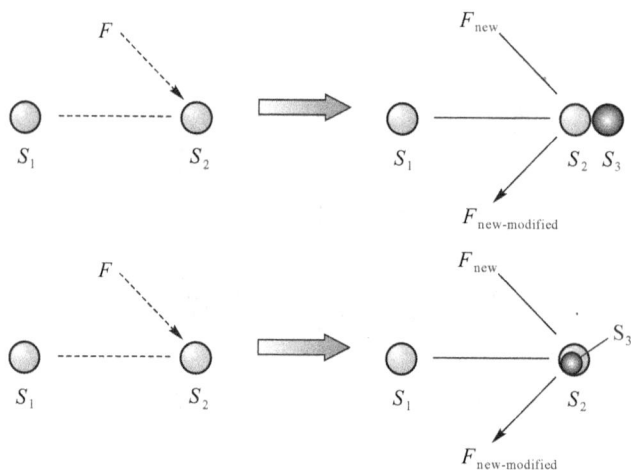

图 5.124 引入附加物,测量附加物所引起的变化

实例:生物标本在显微镜下的测量。生物标本在显微镜下可以观察到其内部结构,但细微的差别很难区分和测量,在标本中添加化学染色剂,使其结构元件可以观察和测量,就能观察到标本结构间的细微差别,如图 5.125 所示。

实例:测量两个复杂形状零件的贴合面积。首先在一个零件的面上涂上发光染料,然后将两个面贴合摩擦,分开之后测量另一个零件外表面上被印上发光染料的面积,就是两个零件的贴合面积,如图 5.126 所示。

4.2.3 引入附加物,构建与环境一起的测量物-场模型

当系统中禁止引入附加物时,将易产生检测和测量的附加物引入环境中,通过测量环境状态的变化来获得有关对象状态变化的信息。

实例:运用卫星全球定位系统。卫星提供了覆盖整个地球表面的连续信号,手持全球定位系统接收器,运用卫星全球定位系统,就能接收卫星提供的信号,根据信号可以测量出自己的精确位置,如图 5.127 所示。

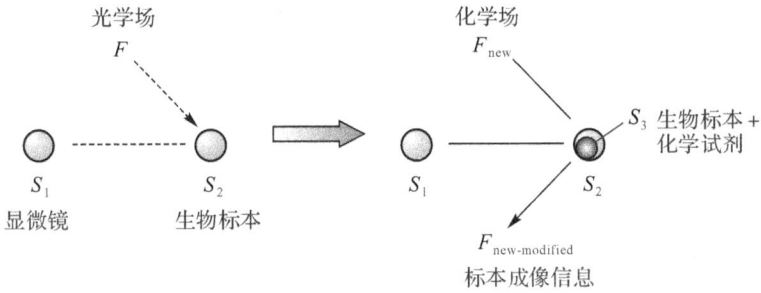

图 5.125 生物标本在显微镜下的测量物-场模型

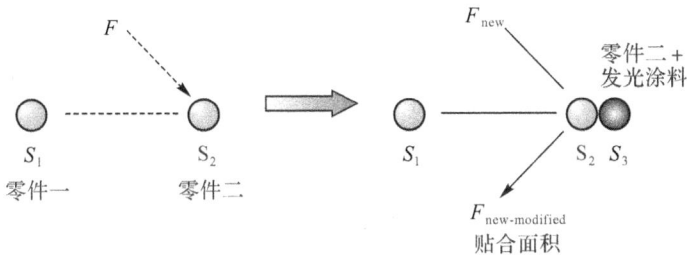

图 5.126 测量两个复杂形状零件的贴合面积物-场模型

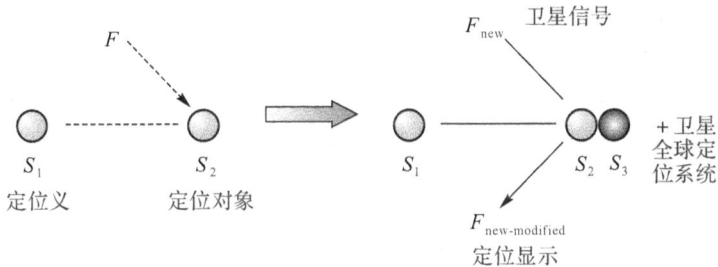

图 5.127 运用卫星全球定位系统物-场模型

实例:检测内燃机内部磨损情况。检测内燃机的磨损情况,就是要测量发动机被磨损掉的金属表层。磨损的金属表层以颗粒形式混在发动机的润滑油中,油被看作是环境,在润滑油中加入荧光粉,金属颗粒会吸收荧光粉,通过测量荧光粉量的变化就可以得出被磨损的金属量,如图 5.128 所示。

实例:检测流体运动特征的变化。在有光的地方,通过观测固态物体在流体中形成的波浪可以获得固态物体在流体中的运动特性。倘若在流体中(流体就是固态物质的环境)添加染色剂,则可以提高可视化程度,如图 5.129 所示。

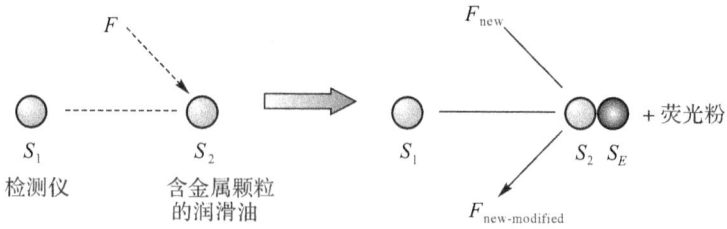

图 5.128　检测内燃机内部磨损情况物-场模型

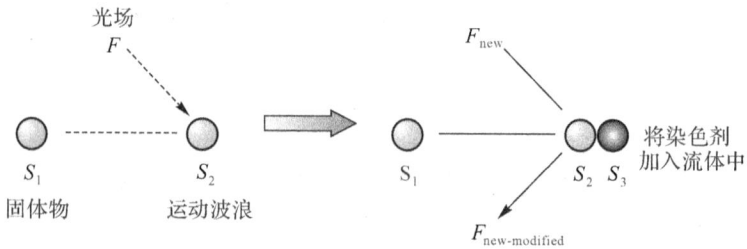

图 5.129　检测流体运动特征的变化物-场模型

4.2.4　改变环境,从环境已有的物质中分解需要的附加物

为检测和测量的需要,有的系统需要引入附加物,但是,当该系统禁止引入附加物,在系统的环境中也禁止引入附加物时,就可以通过分解或改变环境中已经存在的物体来创造附加物,并测量这些附加物对系统的影响。为改变环境经常使用的方法有通过电解、气穴现象、或利用其他相变的方法来获得气体或水蒸气、泡沫等形式的附加物,如图 5.130 所示。

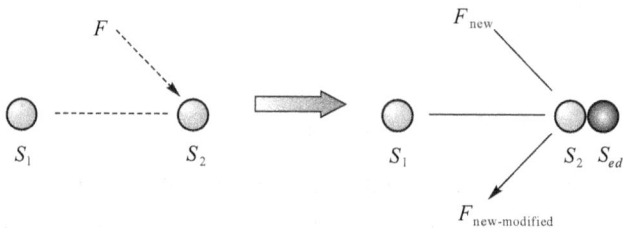

图 5.130　改变环境,从环境已有的物质中分解需要的附加物

实例:粒子运动的研究。在气泡室中,利用相变产生低于沸点及压力的液态氢,当能量粒子穿过时,使局部沸腾,形成气泡路径,该路径可以被拍照,用于研究流体粒子的运动特性,如图 5.131 所示。

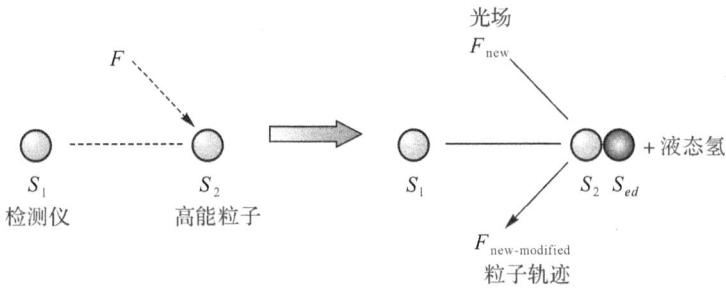

图 5.131   粒子运动的研究物-场模型

4.3   增强测量物-场模型

4.3.1   利用物理效应或自然现象

通过观察系统中已经出现的物理效应来测量和确定系统的状态。

实例:利用热传导效应测量物体温度。液体的热传导率会随液体温度的改变而改变,因而液体的温度可以通过测量液体热传导率的变化来确定,如图 5.132 所示。

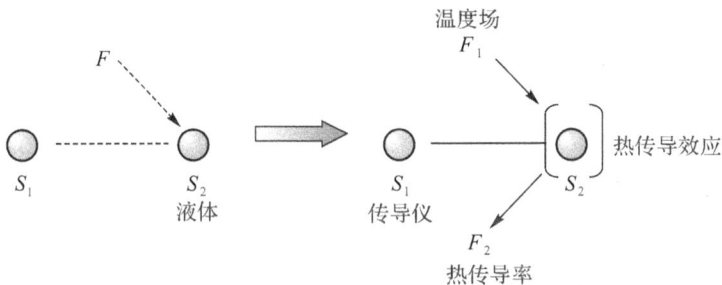

图 5.132   利用热传导效应

实例:应用霍尔效应。普通电动机的转速难以精确测量和控制,而应用霍尔效应制成的精密变速电动机则可实现这一目标。此中的霍尔效应是指,当电流通过一个位于磁场中的导体的时候,磁场会对导体中的电子产生一个垂直于电子运动方向上的作用力,从而在垂直于导体与磁感线的两个方向上产生电势差。通过测量这一电势差可以得知电动机的转速,通过改变磁场强度则可以改变并控制其转速,如图 5.133 所示。

4.3.2   利用系统整体或部分的共振频率

如果需要直接改变系统或通过场来改变系统时,可以通过测量系统或部分系统的共振频率来完成,由于系统中的变化会导致共振频率的变化,通过测量共振频率的变化也就获得了系统变化的信息。

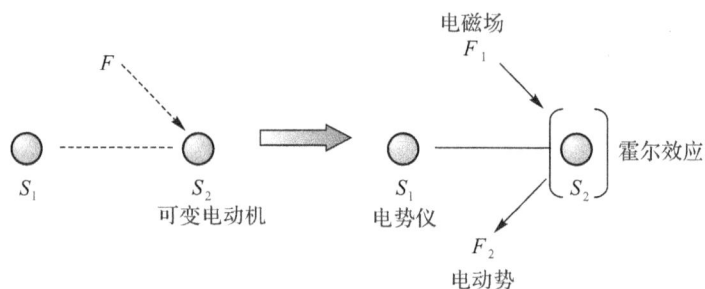

图 5.133　应用霍尔效应物-场模型

共振频率的测量在应用上非常广泛。通过测量物体共振频率的变化,就可以获得该物体在状态上的变化情况(包括尺寸及重量等)。例如,可以通过测量储水罐的共振频率,确定储水罐中水的重量;通过测量两个线轴之间一段线的共振频率,确定正在线轴上缠绕的线的重量;通过测量空气的共振频率得知空气量的多少,从而可以确定地下煤层的埋藏深度,如图 5.134 所示。

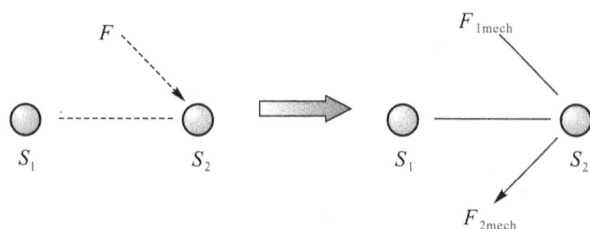

图 5.134　利用系统整体或部分的共振频率

4.3.3　连接已知特性的附加物后,利用其共振频率

如果不能直接检测或测量系统中的变化,又不能通过在系统中或部分系统中进行共振频率的测量来完成,则可以通过连接已知特性的附加物,然后通过测量共振频率来获得所需要的测量信息,如图 5.135 所示。

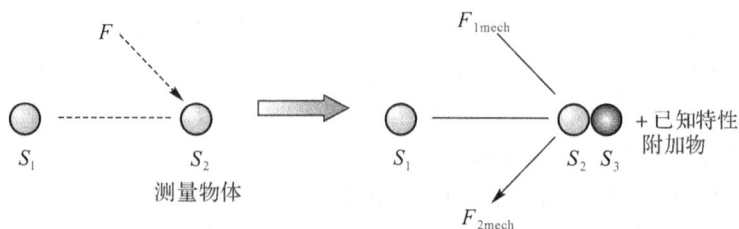

图 5.135　连接已知特性的附加物后,利用其共振频率

实例:未知物体电容的测量。不直接测量该物体的电容,而是将该未知电容的物体插入已知感应系数的电路中,然后,改变电压的频率,通过测定该组合电路的共振频率后,换算出物体的电容,如图 5.136 所示。

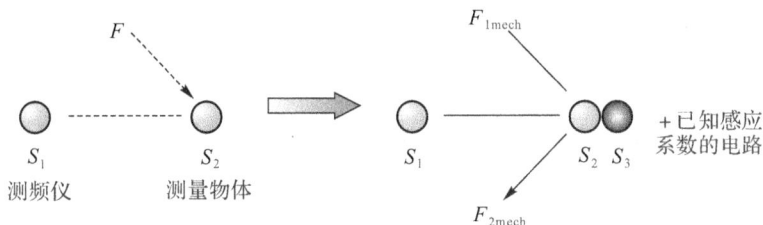

图 5.136　未知物体电容的测量物-场模型

实例:无线电发射机频率的测量。通过改变接收天线的电容,改变了接收电路的固有频率,实现与发射机的频率相一致(谐振),谐振信号定向发送到接收装置,完成测量,如图 5.137 所示。

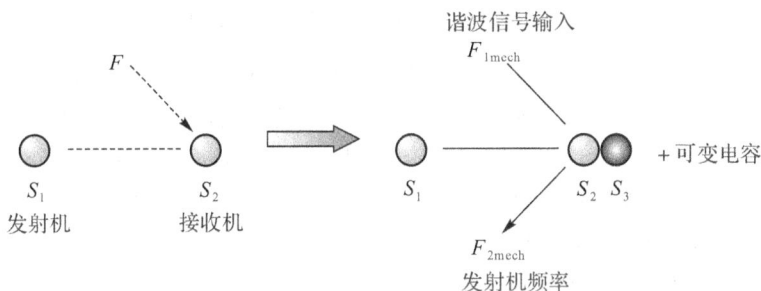

图 5.137　无线电发射机频率的测量物-场模型

4.4　向铁磁场测量模型转换

4.4.1　构建原铁磁场测量模型

为便于测量,在非磁性系统内引入固体磁铁,将非磁性的测量物-场模型转换为包含磁性物质和磁场的原铁磁场测量模型。利用固体磁铁形成的原铁磁场模型通常只能在局部产生磁场,并不是分布在系统内的各个部分,如图 5.138 所示。

实例:统计在十字路口等待的车辆数。在十字路口内,设置含有铁磁部件的传感器,可以方便地用来统计通过红绿灯控制下等待的车辆数,如图 5.139 所示。

实例:用磁性流量计测量流动液体的流速。流量计可以用来直接测量显示液体的流速。当某种原因不能使用机械流量计时,可使用磁性流量计(也叫电

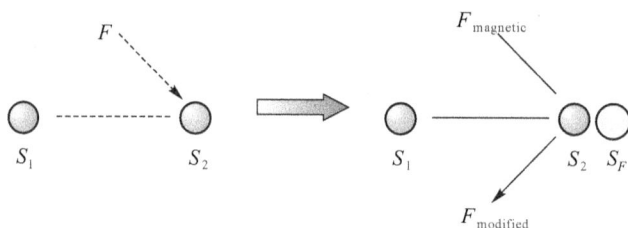

图 5.138　构建测量的原铁磁场模型

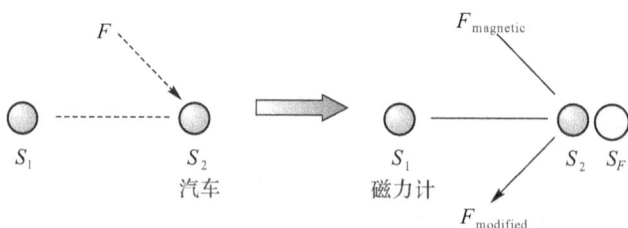

图 5.139　统计在十字路口等待的车辆数物-场模型

磁流量计),电极引入到流体中,沿垂直于流体方向和磁场的直线布置。

在外动力场的作用下,非磁性管内的流体,经过磁性流量计中的永磁孔时,受永磁体的影响,根据法拉第电磁感应定律,在磁场重点流体中出现电荷偏转产生电动势,于是在流量传感器的电极上显示压力值,压力的大小与流体的平均流速成正比,根据压力值即可测量流速。

4.4.2　构建铁磁场测量模型

如果为提高系统测量的可控性,需要在系统整体的各个部分都具有磁的效应,则必须在系统中加入铁磁粒子,或用含铁磁粒子的物质代替原系统中的一个物质,使系统由物-场测量模型或原铁磁场测量模型向铁磁场测量模型转换,通过检测和测量磁场的作用,就可得到需要的信息。铁磁场测量模型与原铁磁场测量模型磁场不同,铁磁场的磁性物质或者铁磁粒子在物质(S_1,S_2)的体积内各部分均有分布,如图 5.140 所示。

实例:鉴别货币的真假。将铁磁粒子混合在特定的颜料中,并将颜料印在货币上,在判别货币真假时,将磁场作用在货币上,通过铁磁粒子就能确定货币的真假,如图 5.141 所示。

实例:探测塑料的硬化或软化程度。在塑料中混合铁磁粒子,通过测量导磁系数,用来探测塑料的硬化或软化程度。

实例:磁图表法检查钢工件中的焊缝。引入铁磁粒子涂放在有结构缺陷的焊缝上方形成磁带,结构缺陷使部分磁带获得磁化,以残留磁化的形式被记录

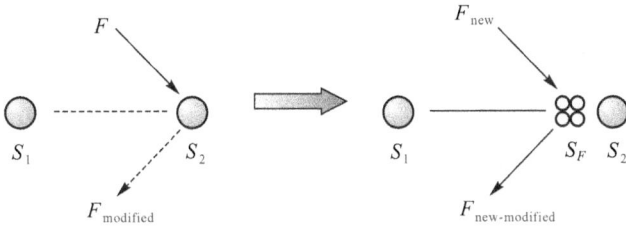

图 5.140 构建铁磁场测量模型

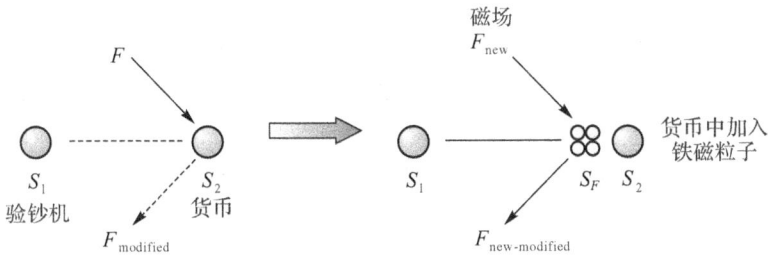

图 5.141 鉴别货币的真假物-场模型

在磁带上并输出信号,如图 5.142 所示。

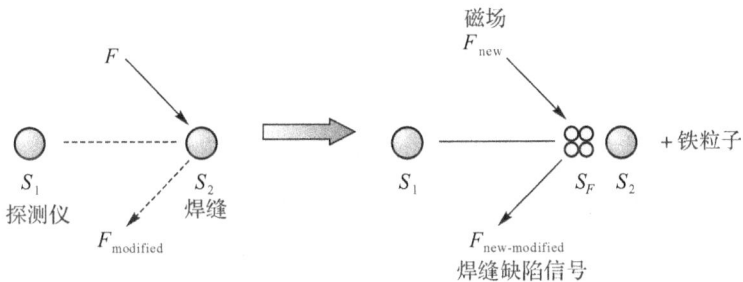

图 5.142 磁图表法检查钢工件中的焊缝物-场模型

4.4.3 构建复合铁磁场测量模型

为了提高系统检测或测量的效率,有时需要向铁磁场测量模型转化,但是,当不能向系统中的物质直接引入铁磁粒子时,可通过向系统的内部或外部(物质表面)引入带磁性粒子的附加物,构建合成的铁磁场测量模型,如图 5.143 所示。

实例:控制加压液体对地层的破坏程度。运用水力压裂技术(Hydraulic fracturing,又称为水力劈裂、水力裂解技术)开采天然气和页岩气的时候,需要首先测量原地主应力,以为后续灌入高压液体开采气田提供指导。在测量时首

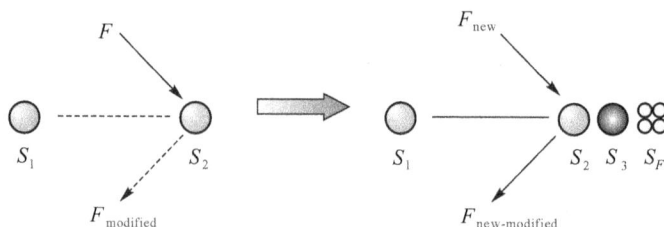

图 5.143　构建复合铁磁场测量模型

先取一段基岩裸露的钻孔,用封隔器将上下两端密封起来;然后注入液体,并在液体中加入铁磁粉,加压直到孔壁破裂,根据磁场信息变化记录压力随时间的变化,并用印模器或井下电视观测破裂方位。根据记录的破裂压力、关泵压力和破裂方位,利用相应的公式算出原地应力的大小和方向。铁磁粉的加入可以实现对地层的破坏程度的有效控制和测量,如图 5.144 所示。

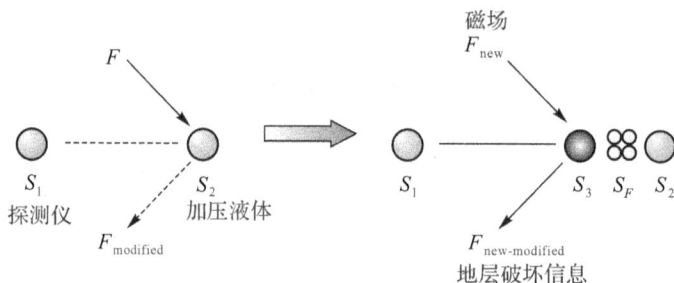

图 5.144　控制加压液体对地层的破坏程度物-场模型

4.4.4　构建与环境一起的铁磁场测量模型

为了提高系统检测或测量的效率,如果需要向铁磁场测量模型转换,但是,系统中不允许引入铁磁物质,既禁止直接引入铁磁粒子,又不允许向系统的内部或外部(物质表面)引入带磁性粒子的附加物,则可将含铁磁粒子的磁性物质引入与系统相联系的环境中,构建与环境一起的测量的铁磁场模型,通过对环境磁场的检测和测量可得到需要的信息,如图 5.145 所示。

实例:研究船在水中行驶时波的形成过程。当船体从水中驶过时,会形成波浪,研究船在水中行驶时波的形成过程,不采用指示器,通过向环境(水)中引入铁磁粒子,用铁磁粒子代替了指示器,在光学场作用下对水中的铁磁粒子分布进行跟踪拍照(或者曝光在屏幕上),通过研究铁磁粒子的运动来研究波浪的特性,如图 5.146 所示。

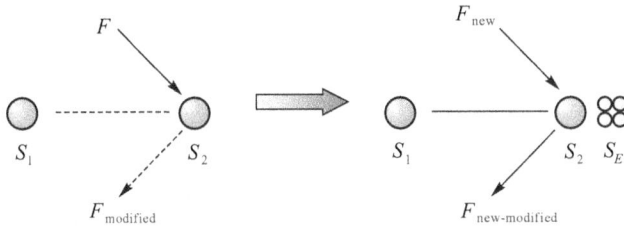

图 5.145 构建与环境一起的铁磁场测量模型

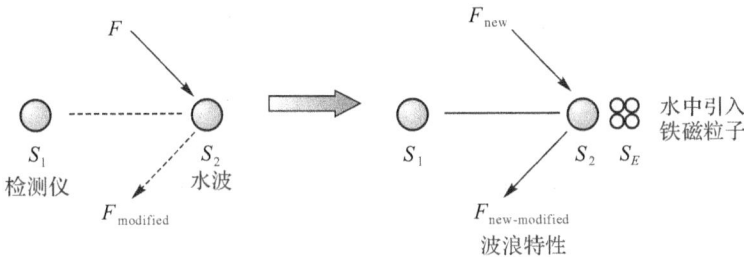

图 5.146 研究船在水中行驶时波的形成过程物-场模型

4.4.5 利用与磁场有关的物理效应或自然现象

利用与磁场有关的物理效应或自然现象以提高系统检测与测量的可控性和准确性。例如居里效应、磁滞现象、超导现象,还有霍普金森效应、巴克豪森效应、霍尔效应、超导性等自然现象或物理效应等来用于测量系统。

实例:应用居里效应。液位探测仪的测量通常是由容器内的磁铁和容器外的磁敏感接点组成。为增加探测仪的可靠性,将磁铁拧紧在磁敏感接点的平面上,并用居里点低于液体温度的磁性材料覆盖。这其中运用的物理效应是,液体的温度高于磁性材料的居里点,浸入后磁性材料即发生二级相变成为顺磁体,顺磁体的特性是其磁场很容易随周围的磁场变化而变化,从而提高了探测仪的敏感度和可靠性,如图 5.147 所示。

实例:静电排斥力效应的应用。为了让床单上的棉絮自动脱离或是要让羽毛与羽毛杆分离,用电离气流吹,使两者带上同一类型的静电电荷,运用“同性相斥”的原理,小块的棉絮会被排斥,并容易地被吸尘器吸入。

实例:气穴现象的应用。使用气穴现象可以获得稳定的、可视的气泡来测得管中的流速。

实例:利用压电效应。传感器由夹心式的磁质片和压电片组成,在磁场的作用下,改变传感器磁质片的大小,相应地会使压电片压缩或伸展,这就产生了与磁场强度成正比的电压,这就是压电效应。压电效应可用于提高传感器的灵

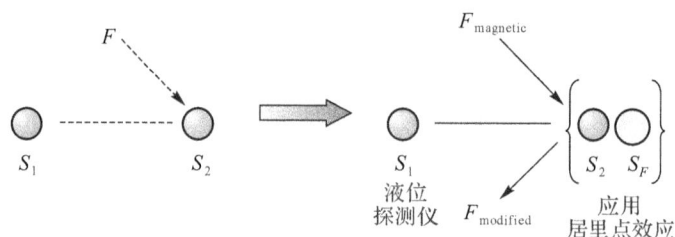

图 5.147　应用居里点效应物-场模型

敏度和抵抗度,检测可变弱磁场,例如,采用磁带录音头从磁带上阅读记录内容。

实例:利用超导性效应。超导性效应应用在加速器、发动机、电缆、储能器、交通运输设备和计算机等方面,为实现电能超导输送、数字电子学革命、大功率电磁铁和新一代粒子加速器的制造提供实际的可能,如图 5.148 所示。

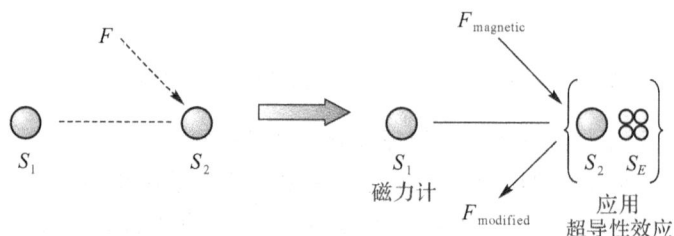

图 5.148　利用超导性效应物-场模型

4.5　测量系统的进化方向

4.5.1　向双、多级测量系统转换

如果单一的测量系统不是足够精确,就应使用两个或多个测量系统。对一个测量对象通过两个或多个传感器,并由传感器接受被测对象的两个或多个信息。由于被接受信息的增多,测量的精确度显然可以获得提高。犹如验光师在给人们进行配镜时,使用一系列的仪器测量远处聚焦、近处聚焦、视网膜整体的一致性等多项指标,而不只是测其一项,如图 5.149 所示。

实例:发光体光谱的测量。利用多色仪,将来自发光体的电磁辐射分解并记录它们的光谱分量,同时也完成了对发光体发出光谱的测量。

实例:测定闪电(大气放电)的距离。闪电距离的测定可通过人们眼睛看到的时间和耳朵听到闪电声音的时间为这两个非均匀的双系统传感器的测定来得到。两者时间间隔乘以声音在空气中传播的速度即可得到了闪电的距离。

实例:测量滑水者跳跃距离。为测量滑水者跳跃距离,水面和水下各放置

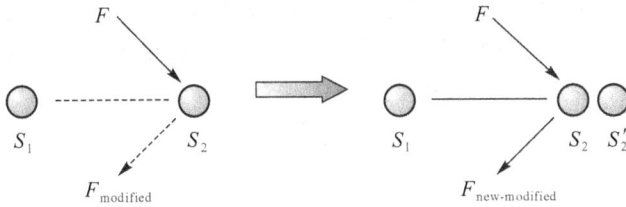

图 5.149 向双、多级测量系统转换

一个麦克风,两个麦克风接受信号的时间间隔与滑水者的跳跃距离成正比,如图 5.150 所示。

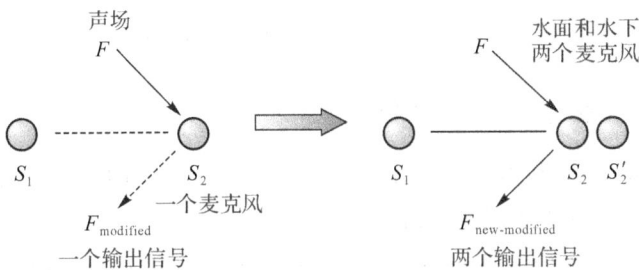

图 5.150 测量滑水者跳跃距离物-场模型

4.5.2 向测量一级或二级派生物转换

测量系统为了获得所需要的某参数信息,不是直接地测量该信息的参数,而是转向测量该信息参数的一级或二级派生参数,用测量信息参数的一级或二级派生参数的仪器 S_1' 来替代直接测量信息参数的仪器 S_1,测量精度将会随着测量派生路径的逐渐转换而有所提高,如图 5.151 所示。

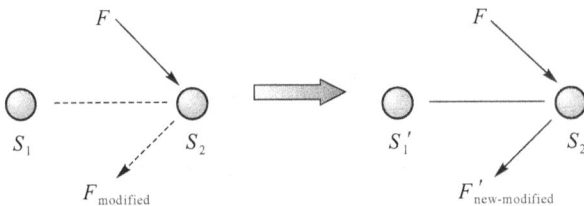

图 5.151 向测量一级或二级派生物转换

实例:地震张力的测量。山脉的地震张力以前是通过测量岩石的电导率来得到的。为提高测量精度,现在是通过测量电导率的变化速度来得到的。

实例:测量飞行器位置与速度。地面雷达系统直接运用雷达反射频率的改变来计算出飞行器的准确位置和速度。

实例:测量物体的位移。测量物体的位移可以用直接测量位移长度的方法,如果用测量速度或加速度来替代位移的测量,速度和加速度就是位移派生的二级派生物,由于速度与长度是平方根关系,测量的精度因此就会得到提高,如图5.152所示。

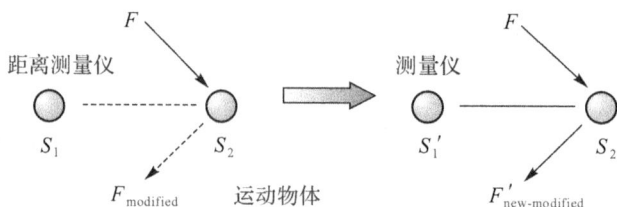

图 5.152　测量物体的位移物-场模型

第五级　简化与改善策略的标准解

第五级的标准解,专注于对系统的简化,引导人们如何使得系统不会增加任何新的东西,或者即使在引入新的物质或新的场的情况下,也不会使系统复杂化。具体有五个子类别,分别是5.1引入物质、5.2引入场、5.3利用相变、5.4利用物理效应或自然现象以及5.5产生物质粒子的更高或更低形式,如表5.7所示。

表 5.7　简化与改善策略标准解

5.1　引入物质
5.1.1　间接方法引入物质(包含九个子项)
5.1.1.1　利用"虚无物质"(如空洞、空间、空气、真空、气泡等)替代实物
5.1.1.2　用引入一个场来替代引入物质
5.1.1.3　引入外部附加物替代内部附加物
5.1.1.4　引入小剂量活性附加物
5.1.1.5　在特定区域(物质的个别部分)引入小剂量活性附加物
5.1.1.6　临时引入附加物
5.1.1.7　利用模型或复制品替代实物,允许其中再引入附加物
5.1.1.8　引入经分解能生成所需附加物的化合物
5.1.1.9　引入环境或物体本身经分解能获得所需的附加物
5.1.2　将物质分割成若干更小单元

续表

5.1.3　应用能"自消失"的附加物
5.1.4　利用可膨胀结构,以获得向环境中引入空气、泡沫等大量附加物的需要

5.2　引入场

5.2.1　利用系统中已存在的场
5.2.2　利用环境中已存在的场
5.2.3　利用场源物质

5.3　利用相变

5.3.1　相变1:改变相态
5.3.2　相变2:在变化的环境作用下,物质能由一种状态转变到另一种状态
5.3.3　相变3:利用伴随相变过程中发生的自然现象或物理效应
5.3.4　相变4:利用双相态物质替代
5.3.5　利用物理与化学作用

5.4　利用物理效应或自然现象
5.4.1　利用由"自控制"能实现相变的物质
5.4.2　增强输出场

5.5　产生物质粒子的更高或更低形式

5.5.1　通过分解获得物质粒子
5.5.2　通过合成获得物质粒子
5.5.3　综合运用5.5.1和5.5.2获得物质粒子

5.1　引入物质

5.1.1　间接方法

如果系统需要引入新的物质,然而工作状态又不允许给系统引入新物质时,可以通过其他途径,也即以下介绍的九个标准解所提供的间接方法来引入物质。

5.1.1.1　利用"虚无物质"(如空洞、空间、空气、真空、气泡等)替代实物

如果有必要向系统物质内部引入附加物,但所有有形的物质都受到禁止或是有害时,就使用诸如空气等"虚无物质"(如空洞、空间、空气、真空、气泡等)代替实物作为附加物引入,如图5.153所示。

实例:提高潜水服保温性能。如果过度增加表层橡胶的厚度,会使潜水员

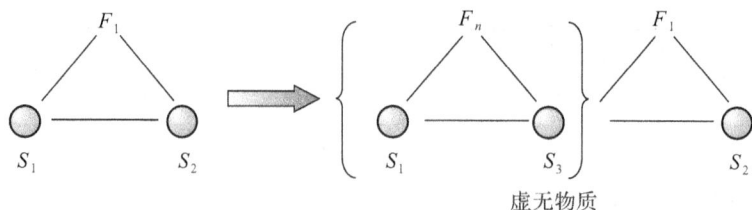

图 5.153 利用"虚无物质"替代实物

感到累赘,操作不方便。采用添加泡沫的办法,既可以解决保温问题,其重量又几乎没有增加。

实例:防止跳水运动员受伤。在训练中,为了防止跳水运动员在误跳时坠入水中会造成伤害,教练踩下脚踏板,让压缩气瓶中的空气通过安装在水池底部多孔的管道涌出,使水池内的水变成充满气泡的"软水",如图 5.154 所示。

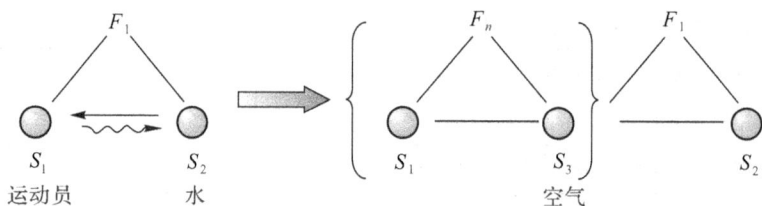

图 5.154 防止跳水运动员受伤物-场模型

5.1.1.2 引入一个场来替代引入物质,如图 5.155 所示。

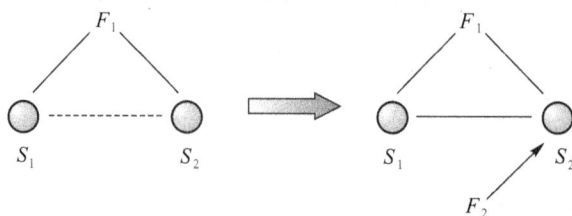

图 5.155 引入一个场来替代引入物质

实例:检查黄酱包装袋的密封性。通常的做法是将包装袋在低压下浸入水中,通过视觉观察水中是否产生气泡就可确定袋子是否有泄漏。但更为简单而迅速的办法是利用压力差来鉴别包装袋的密封性。将盛有黄酱的包装袋放入真空房中,好的包装会发生膨胀,而密封性不好的包装袋内的黄酱就会泄漏出来。

实例:气流的过滤。为了提高过滤器的过滤效果,在压力场的作用下,再引入第二个场(电场),在电流的作用下,使固体杂物聚集,颗粒增大而保留在过滤器中,如图 5.156 所示。

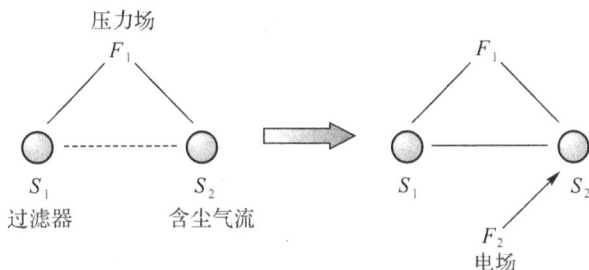

图 5.156 气流的过滤物-场模型

5.1.1.3 引入外部附加物替代内部附加物

如果有必要在系统中引入一种物质,然而从系统内部引入物质是不允许或不可能的,那么就在其外部引入附加物,如图 5.157 所示。

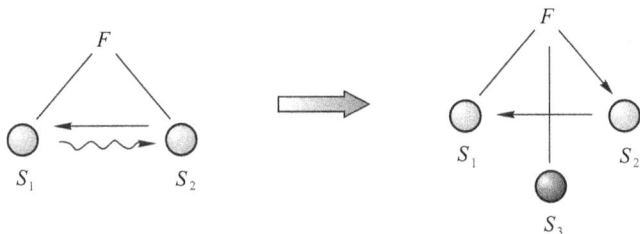

图 5.157 引入外部附加物替代内部附加物

实例:为飞行员脱险。飞机上备有降落伞,以便在飞机出事时,让飞行员脱险,这是简单可行的方法。如果要在飞机内为飞行员脱险设置内部附加物,这就太复杂了。

实例:有效防护维修高压设备工作人员触电。当维修高压输电线路时,有时会出现这样的意外:一个工人没看见正在作业的人就合闸,造成严重伤人事故。有效的防触电方法是不能让现有的交变电场对人直接产生作用。引入含磁性粒子的物质,做成手镯佩戴,把它佩戴在正在从事高压设备维修的人员手上,利用获得的电流来控制人的肌肉,一旦出现电流,肌肉就会收缩,手臂会自动远离有危险的高压源,如图 5.158 所示。

实例:确保消防车通行无阻。时间对于接到报警后赶往事发地点的消防车是很宝贵的,为了保证消防车沿路能畅通无阻,在消防车顶上,额外安装一个发射红外线的顶灯,红绿信号灯的探测器(接收器)接收到汽车发出的信号后,打

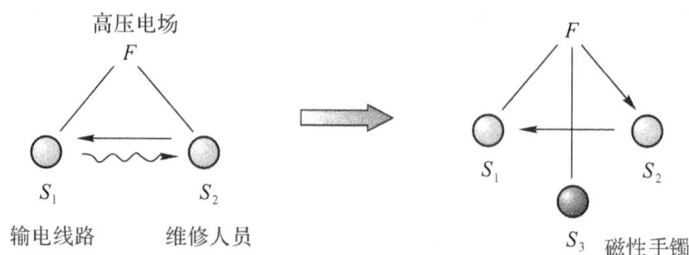

图 5.158　有效防护维修高压设备工作人员触电物-场模型

开绿灯或延长绿灯的时间,直至汽车通过十字路口(作用范围可达 500 米),如图 5.159 所示。

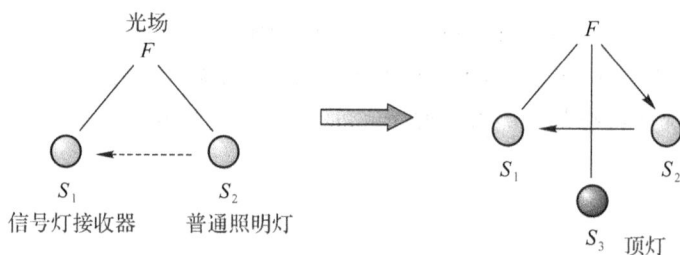

图 5.159　确保消防车通行无阻物-场模型

5.1.1.4　引入小剂量活性附加物

实例:降低拉伸管材的摩擦力。为降低拉伸管材的摩擦力,在润滑剂中加入了 $0.2\% \sim 0.8\%$ 的聚甲基丙烯酸脂,致使润滑剂在高负荷、高温条件下也能保持良好的润滑效果,减少摩擦力,如图 5.160 所示。

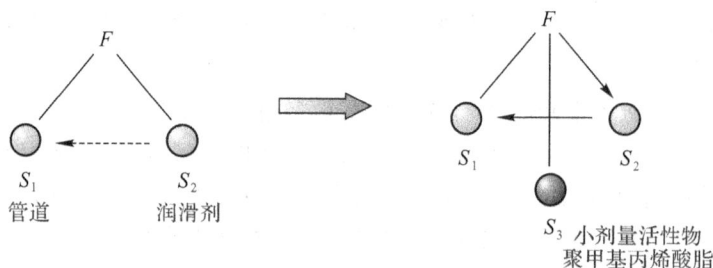

图 5.160　降低拉伸管材的摩擦力物-场模型

实例:防止飞机爆炸。飞机的爆炸只有在汽油的蒸汽与空气经混合后才有可能发生,因此如何防止这种混合气体的形成是防止飞机爆炸的关键。为了使这种易于引起爆炸的汽油蒸汽不存在,在燃料中加入极少量的聚合物,使燃料从液态转化为凝胶状态,大大降低了燃料的汽化点。

5.1.1.5 在特定位置(物质的个别部分)引入小剂量活性附加物

在系统的特定位置(物质的个别部分)引入小剂量活性附加物,是为了在需要最大作用的区域通过引入的小剂量活性附加物,用于生成局部的强化场。例如在两个需要焊接的部件之间加入可以发出高热量的焊接剂;为去掉衣服上的污迹,化学去污剂只需抹在有污垢的地方;为了避免药物对身体的健康造成严重负面影响,将药物集中在疾病的准确部位上,等等。

实例:给铜板压花。在给铜板压花时,画家在薄铜板上勾画出水彩画,把铜板放到橡胶砧板上,然后用喷枪把火药喷到所需要的地方,引爆火药,增强的热作用场形成铜板压花,如图 5.161 所示。

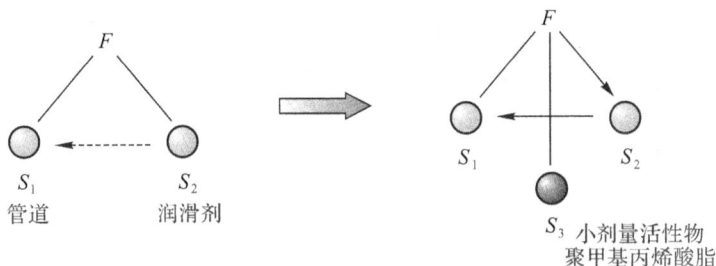

图 5.161 给铜板压花物-场模型

5.1.1.6 临时引入附加物

实例:用金属夹板治疗骨伤。令其固定在伤处,待骨伤愈合康复后,再除去夹板。

实例:生产多孔的空心金属小球。预先用聚苯乙烯做成小球,再把金属电镀到聚苯乙烯小球上,最后将小球放到有机溶液中,将小球内部的聚苯乙烯溶解掉。

实例:检测人体内脏手段。为了检测人体的内脏情况,而又不对人体造成过多的伤害,临时地(一段最短时间)引入添加物——放射性同位素,检测完毕立即除去。类似的还有血管造影技术,这是一种介入性的辅助检查技术,显影剂被注入血管里,因为 X 光无法穿透显影剂,因此可以准确地显示出血管病变的部位和程度,如图 5.162 及图 5.163 所示。

5.1.1.7 利用模型或复制品代替实物,允许其中再引入附加物

如果原系统中禁止加入附加物时,可运用原件的复制品或模型,附加物可引入复制品中。

实例:快速修复被松动了螺栓的铁轨枕木。为快速修复被松动了螺栓的铁

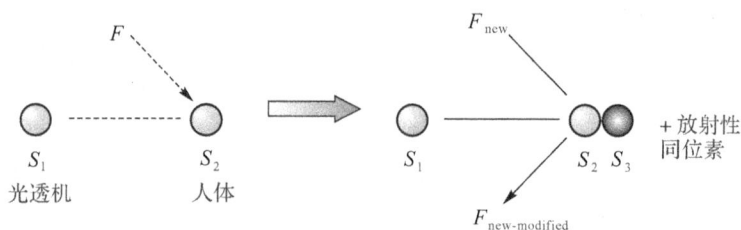

图 5.162　检测人体内脏手段物-场模型

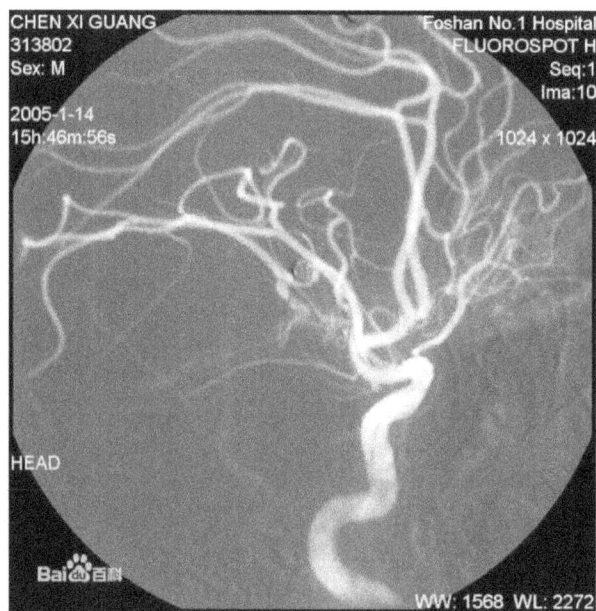

图 5.163　血管造影技术示意图

轨枕木,传统的方法是将枕木撤下修复后再重新装上。这需要大量维修资金,由此导致变更火车运行时刻表也会造成很大的损失。澳大利亚曾发明过无需更换枕木的方法,直接在现场扩孔:将原孔经清洗后,涂上环氧树脂,并钉入木栓,待胶凝固后,在上面重新钻螺栓孔。但整个过程还是需要至少半个小时。

　　这个问题的关键在于如何使螺栓孔恢复成原来不松动时的样子,一种简便的方法是引入木质的附加物"复制"出最初的不松动螺栓孔:即利用木头吸水膨胀的特性,事先准备好锥形的木栓毛坯,并将它挤压成圆柱形,经晾干后待用。维修时,把圆柱体按原来的锥形体底部朝下,插入枕木的维修孔中,浇上水,木栓膨胀,木栓毛坯即会以相当于数吨的力量嵌入枕木,然后在插入的木栓上钻螺栓孔,以此来紧固枕木。整个过程只需 5 分钟时间,大大提高了效率,如图 5.164 所示。

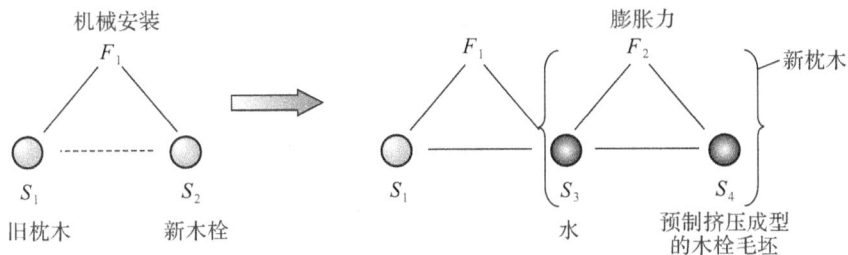

图 5.164 快速修复被松动了螺栓的铁轨枕木物-场模型

5.1.1.8 引入经分解能生成所需附加物的化合物

实例:有效补钙。人体需要钙元素,然而直接向人体补充钙元素效果欠佳,可以用有机钙来替代,有机钙在体内能分解产生人体能够有效吸收的钙元素。

实例:有效补充维生素。人体需要维生素,有一类脂溶性维生素只能被脂肪溶解从而被消化吸收,所以过度食用素食不但不减肥,反而容易导致营养不良。

实例:赛车用的助燃剂。为了获得更高的能量,赛车使用的是化合物 N_2O,而不是空气中的 O_2 作为助燃气,因为 N_2O 燃烧时比空气中 O_2 的燃烧时放出的热量要大得多,如图 5.165 所示。

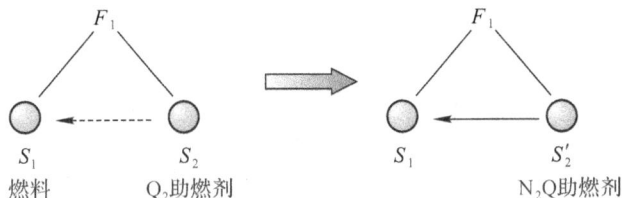

图 5.165 赛车用的助燃剂物-场模型

5.1.1.9 引入环境或物体本身经分解能获得所需的附加物

引入由分解(或电解)系统环境或系统物质本身由相变生成所需的附加物,包括极少系统元素和环境的聚合状态的变化。

实例:充分利用生活垃圾。在花园中,掩埋生活垃圾替代使用化肥。既充分利用了资源再生,又避免了因使用化肥而产生的负面影响。

实例:加强对水的消毒。臭氧对微生物有较强的杀伤力。利用对环境物质(空气)进行分解而获得的臭氧引入水中,用以加强对水的消毒作用,如图 5.166所示。

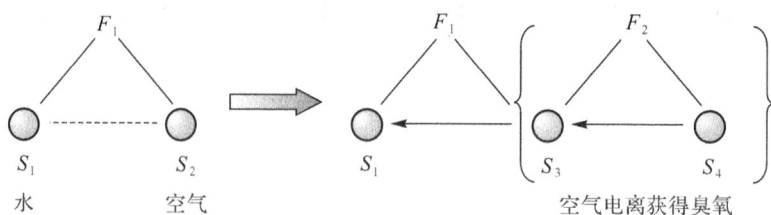

图 5.166　加强对水的消毒物-场模型

5.1.2　将物质分割成若干更小单元

如果系统不可改变，又不允许改变工具，也禁止引入附加物时，则可将物质分割为更小的单元(特别是在微粒流中，可以将微粒流分成同样的和不同样两部分电荷)，利用这些更小单元间的相互作用部分来代替工具物质，获得增强的系统功能，如图 5.167 所示。

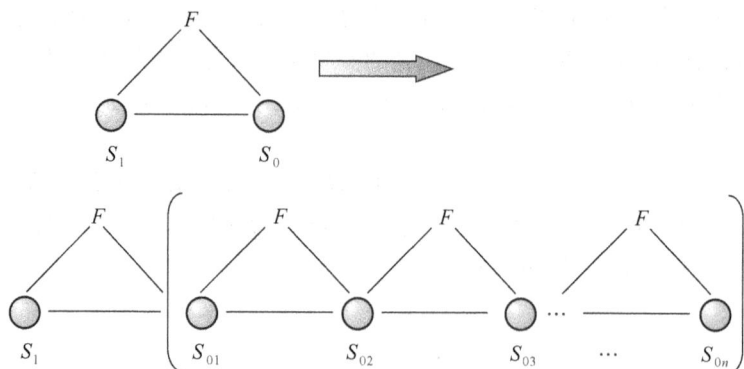

图 5.167　将物质分割成若干更小单元

实例：除去浮质灰尘。为凝结灰尘浮质，首先将气流分成带有不同电荷的两股气流，然后再使他们彼此结合，可以获得很好的凝结浮质灰尘的效果。

实例：降低气流的噪声。将气流分成不同方向的两股气流，以使达到相互抵消的作用，噪音随之获得降低。

5.1.3　应用能"自消失"的附加物

利用能"自消失"的附加物，就是当引入的添加物一旦完成其所需的功能后，能在系统或环境中自行消失，或变成与系统中相同的物质存在。

实例：引入纯铝促进反应。为提高纯度氧化铝的感应熔化，必须引入纯铝为导体，在促进氧化铝感应熔化的过程中，纯铝自身经燃烧后也变成了氧化铝。

实例：使用干冰人工降雨。干冰最终以二氧化碳形式释放，不会留下有害残余物。

实例:射击用的飞碟。射击场上被打碎的飞碟残片对靶场会产生有害作用,如果将残片收集,收集难度大,收集不干净,日积月累会污染靶场;如果不收集,则靶场的垃圾很快会超出可以承受的范围。而用冰来做成飞碟冰块残片对土地无害,因为会自动消失,如图 5.168 所示。

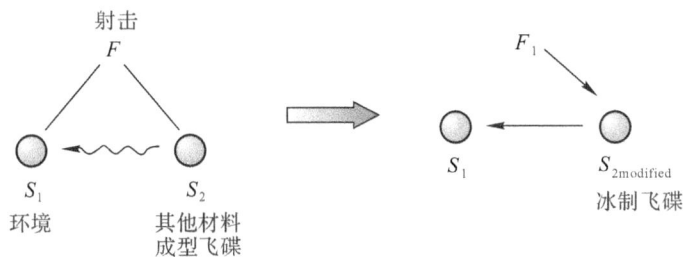

图 5.168　射击用的飞碟物-场模型

5.1.4　利用可膨胀结构,以获得向环境中引入空气、泡沫等大量附加物的需要

如果环境不允许引入某种大量的材料,可使用对环境无影响的充气或泡沫等可膨胀结构作为添加物,来实现系统的功能。其中,应用充气结构属于宏观级的标准解法,应用泡沫属于微观级的标准解法。

实例:移动空难后的飞机。要移走空难后的飞机,将充气结构(庞大的充气垫)放在机翼下面,经充气后,大量空气产生的浮力能将飞机抬起来,运输车就可以进入到充气结构的下面,随之,飞机就能顺利地被移动,如图 5.169 所示。

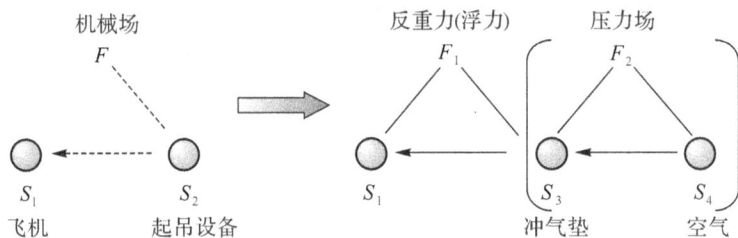

图 5.169　移动空难后的飞机物-场模型

实例:灭火。为切断火焰,将火焰处于大量的泡沫之中,如图 5.170 所示。

实例:水槽车。当水槽车装满水时,在急速运行时,车中的水会被晃动出,特别是在拐弯处,在离心力的作用下尤其如此。为降低在急转弯时的风险,使用了轻质浮球覆盖液面,即使速度达到 60 公里/时,球下面的液面也不会发生晃动,如图 5.171 所示。

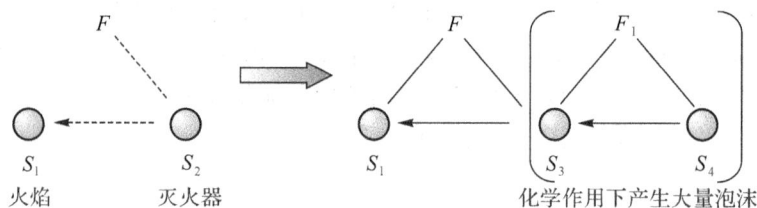

图 5.170 灭火物-场模型

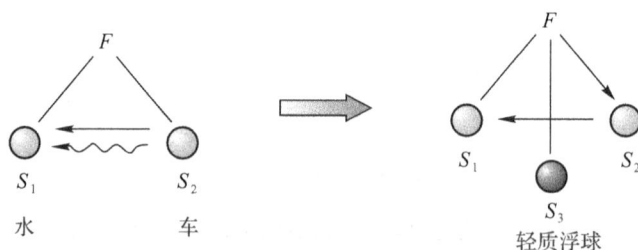

图 5.171 水槽车物-场模型

5.2 引入场

5.2.1 利用系统中已存在的场

当需要引入一个场时,首先使用系统中已经存在的场,场的载体就是系统中所包含的物质。

实例:检测两物体之间的磨损。欲要测量在机械场的作用下运动的两物体间产生摩擦受损的情况,由于物体在运动过程中产生摩擦力的同时会产生温度场,因此,可通过传感器测量两物体的温度来达到检测目的,如图 5.172 所示。

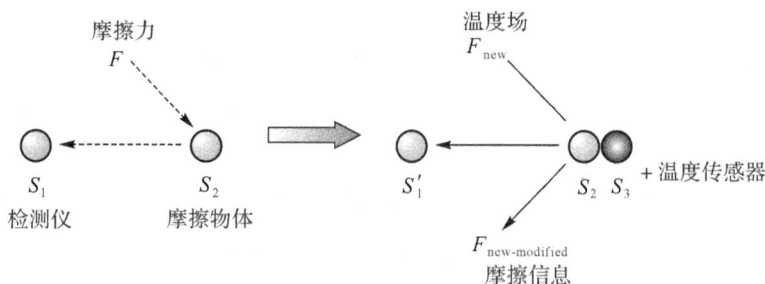

图 5.172 检测两物体之间的磨损物-场模型

5.2.2　引入环境中已存在的场

当需要向系统引入一个场,而系统所含有的载体中不存在可以引入的场时,考虑应用环境中已存在的场,在自然环境中存在着取之不尽的可利用的场。

实例:太阳能计算器。计算器可以使用光电池代替普通电池。使用光电池充分利用了环境中的太阳能(辐射场),也令计算器免除了换电池之繁琐。

实例:半导体制冷技术。电子装置内,利用每个组件发出的热量而产生的温差引起空气流动,进行冷却,无需额外附加风扇。用此方式来解决 LED 照明系统的散热问题,具有很高的实用价值。

实例:核材料的测量。清华大学的研究人员叶瑾、岳骞等于 2007 年发表了"宇宙线辐射成像技术在重核材料检测方面的应用"一文,是引入环境中已存在的场的典型案例。文中介绍,宇宙线辐射成像技术对于重核材料的检测和成像方面,和传统的 X 射线衰减成像法相比,具有对重核材料灵敏、穿透能力强、辐射源天然存在等方面的优点,在海关、机场或其他相关单位的重核材料走私或非法运输的监控方面具有不可替代的优势,如图 5.173 所示。

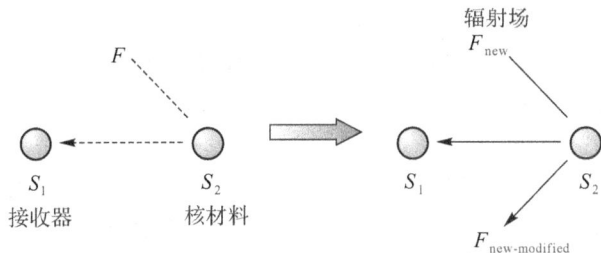

图 5.173　核材料的测量物-场模型

5.2.3　利用场源物质

如果必须在系统中引入一个场,并且根据标准解法 5.2.1 和 5.2.2 不可能做到时,那么就应在局部引入能生成场的物质,用以补偿在最小作用下的不足部分,从而使系统在局部获得了所需的最大作用力,提高了系统的功能效率或为系统获得了附加的效应。

实例:汽车内取暖设备。在汽车内为乘客提供取暖,不是直接应用燃料而是利用发电机的废热,经冷却水系统,通过热交换器被加热的空气来给乘客供热。汽车发动机既驱动了汽车的行驶,又增添了为乘客取暖的功能。

实例:高空的风力发电站。风力发电站机件的高度提升,其功率可以增加多倍,但随之而来的问题是:高空运动物体(包括电缆等)的支撑以及高空的低温会导致运动机件的摩擦增大,导致严重影响机件使用寿命的问题。

在俄罗斯的风力发电站中,最有效的方法是借助充气的气囊把风力电站和电缆分别升起,气囊的形状像风筝,以抵偿电站、电缆和绳索的重量,保持整个构件不会移动和坠落,如图 5.174 所示。

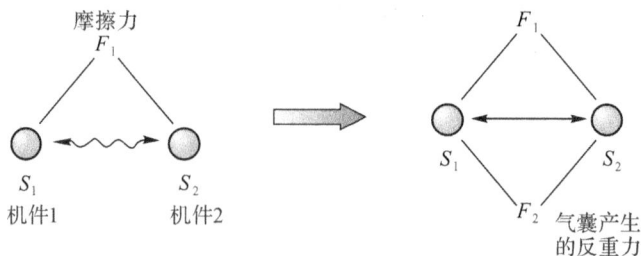

图 5.174 高空的风力发电站物-场模型

5.3 利用相变

5.3.1 相变 1:改变相态

利用在变化的温度(或压力)条件下,物质会在气、液或固三种相态发生转换的这一特性,通过改变整体或一部分系统的相态,来提高系统功能的有效性。

实例:气体或液体的运输。为了兼顾运输、储藏和使用的方便,在运输和储藏期间,可以将水变成固态粉末状,现场使用时再将固态粉末状的水进行液化;同样,向矿井输送的天然气,在输送和存储时为液态,燃烧时,经减压后,天然气由液态转化为气体状态。

实例:潜水员的水下呼吸器。为解决潜水员能较长时间停留在水中,氧气瓶中的氧为液态氧。经减压后,成为气态氧供潜水员使用。利用氧气由液态转换为气态的相变来满足对氧气的大量供应,如图 5.175 所示。

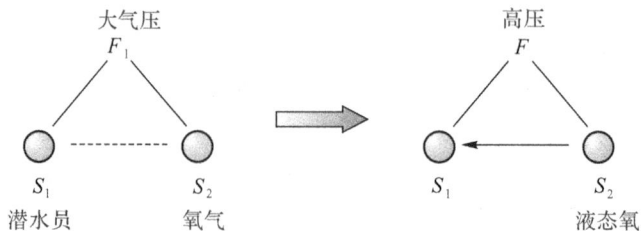

图 5.175 潜水员的水下呼吸器物-场模型

5.3.2 相变 2:在变化的环境作用下,物质能由一种状态转变到另一种状态

通过工作环境的改变来实现物质双重相态的动态化转换。

实例:滑冰的原理。滑冰过程中,在冰刀滑过时产生热的作用下,使冰转变成水,减少了滑冰的摩擦力,随后水又会转变成冰,使冰的表面得以更新。

实例：能自动调节热交换器面积的"瓣形物"。热交换器上装有紧贴于其表面的由钛镍合金制成的"瓣形物"，这是具有形状记忆功能的物质，当温度升高时，"瓣形物"会伸展开来，增大了冷却面积；当温度降低时，"瓣形物"会收缩，则减小冷却面积，如图 5.176 所示。

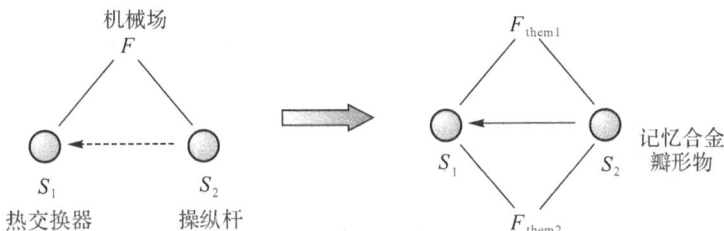

图 5.176　能自动调节热交换器面积的"瓣形物"物-场模型

5.3.3　相变 3：利用伴随相变过程中发生的自然现象或物理效应

应用伴随相变过程中的现象来加强系统的有效作用。

实例：运输冷冻货物的过程。运输冷冻货物的冰块时，伴随着在运输过程中出现的冰块自然熔化现象，可用来起到润滑作用，有效地减少摩擦力。

实例：超导绝缘开关。当超导体达到零电阻时，它就变成了一种非常好的热绝缘体，利用这个特性，可将超导体用来做热绝缘开关，作为隔绝低温设备的热转换装置。

5.3.4　相变 4：利用双相态物质替代

利用双相态物质替代单相态物质，用以实现系统特性或使系统由单一特性向双特性转换，如图 5.177 所示。

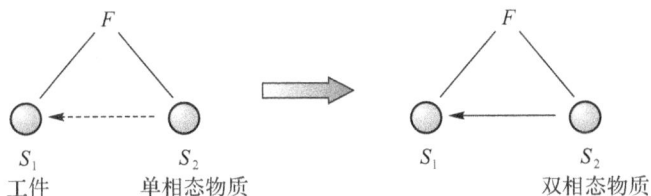

图 5.177　利用双相态物质替代

实例：高效抛光。对产品进行抛光的工作介质不是单一的铁磁研磨颗粒，而是由液体（熔化的铅）和铁磁研磨颗粒双相态物质组成，以使满足高精度的抛光效果。

实例：通过温度控制电容。使用绝缘金属相变材料制造的可变电容器，当电容器加热时成了导体，冷却时其导电性能降低，直至成为绝缘体，从而实现了可以通过温度来控制电容的变化值。

5.3.5 利用物理与化学作用

利用分解、合成、电离—再合成等物理和化学作用,获得物质的产生或消失,以此来实现提高系统功能的有效性或给系统附加新的功能。

实例:增强压缩机的功率。用化学反应材料做压缩机的热循环工作介质,该材料在加热时分裂,冷却时重新结合。分裂的材料有较低的分子量,因此传热更快,使压缩机的功率获得增强。

实例:经氨水浸泡的木材。可以提高木材的可塑性(柔性和弹性)。

5.4 利用物理效应或自然现象

5.4.1 利用由"自控制"能实现相变的物质

应用由"自控制"能实现相位转换的物质,就是指该物质本身能够随着工作环境的改变,自动地实现相变转换,能有效而可靠地、周期性地存在于不同物理状态中。

实例:摄影玻璃。其在有光亮的环境中自身会变黑,在黑暗的环境中自身会变得透明。

实例:血管修复术。施行血管手术必须在血管内部或外部安装支撑假体(管或螺旋线)。这种支撑假体必须在便于手术的初始状态下,自动形成所需的工作状态;手术时的支撑假体应该不太大,以便能轻易地被装入到血管内;但手术后,假体应该变得略大一些,以便留在血管内能起到很好的支撑作用。

应用有形状记忆合金制造血管支撑假体。在零度左右被扭绞成最小的截面以便插入人体的血管;一旦进入人体后,受人体体温的影响,支撑假体因受热而自动地扩大到需要的尺寸,如图 5.178 所示。

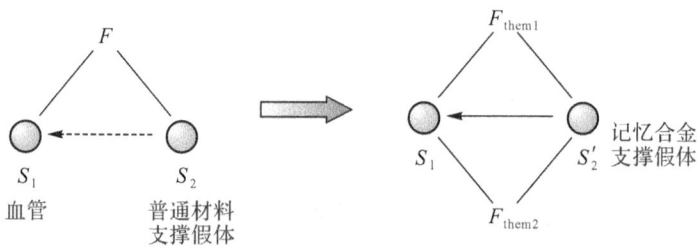

图 5.178　血管修复术物-场模型

实例:防止空中输电线路因温度升高而变长的危险发生。在一年四季温差比较大的地区,空中输电线路因温度升高而变长的危险发生,用具有形状记忆功能的带温度点的镍钛合金制造的一根芯棒与电线固定在一起,该合金可以在一定的温度范围内改变形状,当达到临界温度时会变短(弯曲或扭曲成波纹型),这样就能保证电线不会因温度的升高而变得过长,如图5.179所示。

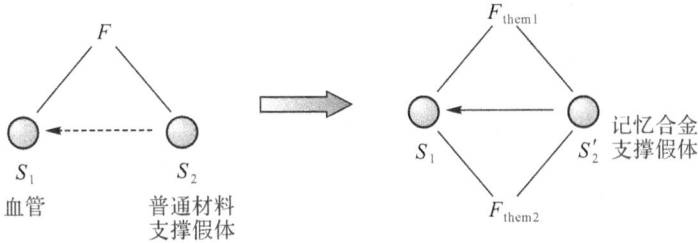

图5.179 防止空中输电线路发生危险物-场模型

5.4.2 增强输出场

如果要求在弱感应下获得强作用,就必须增强输出场。输入场起到触发器的作用,利用聚集在物质中接近临界状态的能量,通过物质转换器促使感应,就像"扣扳机"一样来工作,使系统的输出场得到增强。真空管、继电器、晶体管都是利用小电流达到控制大电流的目的。

实例:测试密闭空气密封性。其中一种方法是,将物体浸在液体中,同时保持液体上的压力小于物体中的压力,在密封破裂的地方就会显现气泡。将液体进行加热,促使输出场得到增强,即可以提高测试的可视性。

实例:利用气穴效应增强输出场。气穴效应能将较弱的输入场聚集在液体物质中,将液体处于"临界"的状态,在超声波的反复作用下,发挥着触发器的作用,就像"扣扳机"一样,当气泡破灭时,使系统的输出场增强。

5.5 产生物质粒子的更高或更低形式

5.5.1 通过分解获得物质粒子

如果需要一种物质粒子(如离子、原子、分子等),但又不能直接得到,可用通过分解更高结构等级的物质来获得物质粒子。

实例:用电离法将水变成氢和氧。通过电解水可获得氢气和氧气;如果需要氧原子,可以用紫外线光电离获得。

实例:改进聚合物的热绝缘性。通过在热作用下分解出空气的离子引入到聚合物中,使聚合物具有均匀的多孔性,其绝缘性能得到了改进。

5.5.2 通过合成获得物质粒子

如果需要一种物质粒子(如分子),但不能直接得到,可以通过合成较低结构等级的物质(如离子)来获得物质粒子。

实例:光合作用。植物在光合作用下吸收水与二氧化碳,促使树木生长和结果。

实例:减少轮船的流体动阻力。利用在电磁场下生成水分子的联合体来代替利用高分子混合物,这将避免使用大量聚合体,降低成本。(说明:Thoms效应。在管道中流体流动沿径向分为三个部分:管道的中心为紊流层,紧贴管壁的是层流层,层流层与紊流层之间为缓冲区,层流层的阻力要比紊流层的阻力小。1948年,英国科学家B. Thoms发现,在液体中添加聚合物可以将管内流动从紊流转变成层流,从而大大降低输送管道的阻力,这就是摩擦减阻技术)

5.5.3　综合运用5.5.1和5.5.2获得物质粒子

综合运用5.5.1和5.5.2可以为系统获得需要不同特性的物质粒子

实例:使用避雷针保护天线,不妨碍天线预期功能的实现。避雷针是一个充满低压气体的管子,当没有雷击时,避雷针担当电介质的角色,不妨碍天线的机能;当闪电时,管子中的气体的电压增大,气体分子被电离,创造了释放闪电的通道,闪电就通过电离气体的通道被释放。当闪电释放后,电子与离子重新合成,恢复成中性分子,避雷针变回了电介质,得以保护物体免受闪电的打击。

5.5　深化:标准解、发明原理及进化法则之间的关系

在本书前面的部分已经详细介绍了TRIZ理论的进化法则,解决矛盾的40条发明原理,以及物-场模型的76个标准解。所有以上的问题解决方案都为技术系统向理想化的方向不断进化服务。标准解系统在总体上遵循进化法则,有时是发明原理在具体情境具体问题时的针对性应用。因此,以标准解系统为基础,发掘其与发明原理及进化法则之间的对应关系,有助于学习者构建TRIZ各工具体系间的内部联系,如表5.8所示。

表5.8　标准解、发明原理及进化法则之间的关系

1.1　构建完整的物-场模型	进化法则1:完备性法则
1.1.1　由不完整的向完整的物-场模型转换	进化法则1:完备性法则
1.1.2　在物质内部引入附加物,建立内部合成的物-场模型	进化法则1:完备性法则
1.1.3　在物质外部引入附加物,建立外部合成的物-场模型	进化法则1:完备性法则
1.1.4　利用环境资源作为物质内部外部附加物,建立与环境一起的物-场模型	发明原理IP33:同质原理
1.1.5　引入由改变环境而产生的附加物,建立与环境和附加物一起的物-场模型	发明原理IP33:同质原理

续表

1.1.6　对物质作用的最小模式	发明原理 IP16：不足或过量作用原理
1.1.7　对物质作用的最大模式	发明原理 IP16：不足或过量作用原理
1.1.8　对物质作用的选择性最大模式：分别向最大和最小作用场区域选择性引入附加物	发明原理 IP16：不足或过量作用原理
1.2　消除或中和有害作用，构建完善的物-场模型	发明原理 IP22：变害为益原理
1.2.1　在系统的两个物质间引入外部现成的物质	发明原理 IP24：中介原理
1.2.2　引入系统中现有物质的变异物	发明原理 IP10：预先作用原理
1.2.3　引入第二物质	发明原理 IP10：预先作用原理
1.2.4　引入场	发明原理 IP10：预先作用原理
1.2.5　切断磁影响	发明原理 IP13：反向作用原理
2.1　向复合物-场模型转换	单—双—多进化路线；发明原理 IP7：嵌套原理
2.1.1　引入物质向串联式复合物-场模型转换	单—双—多进化路线；发明原理 IP7：嵌套原理
2.1.2　引入场向并联式复合物-场模型转换	单—双—多进化路线；发明原理 IP7：嵌套原理
2.2　增强物-场模型	进化法则 9：增加物场度法则
2.2.1　利用更易控制的场替代	进化法则 9：增加物场度法则
2.2.2　加大对工具物质的分割程度，向微观控制转换	进化法则 7：向微观级进化法则
2.2.3　利用毛细管和多孔结构的物质	发明原理 IP31：多孔材料原理
2.2.4　提高物质的动态性	发明原理 IP15：动态性原理
2.2.5　构造场	进化法则 9：增强物场度法则；发明原理 IP10：预先作用
2.2.6　构造物质	进化法则 9：增强物场度法则；发明原理 10：预先作用
2.3　利用频率协调增强物-场模型	进化法则 3：协调性法则；发明原理 IP19：周期性动作原理
2.3.1　匹配组成物-场模型中的场与物质元素的节奏（或故意不匹配）	进化法则 3：协调性法则；发明原理 IP19：周期性动作原理
2.3.2　匹配组成复合物-场模型中的场与场元素的节奏（或故意不匹配）	进化法则 3：协调性法则；发明原理 IP19：周期性动作原理

续表

2.3.3　利用周期性作用	进化法则 3：协调性法则；发明原理 IP19：周期性动作原理
2.4　引入磁性附加物增强物-场模型	发明原理 IP10：预先作用原理
2.4.1　引入固体铁磁物质，建立原铁磁场模型	发明原理 IP28：替换机械系统原理
2.4.2　引入铁磁颗粒，建立铁磁场模型	发明原理 IP28：替换机械系统原理
2.4.3　引入磁性液体	发明原理 IP28：替换机械系统原理
2.4.4　在铁磁场模型中应用毛细管（或多孔）结构物质	发明原理 IP31：多孔材料原理
2.4.5　建立合成的铁磁场模型	发明原理 IP28：替换机械系统原理
2.4.6　建立与环境一起的铁磁场模型	发明原理 IP28：替换机械系统原理
2.4.7　利用自然现象或物理效应	科学知识效应库
2.4.8　提高铁磁场模型的动态性	进化法则 8：动态性法则；发明原理 15：动态性原理
2.4.9　构造场	进化法则 9：增加物场度
2.4.10　在铁磁场模型中匹配节奏	发明原理 19：周期性动作原理
2.4.11　引入电流，建立电磁场模型	发明原理 IP28：替换机械系统原理
2.4.12　利用电流变流体	进化法则 2：能量传递法则
3.1　向双系统或多系统转换	单—双—多进化路线
3.1.1　系统转换 1a：利用组合，创建双、多级系统	单—双—多进化路线
3.1.2　改进双或多级系统间的链接	进化法则 8：动态性法则
3.1.3　系统转换 1b：加大系统元素间的特性差异	进化法则 5：子系统不均衡进化法则；发明原理 IP4：不对称原理
3.1.4　简化双或多级系统	系统裁剪路线
3.1.5　系统转换 1c：使系统的部分与整体具有相反的特性	进化法则 5：子系统不均衡进化法则；发明原理 IP3：局部特性原理
3.2　向微观级系统转换	进化法则 7：向微观级进化法则
4.1　利用间接的方法	
4.1.1　以系统的变化来替代检测或测量	发明原理 IP35：状态和参数变化原理
4.1.2　利用被测对象的复制品	发明原理 IP26：复制原理
4.1.3　利用 2 次检测来替代	发明原理 IP3：局部特性原理

4.2 构建基本完整的和复合的测量物-场模型	进化法则1:系统完备性法则
4.2.1 构建基本完整的测量物-场模型	进化法则9:增加物场度法则
4.2.2 引入附加物,测量附加物所引起的变化	发明原理IP24:中介原理
4.2.3 在环境中引入附加物,构建与环境一起的测量物-场模型	进化法则9:增加物场度法则 进化法则6:向超系统进化法则
4.2.4 改变环境,从环境已有的物质中创造需要的附加物	进化法则6:向超系统进化法则
4.3 增强测量物-场模型	进化法则9:增加物场度法则
4.3.1 利用物理效应或自然现象	科学知识效应库
4.3.2 利用系统整体或部分的共振频率	发明原理IP18:振动原理
4.3.3 连接已知特性的附加物后,利用其共振频率	发明原理IP18:振动原理
4.4 向铁磁场测量模型转换	发明原理IP28:替换机械系统原理
4.4.1 构建原铁磁场测量模型	发明原理IP28:替换机械系统原理
4.4.2 构建铁磁场测量模型	发明原理IP28:替换机械系统原理
4.4.3 构建复合铁磁场测量模型	发明原理IP28:替换机械系统原理
4.4.4 构建与环境一起的铁磁场测量模型	发明原理IP28:替换机械系统原理
4.4.5 利用与磁场有关的物理效应或自然现象	科学知识效应库
4.5 测量系统的进化方向	
4.5.1 向双、多级测量系统转换	单—双—多进化路线
4.5.2 向测量一级或二级派生物转换	进化法则7:向微观级进化
5.1 引入物质的方法	进化法则9:增加物场度法则;进化法则1:完备性法则
5.1.1 间接方法	发明原理IP26:复制原理
5.1.2 将物质分割成若干更小单元	发明原理IP1:分割原理
5.1.3 应用能"自消失"的附加物	发明原理IP34:自服务原理
5.1.4 利用可膨胀结构,以获得向环境中引入空气、泡沫等大量附加物的需要	发明原理IP31:多孔材料原理
5.2 引入场的方法	进化法则9:增强物场度
5.2.1 利用系统中已存在的场	进化法则9:增强物场度
5.2.2 利用环境中已存在的场	进化法则9:增强物场度

续表

5.2.3 利用场源物质(利用物质可能创造的场)	进化法则 9:增强物场度
5.3 利用相变	发明原理 IP36:相变原理
5.3.1 相变 1:改变相态	发明原理 IP36:相变原理
5.3.2 相变 2:在变化的环境作用下,物质能由一种状态转变到另一种状态	发明原理 IP36:相变原理
5.3.3 相变 3:利用伴随相变过程中发生的自然现象或物理效应	发明原理 IP36:相变原理
5.3.4 相变 4:利用双相态物质替代	发明原理 IP36:相变原理
5.3.5 利用物理与化学作用	发明原理 IP36:相变原理 发明原理 IP35:状态与参数变化;科学知识效应库
5.4 利用物理效应或自然现象	科学知识效应库
5.4.1 利用由"自控制"能实现相变的物质	发明原理 IP36:相变原理
5.4.2 增强输出场	发明原理 IP3:局部特性原理
5.5 产生物质粒子的更高或更低形式	进化法则 7:向微观级进化
5.5.1 通过分解获得物质粒子	进化法则 7:向微观级进化
5.5.2 通过结合获得物质粒子	进化法则 7:向微观级进化
5.5.3 综合应用 5.5.1 以及 5.5.2	进化法则 7:向微观级进化

5.6 物-场模型和标准解的应用流程

有关物-场模型和标准解的应用,应遵循以下流程:

(1)将当前问题用 TRIZ 的语言给予准确的描述,特别要关注系统、子系统、超系统等多个层面以及系统基本运作流程;

(2)用符号形式表达组成问题矛盾的核心元素以及它们间的相互作用关系,从而建立物-场模型。在此步骤中,要特别注意分析层次的选取,使得建立起来的物-场模型足够大,能够包含所有的核心元素以及关键作用关系。与此同时又要足够小,简化物-场模型,排除不必要元素的掺杂与干扰;

(3)对问题所属类型进行判断,根据图 5.180 的流程选取对应的标准解;在此步骤中,要根据系统的自身条件以及客观限制,在建议的标准解范围内精细筛选;

(4)选择合适的标准解法,并通过类比设计,将 TRIZ 理论提供的普适解转化为现实问题的解决方案。

（5）如果因引入了新的物质或场使系统更复杂,此时可以运用第五级标准解——简化和改善系统,使系统更加理想化。（本步不是必需步骤）

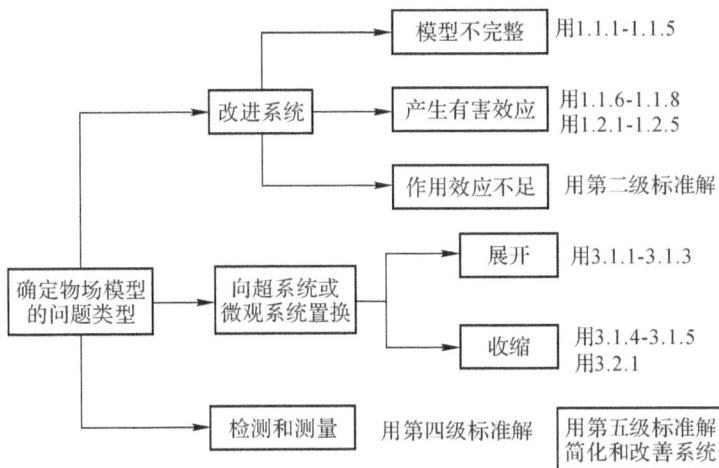

图 5.180　问题类型与标准解法的对应关系

5.7　物-场分析及标准解系统应用综合案例

案例一[①]:旧管道出现多处漏水和渗水的现象,需要维修或更换。考虑到旧管道仍有利用价值,无需更换,仅希望对其渗水处进行维修。现在的问题是,管道多处漏水和渗水,无法确定其具体位置,维修中可从管道维修孔进入管道内部,其余部分均埋在地下,无法打开,请尝试解决此问题。

案例二[②]:对建筑材料进行检验,通常采用外加机械力的方式,将建筑材料制成的试件破坏,测试其破坏时的强度。建筑材料的破坏一般与其存在的微裂缝有关,通常检测裂缝时只能观察到其外部裂缝,试件内部裂缝则无法检测。能否找到一种检测方法,既可以检测其内部裂缝,又可以检测其强度呢?请尝试解决此问题。

案例三[③]:随着城市发展,人们对建筑物的使用功能和外形提出了更高的要

---

①　资料来源:常卫华著:《TRIZ 理论在建筑工程中的应用》,北京:中国科学技术出版社,2001 年,第 99 页。

②　资料来源:常卫华著:《TRIZ 理论在建筑工程中的应用》,北京:中国科学技术出版社,2001 年,第 101 页。

③　资料来源:常卫华著:《TRIZ 理论在建筑工程中的应用》,北京:中国科学技术出版社,2001 年,第 102 页。

求,造型别致、风格新颖的建筑物越来越多。然而建筑物的高度越高、跨度越大、外形越不规则,其抗震性越差。因此,怎样降低或消除地震作用对建筑的影响成为国内外工程师长期关注的问题,请尝试解决此问题。

分析过程及解答请参考附录 8.3"物-场模型及标准解综合应用案例解析"一节。

06 科学效应知识库

  之前的章节已经用相当的篇幅介绍了 TRIZ 解决创新问题的若干工具,下面请思考这样一个问题,有一种弹簧,其尺寸和组成材料都是无法改变的,如何在不添加任何辅助结构(不向它添加任何补充弹簧等)的条件下提高弹簧的刚性?

  如果使每圈弹簧磁化,让磁化后的同极相邻,根据磁性基本的"同极相斥"原理,弹簧在压缩时就会在每圈之间产生额外的推力,提高了弹簧的刚性。这就是一个典型的利用物理效应来解决发明问题的实例。[①] 很简单吧,但就是一下子想不到。

  每个接受过学校教育的人,都学习了很多物理、化学、生物、数学等科学知识及原理,但往往还是在遇到问题时感慨"书到用时方恨少",多年寒窗苦读却无法迅速有效地选择合适的科学知识来解决问题。这是因为随着人类社会的发展,现代科技的分工越来越细,从大学阶段开始,工程师们就分别接受不同专业领域的训练。因此一个领域的工程师往往不知道,也不会运用其他领域中解决问题的技巧或方法;同时,随着现代工程系统复杂程度的增加,一个技术领域中的产品往往包含了多个不同专业的知识。要想设计一个新产品或改进一个已有产品,就必须整合不同专业领域的知识才能解决问题。但是,绝大部分工程师都缺乏系统整合的训练。他们往往不知道,在其所面对的问题中,90%已经在其所不了解的其他领域被解决了。由于知识领域的限制,使他们无法运用其他技术领域的解题技巧和知识。因此,可以说,工程师狭窄的知识领域,是创新的重大障碍。

  正如阿奇舒勒在其所著的《创造是精确的科学》一书中所论

---

  ① 资料来源:李海军、丁雪燕编著:《经典 TRIZ 通俗读本》,北京:中国科学技术出版社,2009 年,第192 页。

述的：

"不难发现，简单的综合方法（如分割、反转、组合等），在宏观水平上占优势。在微观水平上占优势的那些方法，差不多总是用到物理（或者化学）效应和现象。因此，为发明家们提供关于物理学以及化学方法的系统资料就显得尤为重要，这可以大大提高他们将科学效应和现象用于发明的可能性。"

在意识到科学知识对发明问题的求解所起到的重要意义之后，阿奇舒勒从1968年着手研究科学效应和现象知识库，仍然是通过专利分析的手段，寻找专利产品中所实现的技术功能和用于实现技术功能的科学原理之间的相关性。阿奇舒勒在对大量高水平专利的研究过程中发现了这样一个现象：那些不同凡响的发明专利都是利用了某种科学效应，或者是出人意料地将已知的效应（或几个效应组成的效应链）应用到以前没有使用过该效应的技术领域中。各种各样的物理效应、化学效应或几何效应不为人知的某些方面，对于问题的求解具有不可估量的作用。经过不懈的努力，物理、化学和几何效应库的相关著作在20世纪80年代末期陆续出版，这就是经典的按学科分类的学科效应库。在后续研究者的不断完善下，按功能分类的实现预期功能的效应知识库（简称功能库），以及按属性分类的改变对象属性的效应知识库（简称属性库）相继问世，成为当前TRIZ理论最具活力的研究热点之一。

"吾生也有涯，而知也无涯。以有涯随无涯，殆已！"每一个人掌握知识的范围和能力总是有限的，一个普通工程师通常最多只掌握本领域的近百个效应，能熟练应用的更少，而遇到的问题却是无限的。TRIZ效应知识库为解决问题提供了强有力的帮助。TRIZ知识库将自然科学及工程领域涉及的近千种常用知识按照一定的原则分门别类按照从功能/属性到知识的原则来组织，这种特殊的组织形式就像为浩瀚的知识海洋装上了准确高效的搜索引擎，只要使用者确定了需要实现的功能或需要改变的属性（就好像在搜索引擎中输入关键词一样），然后就可以看到相应的知识，非常便利。从而能有效地克服使用者行业和领域知识不足的缺陷。随着CAI技术的发展，知识库的作用日益显著，过去只有专家学者才能使用的高深技术和渊博知识资源，现已成为所有人易学好用的创新工具，从TRIZ知识库中广泛获取知识，可以快速提升科技人员的创新能力，是实施三级、四级，乃至五级发明的有效途径。

6.1　科学效应的应用模式

科学效应（简称效应）是在科学理论的指导下，实施科学现象的技术结果，即按照定律规定的原理将输入量转化为输出量,以实现相应的功能。

科学效应可以单个使用,也可以多个效应联合使用,多个效应联合使用组成"效应链"的方式称为科学效应的应用模式,具体来讲有以下五种[①]:

6.1.1 单一效应模式

由一个效应直接实现,即内部行为只包含一个子行为。例如,杠杆效应可以改变力的大小或方向,浮力效应可以实现水陆两栖车等,基本流程如图 6.1 所示。

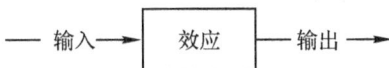

— 输入 → 效应 — 输出 →

图 6.1 单一效应模式

6.1.2 串联效应模式

由按顺序相继发生的多个效应共同实现。例如,在冠状动脉硬化的患者体内病灶处安装记忆合金支架,其相变点温度约为人体体温,因而在人体体内支架张开,疏通冠状动脉堵塞。此即为串联效应模式的典型应用,其中包含了热传导效应(人体向记忆合金支架)和形状记忆效应(记忆合金支架本身),其基本流程如图 6.2 所示。

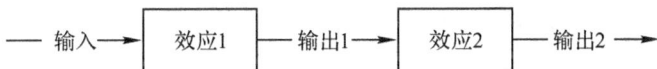

— 输入 → 效应1 — 输出1 → 效应2 — 输出2 →

图 6.2 串联效应模式

6.1.3 并联效应模式

由同时发生的多个效应共同实现,其基本流程如图 6.3 所示。

6.1.4 环形效应模式

由多个效应共同实现,后一效应的部分或全部输出通过一定的方式送回到前一效应的输入端,形成环状结构,其基本流程如图 6.4 所示。

---

① 资料来源:张武城、李海军、王冠姝:经典 TRIZ 与 U-TRIZ(创新方法应用培训讲义),2015 年 1 月。

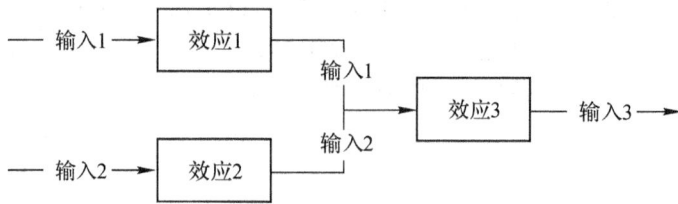

图 6.3　并联效应模式

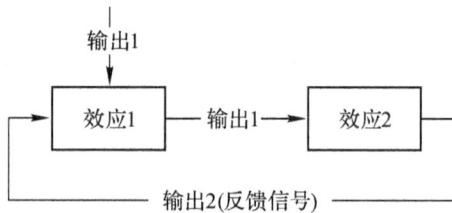

图 6.4　环形效应模式

6.1.5　控制效应模式

由多个效应共同实现,其中一个或多个效应的输出流由其他效应的输出流控制,形成基本的控制结构,其基本流程如图 6.5 所示。

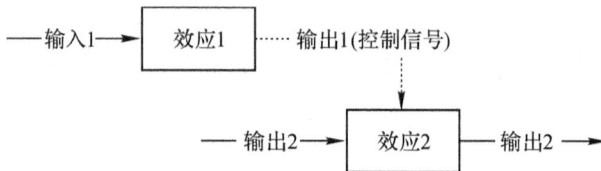

图 6.5　控制效应模式

需要注意,在科学效应的应用模式中包含了如下规则:首先,邻接效应的输入流与输出流必须相容,以保证效应连接的可行性;另外,虽然在理论上组成效应链的效应数流可以任意确定,但为使设计的系统简化,组成效应链的效应数量应该尽可能的少。

6.2　常用知识库介绍

阿奇舒勒通过对世界范围内大量的高水平专利进行研究,发现高级别的发明专利往往都是以一种或几种科学原理和效应为核心的。也就是说,这些科学原理和效应在专利中承载并实现了技术系统的主要功能。于是,他提出了以科学原理和效应所能实现的功能为基础进行分类的基本想法,并付诸实践。因此,TRIZ 理论是按照"从功能/属性到实现方法"的方式组织效应库,发明者可根据需要实现的功能,查找相应的科学原理和效应。

现今,效应知识库的分类主要有三种,无论哪种分类,最终的落脚点总是与实现某个功能相关,其区别在于寻找功能的索引体系不同,具体包括:

1.学科效应库:按物理、化学、几何和生物四大学科分类;

2.功能库:按固体、粉末、液体、气体、场等不同相态物体实现的功能分类,简称功能库;

3.属性库:按不同需求对物质属性实施改变、增加、减少、测量、稳定等五种不同操作方法的分类,简称属性库。

以下将具体介绍这三类效应知识库的内容。

6.2.1 学科效应库

学科效应库将许许多多科学原理和效应,按照物理、化学、几何等学科分门别类(最新的研究成果也包括生物学科)。在每一学科中,则根据效应能够实现的典型功能加以归类,制成表格。使用者根据所需实现的功能查询不同学科门类下的效应。以下将介绍具体学科的效应库。

6.2.1.1 物理效应库,具体内容如表 6.1 所示

表 6.1 物理效应与实现功能对照表

编 码	实现功能	物理效应
1	测量温度	热膨胀和由此引起的固有振动频率的变化;热电现象;光谱辐射;物质光学性能及电磁性能的变化;居里效应(居里点);霍普金森效应;巴克豪森效应;热辐射
2	降低温度	传导;对流;辐射;一级或二级相变;焦耳—汤姆森效应;珀尔贴效应;磁热效应;热电效应
3	提高温度	传导;对流;辐射;电磁感应;热电介质;热电子;电子发射(放电);材料吸收;热电效应;对象的压缩;核反应
4	稳定温度	相变(例如超越居里点);热绝缘
5	检测对象的位置和运动	引入容易检测的标识;变换外场(发光体)或形成自场(铁磁体);光的反射和辐射;光电效应;相变(再成型);X 射线或放射性;放电;多普勒效应;干扰

续表

编　码	实现功能	物理效应
6	控制对象的运动	将对象连上有影响的铁或磁铁;引入磁场;运用另外的对象传递压力;机械振动;惯性力;热膨胀;浮力;压电效应;马格纳斯效应
7	控制气体或液体的运动	毛细管现象;渗透;电渗透(电泳现象);汤姆森效应;伯努利效应;各种波的运动;离心力(惯性力);韦森堡效应;液体中充气;康达效应(也称柯恩达效应)
8	控制悬浮体(粉尘、烟、雾等)的运动	起电;电场;磁场;光压力;冷凝;声波;亚声波
9	充分搅拌(混合)对象	形成溶液;超高音频;气穴现象;扩散;电场;用铁—磁材料结合的磁场;电泳现象;共振
10	分解混合物	电和磁分离;在电场和磁场作用下,改变液体的密度;离心力(惯性力);相变;扩散;渗透
11	稳定对象的位置(定位对象)	电场和磁场;利用在电场和磁场的作用下固化定位液态的对象;吸湿效应;往复运动;相变(再造型);熔炼;扩散熔炼
12	产生力或控制力	用铁—磁材料形成有感应的磁场;相变;热膨胀;离心力(惯性力);通过改变磁场中的磁性液体和导电液体的密度来改变流体静力;超越炸药;电液压效应;光液压效应;渗透;吸附;扩散;马格纳斯效应
13	控制摩擦力	约翰逊—拉别克效应;辐射效应;Kparnbc KHH 现象;振动;利用铁磁颗粒产生磁场感应;相变;超流体;电渗透
14	破坏或分解对象	放电;电—水效应;共振;超高音频;气穴现象;感应辐射;相变;热膨胀;爆炸;激光电离
15	积蓄机械能或热能	弹性形变;飞轮;相变;流体静压;热电现象
16	传输能量(机械能、热能、辐射能和电能)	形变;(亚历山大佐夫效应);运动波,包括冲击波;导热性;对流;广反射(光导体);辐射感应;赛贝克效应;电磁感应;超导体;一种能量形式转换成另一种便于传输的能量形式;亚声波(亚音频);形状记忆效应
17	建立移动对象与固定对象的相互作用	利用电—磁场(运动的"对象"向着"场"的连接)(由物质耦合向场耦合过渡);应用液体流和气体流;形状记忆效应
18	测量对象的尺寸	测量固有振动频率;标记和读出磁性参数和电参数;全息术摄影

续表

编 码	实现功能	物理效应
19	改变对象的尺寸或形状	热膨胀;双金属结构;形变;磁电致伸缩(磁—反压电效应);压电效应;相变;形状记忆效应
20	检测对象表面的状态或性质	放电;光反射;电子发射(电辐射);波纹效应;辐射;全息术摄影
21	改变对象表面的状态或性质	摩擦力;吸附作用;扩散;包辛格效应;放电;机械振动和声振动;照射(反辐射);冷作硬化(凝固作用);热处理
22	检测对象内部的状态或性质	引入转换外部电场(发光体)或形成与研究对象的形状和特性有关的自场(铁磁体)的标识物;根据对象结构和特性的变化改变电阻率;光的吸收、反射和折射;电光学和磁光现象;偏振光(极化的光)X射线和辐射线;电顺磁共振和核磁共振磁弹性效应;超越居里点;霍普金森效应和巴克豪森效应;测量对象固有振动频率;超声波(超高音频);亚声波(亚音频);穆斯堡尔效应;霍尔效应;全息术摄影;声发射(声辐射)
23	改变对象内部的状态或性质	在电场和磁场作用下改变液体性质(密度、黏度);引入铁磁颗粒和磁场效应;热效应;相变;电场作用下的电离效应;紫外线辐射;X射线辐射;放射性辐射;扩散;电场和磁场;包辛格效应;热电效应;热磁效应;磁光效应(永磁—光学效应);气穴现象;彩色照相效应;内光效应;液体充气(用气体、泡沫"替代"液体);高频辐射
24	令对象形成期望的结构	电波干涉(弹性波);衍射;驻波;波纹效应;电场和磁场;相变;机械振动和声振动;气穴现象
25	检测电场和磁场	渗透;对象带电(起电);放电;放电和压电效应;驻极体;电子发射;电光现象;霍普金森效应和巴克豪森效应;霍尔效应;核磁共振;流体磁现象和磁光现象;电致发光(电—发光);铁磁性(铁—磁)
26	检测辐射	光—声学效应;热膨胀;光—可范性效应(光—可塑性效应);放电
27	产生辐射	约瑟夫森效应;感应辐射效应;隧道(tunnel)效应;发光;耿氏效应;契林柯夫效应;塞曼效应
28	控制电磁场	屏蔽,改变介质状态如提高或降低其导电性(例如增加或降低它在变化环境中的导电率);在电磁场相互作用下,改变与磁场相互作用对象的表面形状(利用场的相互作用,改变对象表面形状);引缩(Pinch)效应
29	控制光	折射光和反射光;电现象和磁—光现象;弹性光;克耳效应和法拉第效应;耿氏效应;弗朗兹—凯尔迪什效应;光通量转换成电信号或反之;刺激辐射(受激辐射)

续表

编码	实现功能	物理效应
30	激发和强化化学变化	超声波(超高音频);亚声波;气穴现象;紫外线辐射;X射线辐射;放射性辐射;放电;形变;冲击波;催化;加热
31	对象成分分析	吸附;渗透;电场;对象辐射的分析(分析来自对象的辐射);光—声效应;穆斯堡尔效应;电顺磁共振和核磁共振

6.2.1.2　化学效应库,具体内容如表6.2所示

表6.2　化学效应与实现功能对照表

编码	实现功能	化学效应
1	测量温度	热色反应;温度变化时化学平衡转变;化学发光
2	降低温度	吸热反应;物质溶解;气体分解
3	提高温度	放热反应;燃烧;高温自扩散合成物;使用强氧化剂;使用高热剂
4	稳定温度	使用金属水合物;采用泡沫聚合物绝缘
5	检测对象的位置和运动	使用燃料标记;化学发光;分解出气体的反应
6	控制对象的运动	分解气体的反应;燃烧;爆炸;应用表面活性物质;电解
7	控制气体或液体的运动	使用半渗透膜;输送反应;分解洛气体的反应;爆炸;使用氢化物
8	控制悬浮体(粉尘、烟、雾等)的运动	与气悬物粒子机械化学信号作用的物质雾化
9	充分搅拌(混合)对象	由不发生化学作用的物质构成混合物;协同效应;溶解;输送反应;氧化—还原反应;气体化学结合;使用水合物、氢化物;应用络合酮
10	分解混合物	电解;输送反应;还原反应;分离化学结合气体;转变化学平衡;从氢化物和吸附剂中分离;使用络合酮;应用半渗透膜;将成分由一种状态向另一种状态转变(包括相变)
11	稳定对象的位置(定位对象)	聚合反应(使用胶、玻璃水、自凝固塑料);使用凝胶体;应用表面活性物质;溶解乳合剂
12	产生力或控制力	爆炸;分解气体水合物;金属吸氢时发生膨胀;释放出气体的反应;聚合反应
13	控制摩擦力	由化合物还原金属;电解(释放气体);使用表面活性物质和聚合涂层;氢化作用

续表

编 码	实现功能	化学效应
14	破坏或分解对象	溶解;氧化—还原反应;燃烧;爆炸;光化学和电化学反应;输送反应;将物质分解成组分;氢化作用;转变混合物化学平衡
15	积蓄机械能或热能	放热和吸热反应;溶解;物质分解成组分(用于储存);相变;电化学反应;机械化学效应
16	传输能量(机械能、热能、辐射能和电能)	放热和吸热反应;溶解;化学发光;输送反应;氢化物;电化学反应;能量由一种形式转换成另一种形式,更利用能量传递
17	建立移动对象与固定对象的相互作用	混合;输送反应;化学平衡转移;氢化转移;分子自聚集;化学发光;电解;自扩散高温聚合物
18	测量对象的尺寸	与周围介质发生化学转移的速度和时间
19	改变对象的尺寸或形状	输送反应:使用氢化物和水化物;溶解(包括在压缩空气中);爆炸;氧化反应;燃烧;转变成化学关联形式;电解;使用弹性和塑性物质
20	检测对象表面的状态或性质	原子团再化合发光;使用亲水和疏水物质;氧化—还原反应;应用光色、电色和热色原理
21	改变对象表面的状态或性质	输送反应;使用水合物和氢化物;应用光色物质;氧化—还原反应;应用表面活性物质;分子自聚集;电解;侵蚀;交换反应;使用漆料
22	检测对象内部的状态或性质	使用色反应物质或者指示剂物质的化学反应;颜色测量化学反应;形成凝胶
23	改变对象内部的状态或性质	引起物体的物质成分发生变化的反应(氧化反应、还原反应和交换反应);输送反应;向化学关联形式转变;氢化作用;溶解;溶液稀释;燃烧;使用胶体
24	令对象形成期望的结构	电化学反应;输送反应;气体水合物;氢化物;分子自聚集;络合酮
25	检测电场和磁场	电解;电化学反应(包括电色反应)
26	检测辐射	光化学;热化学;和射线化学反应(包括光色、热色和射线使颜色变化反应)
27	产生辐射	燃烧反应;化学发光;激光器活性气体介质中的反应;发光;生物发光
28	控制电磁场	溶解形成电解液;由氧化物和盐生成金属;电解
29	控制光	光色反应;电化学反应;逆向电沉积反应;周期性反应;燃烧反应

续表

编 码	实现功能	化学效应
30	激发和强化化学变化	催化剂;使用强氧化剂和还原剂;分子激活;反应产物分离;使用磁化水
31	对象成分分析	氧化反应;还原反应;使用显示剂
32	脱水	转变成水合状态;氢化作用;使用分子筛
33	改变相状态	溶解;分解;气体活性结合;从溶液中分解;分离出气体的反应;使用胶体;燃烧
34	减缓和阻止化学变化	阻化剂;使用惰性气体;使用保护层物质;改变表面性质

6.2.1.3 几何效应库,具体内容如表6.3所示

表6.3 几何效应与实现功能对照表

编 码	实现功能	几何效应
1	质量不改变情况下增大或减小物体的体积	将各部件紧密包装;凹凸面;单页双曲线
2	质量不改变情况下增大或减小物体的面积、长度	多层装配;凹凸面;使用截面变化的形状;莫比乌斯环;使用相邻的表面积
3	由一种运动形式转变成另一种形式	"列罗"三角形;锥形捣实;曲柄连杆传动
4	集中能量流和粒子	抛物面;椭圆;摆线
5	强化进程	由线加工转变成面加工;莫比乌斯环;偏心率;凹凸面;螺旋;刷子
6	降低能量和物质损失	凹凸面;改变工作截面;莫比乌斯环
7	提高加工精度	刷子;加工工具采用特殊形状和运动轨迹
8	提高可控性	刷子;双曲线;螺旋线;三角形;使用形状变化物体;由平动向转动转换;偏移螺旋机构
9	降低可控性	偏心率;将圆周物体替换成多角形物体
10	提高使用寿命和可靠性	莫比乌斯环;改变接触面积;选择特殊形状
11	减小作用力	相似性原则;保角映像;双曲线;综合使用普通几何形状

涵盖了包括物理、化学、几何、生物等多学科领域的原理或定律的科学效应,对自然科学及工程领域中事物间纷繁复杂的关系,实现全面的描述,借助于这些原理,把问题简化。面对一个复杂的问题,只要你能找到相关的知识效应,

它能将输入量转化为输出量,实现有用的功能,更可喜的是,它能为你带来至少三级,甚至是四级、五级的创造发明。

6.2.2　功能库

与按照"学科—功能"进行分类的学科效应库相比,功能库更强调对所要实现"功能"的标准化,此外在使用者期望达到的功能(如吸收、积聚等,共计 35 项,如表 6.4 所示)为基础,将对象的性状分成五类(分割固体、场、气体、液体、固体),构建了功能库表格。

表 6.4　功能库能够实现的功能列表

1.吸收	2.积聚	3.弯曲	4.分解	5.改变
6.清洁	7.压缩	8.聚集	9.浓缩	10.约束
11.冷却	12.堆积	13.破坏	14.检测	15.稀释
16.干燥	17.蒸发	18.扩大	19.提取	20.冷冻
21.加热	22.保持	23.连接	24.融化	25.混合
26.移动	27.指向	28.产生	29.保护	30.提纯
31.去除	32.抵御	33.旋转	34.分离	35.振动

限于篇幅,有关功能库与属性库的具体内容笔者将在其他著作中论述。

6.2.3　属性库

属性(Attribute)是用来阐明物质的特性的一个重要概念,可以用物质的物理、化学或几何参数来表达(例如:物质具有质量属性,其参数就是重量度量值)。属性会随不同时间、空间而有所改变,并具有方向性。人们常说:"购买商品就是购买商品带来的功能。"事实上,人们需要的不仅是功能,同时要具有优良属性的产品,因此,功能和属性对于技术系统来说是同样重要的。而在面对现实问题时,有时我们并不需要实现新的功能或改进现有功能,只需要系统或对象的某些属性加以改变,从而解决技术问题。此时我们就可以利用"属性库"来指导具体的工作。

改变一个对象的属性(或激活一个对象的新属性),意味着使对象产生了质的变化,也就意味着对一个技术系统实现了创新。因此,我们对属性应有充分的认识,包括以下几个方面:

(1)不同类型的对象具有不同的属性;

(2)同种类型的对象具有相同的属性,但是量值不同;

（3）同一个对象常表现出多种属性。如内燃机系统中油的属性有流动性、黏度、可压缩性、润滑性、与系统材料的兼容性、化学稳定性、抗腐蚀性、快速释放空气、良好的反乳化性、良好的传导性、电绝缘性、密封性等等；

（4）属性会随不同时间而有所改变，并具有方向性。

TRIZ 理论中的属性库，以使用者期望改变的属性（如亮度、颜色等，共计35 项，如表 6.5 所示）为基础，将对属性的操作分成五类（改变、稳定、减少、增加、测量），构建了属性库表格。

表 6.5　属性库涉及的属性列表

1.亮度	2.颜色	3.浓度	4.密度	5.电导率
6.能量	7.力	8.频率	9.摩擦力	10.硬度
11.热导率	12.同质性	13.湿度	14.长度	15.磁性
16.定位/方向性	17.极化/偏振	18.孔隙率	19.位置	20.动力/功率
21.压力/压强	22.纯度	23.刚性	24.形状	25.声音
26.速度	27.强度	28.表面积	29.表面光洁度	30.温度
31.时间	32.透明度	33.黏度	34.体积/容积	35.重量

限于篇幅，有关功能库与属性库的具体内容笔者将在其他著作中论述。

6.3　知识库应用综合案例

案例一：

在开发一款集洗衣、脱水和烘干多种功能为一身的洗衣机的过程中，遇到这样一个问题：烘干脱水后的衣服需要对水槽进行电加热，但加热后水槽温度会一直升高，最后高温会把衣服损坏。这个问题如何解决？

分析思路：首先确定想要实现的功能。因为损坏衣服是水槽温度过高导致的，因此不能让水槽温度过高，但温度太低又不能烘干衣服。因此要实现的功能是"使水槽温度升高到一定温度时不再升高"，进一步按照 TRIZ 的要求可将功能表述为"（使水槽）稳定温度"。

查询科学效应功能代码表，F4"稳定温度"，得到如下结果：

4	稳定温度	相变（例如超越居里点）；热绝缘

可以采用"超越居里点"[又叫居里效应（Curie effect）]这个知识。所谓"居

里点"是指法国物理学家比埃尔·居里(1859—1906 年)发现如果将铁磁物质加热到一定的温度,由于金属点阵中的热运动的加剧,磁畴遭到破坏时,铁磁物质将转变为顺磁物质,磁滞现象消失,铁磁物质这一转变温度称为居里点温度。

得到解决方案:

假设衣服不会损坏的最高温度为 A,那么在水槽的底部中央装一块磁铁和一块居里温度小于 A 的磁性材料。当水槽温度上升到接近 A 时,磁性材料达到居里点,磁性消失,水槽底部磁铁就对磁性材料失去了吸力,这时它们之间的弹簧就会把二者分开,同时带动电源开关被断开,停止加热。从而实现稳定温度的功能。

07 TRIZ 的未来发展趋势

    TRIZ 理论诞生于 20 世纪中叶计划经济体制下的苏联,经过阿奇舒勒及其门徒几十年的不懈努力和改进,经典 TRIZ 理论已经基本到达了 S 曲线的"成熟期",以完备和庞大的体系展现在世人面前。然而世界经济以及新技术革命早已打破了计划经济的樊篱,全球范围内以企业为主体的技术创新体系已现雏形,为了在激烈的竞争中生存,企业需要在较短的时间内有效地培养 TRIZ 的技术应用人员(而不是精深的 TRIZ 理论家),使其能够快速地应用 TRIZ 解决实际问题并进行技术创新。在这样的背景下,经典 TRIZ 理论就像是二战时期的苏联重型坦克,威力无穷但是笨重缓慢,不能完全适应当今节奏飞快的技术创新环境。因此,经典 TRIZ 亟须在工具体系、方法论以及基本理念等方面取得突破性的革新,在大量来自全世界研究者的努力下,现代 TRIZ 应运而生,其与经典 TRIZ 理念上的一些区别如表 7.1 所示。

    现代 TRIZ 致力于满足当今社会对 TRIZ 理论的两个基本需要:第一,TRIZ 必须进一步完善并革新,以适应现代产品设计的需要;第二,TRIZ 必须进一步精炼并智能化,以适应快速掌握和应用的需要。相比于经典 TRIZ,现代 TRIZ 积极与其他优秀的产品设计理论整合,结合计算机辅助创新技术,更加关注开发实际的创新产品和技术,而不仅仅局限于产生创造性的想法。与此同时,现代 TRIZ 的应用领域更加丰富广泛,逐步向企业、政府管理等非技术领域扩展,本章也将从以上几个方面对 TRIZ 的未来发展趋势进行介绍。

表 7.1　经典 TRIZ 与现代 TRIZ 的理念区别

经典 TRIZ	现代 TRIZ
发明总是比传统的解决方案更好	最根本的目标是解决现实存在的问题,有可能不通过发明也能达到这样的目标
高级别发明要比低一个级别发明更好	从市场效益和成本的角度来评价一个发明的优劣,而不仅仅从技术的角度
问题的解决方案应该是基于并接近最终理想解的(这被称为"全局理想化")	问题的解决方案应该是基于当地特定的资源以及短中长期的需求及风险(这被称为"局部理想化")
TRIZ 的任务是不断改进系统,提升发明的级别	TRIZ 的任务是不断改进系统,提升其市场价值
TRIZ 的未来发展仍是基于专利和技术分析	TRIZ 的未来发展是基于来自各行各业的创新方案,并且这些创新方案是被证明有市场价值的
TRIZ 是一个独立而健全的体系,与其他的方法(如试错法)不兼容	TRIZ 需要打破其固化的边界,提升与其他技术创新以及产品设计方法的兼容性
TRIZ 应该注重揭示和解决矛盾	解决矛盾并不是创新的全部。TRIZ 应该注重除了产生概念解决方案之外的过程,包括问题定义、问题重构、识别和解决次要问题、评估解决方案和方案的实施

7.1　TRIZ 理论体系的丰富与完善

　　经典 TRIZ 的理论体系提供了包括技术系统进化法则、矛盾矩阵及发明原理、物-场模型及标准解系统,以及科学效应和现象知识库在内的丰富的创新工具。这些丰富的创新工具也需要随着时代的推进加以更新,例如,当今世界的工业制造模式相比几十年前,已经有了翻天覆地的变化,工业 4.0 战略提出后,技术系统愈发信息化、智能化,产品设计也愈加注重用户体验、风险控制、安全系数以及与环境和谐共处的能力。面对这样的变化,传统的 TRIZ 工具体现出一定的不适应性,例如,阿奇舒勒所提出的通用工程参数缺乏对产品安全性、环境友好度、用户体验等方面的关注;矛盾矩阵内建议的发明原理数量少且不全面,未能有效解决现今涌现的各式各样的创新问题;学科效应库则缺乏有关信息技术和生物技术的效应总结。上述缺陷和不足也正是研究者丰富与完善TRIZ 理论体系的努力方向。

　　本书已经花较大篇幅介绍了以 Darrell Mann 为主的团队开发的 2003 矛盾

矩阵,这是对阿奇舒勒经典 TRIZ 理论的有力完善。新矩阵增加了 9 个通用工程参数("信息的数量"、"美观"、"噪声"、"安全性"等与时俱进的工程参数得以体现);解的数量也大大增加,共有 16378 个解,是经典矩阵表的 3.8 倍。而平均每个方格有 7.8 个解,效能提高数倍,与特定问题的联系也更紧密。Mann 本人也通过新出现的 100 项专利的分析,定量地检验了经典矩阵与 2003 矩阵在解决实际问题方面的效能差距。分析数据节选如表 7.2 所示。

表 7.2 经典矩阵与 2003 矩阵效能对比

专利号	US6719293	US6720362	US6718752	US6735818
专利名称	防腐束帆索	多孔泡沫材料	引擎排气喷嘴	真空吸尘器改进
改善参数	21	29	29	41
恶化参数	22	20	27	20
经典矩阵建议解	35、1、32	15、35、22、2	21、35、2、22	1、3、10、32
2003 矩阵建议解（发明原理编号）	35、40、3、1、24、18	3、35、26、40、4、28、30、10	3、15、9、31、35	3、5、1、24、33、10、30
专利实际采用解	40、35	10、3	35、15	10

整体的分析结果表明,2003 矩阵对专利实际采用解的覆盖率达到了 96%,相比之下,经典矩阵的覆盖率只有 27%,2003 矩阵取得了明显的改进效果。与此同时,扩展后的矛盾矩阵表不再出现空格,物理矛盾与技术矛盾的求解能够同时显现,大大扩展了矛盾矩阵的适用范围。

除此以外,对 TRIZ 理论体系的丰富与完善还包括:针对物-场模型可能存在的不完备性,RLI 公司的 Leonardo da Vinci 分部提出了新的物-场三元分析法(Triads),该模型把系统功能定义为三个物质(使能物质、主动物质和被动物质)的相互作用,主动物质通过使能物质作用于被动物质,每两个物质之间的作用可以看做是经典的物-场模型,该方法扩展了物-场分析的适用范围。牛津大学的研究者则极大地丰富了科学效应与知识库,为每条科学效应和知识添加了详尽的定义和备注建议,使得知识库的可应用性大大提升。本书的功能库和属性库则是该部分的最新成果。

7.2 TRIZ 理论体系的革新与简化

图 7.1 是一张山脉谷地,这其中蕴含了有关 TRIZ 理论的一个比喻。创新

图 7.1 山脉谷地

问题的解法好比是山谷之中的宝藏,为了获得这份宝藏,使用者需要一份藏宝图(TRIZ 理论)而不是乱打乱撞(试错法)。然而经典的 TRIZ 理论提供了若干张藏宝图(技术系统进化法则、矩阵及发明原理、物-场模型及标准解系统、科学效应和现象库),每张藏宝图都指示着不同的进山路线,具体哪一条路线更好走,寻宝者很难知晓。而另一方面,本书在 5.5 节介绍了标准解系统、发明原理及进化法则之间的关系和内在一致性,这就说明,不同的藏宝图所指向的最终宝藏位于同一区域。那么问题来了,为什么不能将若干张藏宝图整合起来,仅为寻宝者提供一张标注有最优进山路线的藏宝图,这样能大大减少寻宝过程的复杂度。

这个比喻是有关 TRIZ 理论体系革新与演化方向的,用更加科学的语句来描述,就是现代 TRIZ 需要发展集成性的工具体系,使得所有创新问题可以采用相同的处理流程。然而,TRIZ 本身具有开源性(类似于 Linux、Android),使用者可以根据自己的需要和经验加以修订,每个 TRIZ 大师都力图构建自己的理论体系,这种多样性使得 TRIZ 理论焕发出蓬勃的生命力。在 TRIZ 理论体系革新与简化的过程中,涌现出许多优秀的理论和模式,其中具有代表性的包括 RLI(Renaissance Leadership Institute)模式、III(Ideation International Inc.)模式、IMC(Inventive Machine Corp.)模式等等,然而其中最具代表性的,首推 SIT(结构化创新思维,Structured Inventive Thinking)以及 USIT(统一结构化创新思维，Unified Structured Inventive Thinking)模式。

SIT 模式原由移民到以色列的 TRIZ 专家 Filkosky 在 1980 年左右创立，目的是简化 TRIZ 以便使其被更多人接受。Filkosky 先是根据 TRIZ 的"小矮人法"开发出"以色列法"，他的学生 Horowitz 又开发出闭世界法和质变图，与以色列法相结合成为 SIT。1995 年，福特公司的 Sickafus 博士将 SIT 模式进行结构化形成 USIT 模式。此外，日本学者 Nakagawa 进一步完善了 USIT 流程。总体来讲，USIT 模式在保持 TRIZ 基本原理的前提下，将 TRIZ 的众多工具和方法，重新整合成统一结构的、简化的、便于教学与应用的体系，能帮助公司工程师短时间内(约 3 天培训期)接受和掌握 TRIZ，在概念产生阶段为实际问题提出多种解决方法，受到 TRIZ 研究者以及应用者的广泛肯定。

USIT 认为，技术系统的功能本质就是改变某些物体的属性。物体(Object)、属性(Attribute)以及功能(Function)是 USIT 的核心概念，USIT 运用这三项概念来辨认创新问题中的一切要素。其中，物体必须实际存在、占有空间，创新问题则被看成是一个待改善的系统，由许多物体组成，每一个物体都有许多属性。属性是附属于物体的特征，例如温度、形状、重量、强度等，属性只是特征的类别而不包括量值。影响属性量值的动作是功能，例如"推动"，此动作能改变物体的位置，"位置"就是物体的属性。

USIT 模式产生问题概念解的整个过程，可以想象成是一条功能—属性链。创新问题必定由链中某个属性开始，问题的目标需求就是这条链的最后的属性。而具体的解决过程则分为三个阶段：问题定义、问题分析和概念产生，这三个阶段以及细化的六个流程能够为使用者提供一个统一的工具体系，其与阿奇舒勒开发的 ARIZ 具有相同的目标，但更加具有突破性和有效性。具体 USIT 的内容请参照相关著作。

以张武城等为代表的中国学者多年来在学习消化经典 TRIZ 理论和长期深入科研院所、工矿企业开展应用培训工作的实践经验的基础上，结合对当前活跃在以色列、欧美等国家，包括 SIT、USIT 等流行版本的现代 TRIZ 理论的学习，从而提出了一个新的经典 TRIZ 的分支：U-TRIZ 理论。"U"的全拼是 Unified，意译为统一的 TRIZ 理论。U-TRIZ 理论重点在于：

(1)汲取经典 TRIZ 理论及现代 TRIZ 各分支理论之精华，建立物质、属性、功能、因果(SAFC)分析模型和 U-TRIZ 解题流程；

(2)统一并准确定义各种常用技术术语；

(3)建立强大的功能属性效应知识库；

(4)摸索出一套易学习、易弄懂、易应用、易出成果的培训方法，有助于在全国范围内推动开展创新方法教育，迅速提高全民族的创新意识和创新水平。

U-TRIZ 解题流程如图 7.2 所示。

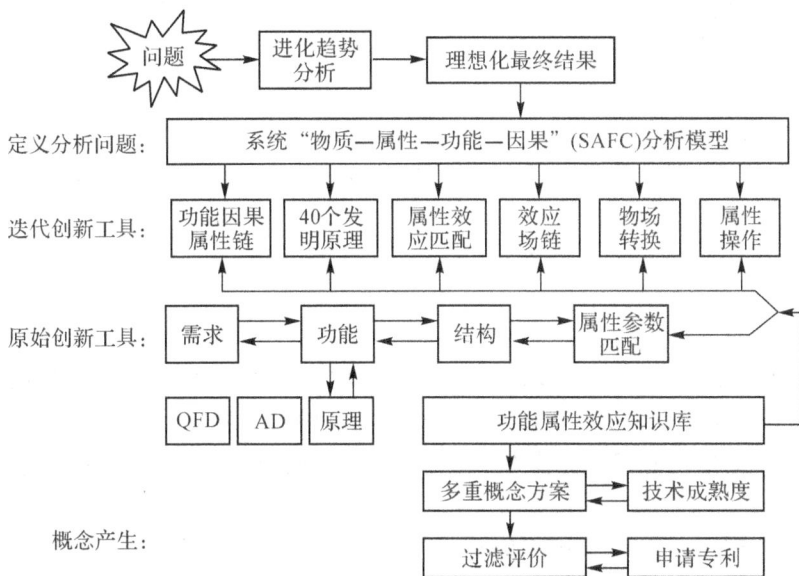

图 7.2 U-TRIZ 解题流程

人们总是乐意大量地处于"解决"问题的状态,而不愿在思考定义问题上多花时间。事实上,解决问题必须要从"分析系统定义问题"开始。如果能有一个比较好的分析问题的统一模型,由此而对技术系统进行深入、严谨的分析,可以使我们对组成技术系统每个组件的属性和功能有一个全面的认识,梳理问题中隐含的逻辑链及其形成机制,为找出问题的根源奠定基础;从梳理出的逻辑链条及其形成机制中找出解决问题的所有可能的"突破点";从所有可能的突破点中找出"最优"的突破点,即在现有资源条件下(知识、技术、时间、成本……)以最小的代价获得最高效的"理想化最终结果(IFR)"。

在 U-TRIZ 解题流程中,特别加强了对技术系统的分析环节,并为此创建了"物质属性功能因果 SAFC 分析模型",它是实现迭代创新(产品改进求解)和原始创新的重要工具。

SAFC 分析模型是"技术系统物质、属性、功能、因果分析模型"的简称。在 SAFC 分析模型中,S_1、S_2 是两个相互作用的物质,它们各自对应的属性为 A_1、A_2,习惯上总是把物质 S_1 作为功能载体,是发出动作的主体。S_2 作为接受动作的客体。按习惯上总是把物质 S_1 作为功能载体,是发出动作的主体。S_3 是实现功能后,延展产生具有属性 A_3 的第三物质,F_{uh} 是因 S_1、S_2 两个物质的属性 A_1、A_2 相互作用,形成的一个可能是有用或是有害的功能。标准的 SAFC 分析模型如图 7.3 所示。

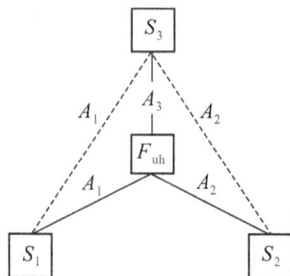

图 7.3　SAFC 分析模型

SAFC 分析模型实质是功能分析模型和因果分析模型的组合体(同时兼顾了物场分析和属性分析),绘制 SAFC 分析模型的步骤是:

(1)在界定的有问题的技术系统范围内,识别并标注出所有相关的物质/组件,如 S_1、S_2。

(2)按照两两相互作用的物质/组件关系,将 S_1、S_2 作为三角形底端的两个顶点,分别向上标出导致两个物质产生功能的属性 A_1、A_2。

(3)在两个物质的上方(三角形中心位置),标出两个物质属性相互作用后所产生的功能 F_{uh},并以实线连接,识别功能的类别,找出有害的、过度的或不足的功能,确定需要解决的问题。

(4)找到相互作用的两个物质的衍生物质 S_3,并将其放在三角形的顶端;连接 S_1-S_3 和 S_2-S_3,这两段虚线表示物质属性的传递次序和上层结果 S_3 的成因,然后再以 S_3 作为下一个 SAFC 三角形模型分析的起点之一,找到其属性 A_3 与另外一个物质属性之间的相互作用,由此而形成因果功能链。因果功能链的终止条件包括,第一,当不能继续找到下一层的原因时,用虚线连接;第二,当达到自然现象时;第三,当达到制度/法规/权利/成本等极限时。

(5)实施对 SAFC 分析模型的转换,消除有害的或不足的功能,实现技术系统创新。

由于 SAFC 分析模型是将技术系统的物质、属性、功能、因果等四个方面的分析融合在统一结构中,用它来定义和分析问题将会给人们带来意想不到的效能,包括:

第一,SAFC 分析模型紧紧抓住两个物质相互作用的属性为核心要素,通过结构化、程序化的分析,从因果链或功能结构的每一个环节中找到解决问题的突破口。

第二,运用 SAFC 分析模型,能帮助工程师们准确地找到导致技术系统中产生有害功能的物质或组件的属性,借助于"效应知识库"对那些不需要的属性实施变、增、稳、减、测的有效操作。在如今的大数据时代,SAFC 分析模型与效应知识库是最佳的匹配。

第三,简洁明了的 SAFC 分析模型可以使广大的初学者们迅速获得理解、掌握和运用。

任何错综复杂的技术系统,分析透彻之时,即是获得理想化解题结果之日。参照"U-TRIZ 解题流程图"开展的 TRIZ 创新方法培训班,一般经过三个阶段,为期 80 个小时的培训,就能独立解决相应的发明问题,与过去通常举办的、需要 200~400 学时的学习班相比,大大地缩短了培训时间。把发明创新的时间、周期和成本降至最低。

有关 SAFC 分析模型的内容详见张武城、赵敏、陈劲、姚威(2014)[①]。

7.3 TRIZ 与计算机辅助创新

7.3.1 计算机辅助创新的兴起[②]

产品设计可以分为两类:一类是概念设计,一类是详细设计。概念设计主要包括功能设计和结构设计两大部分,其作用主要体现在产品设计的初期阶段,根据产品的功能需求,构思产品的主体框架及其主要模块、组件,并完成整体布局和外型初步设计;然后进行评估和优化,确定整体设计方案;最后,将设计思想具体落实,实现详细设计。所谓详细设计就是指对概念设计的细化,详细描述每个模块的实现算法以及确定所需的局部结构。

可见,概念设计是个不断创新的过程,并且在概念设计期间,所涉及的需求和条件等往往是不精确的、模糊的,这给概念设计造成了麻烦和困难。然而,概念设计对产品的性能、研制成本和周期等方面的影响远大于详细设计,美国的国家科学基金会的研究结果表明,产品的性能与成本的 70% 是由概念设计阶段决定的。

常见的 CAX(多种计算机辅助技术的统称)工具,例如计算机辅助设计(Computer Aided Design,缩写为 CAD)、计算机辅助制造(Computer Aided

---

① 资料来源:张武城、赵敏、陈劲、姚威:《基于 U-TRIZ 的 SAFC 分析模型》,《技术经济》,2014 年 12 月第 33 卷第 12 期,第 7—13 页。

② http://www.iwint.com.cn/Technical_Articles_Detail.aspx? nid＝5&pid＝37&tid＝133&currentpage＝0&id＝1492

Manufacture,缩写为 CAM)等是详细设计过程的辅助工具,能够将设计者头脑中成形的零部件设计方案很好地表达为国际通用的图纸、造型、仿真结果等,但传统的 CAX 工具不可能为设计者提供任何参考设计方案,只是将思想表达为实际图形或动态仿真。那么什么才是概念设计的工具？计算机辅助创新(Computer Aided Innovation,缩写为 CAI)的出现和发展,补充了传统的 CAX 技术的不足,有力地支持了产品生命周期各方面的创新设计和技术改进工作,填补了概念设计工具的空白。

7.3.2　计算机辅助创新的基本内涵

复杂产品的完整的生命周期一般包括以下环节:需求分析→创新概念构造→产品创新方案→详细设计→仿真分析→工艺→样件→检测→量产→组装→库存→市场销售→使用/维护→报废。CAI 可以支持从“创新概念构造”到“报废”各个阶段。其中,“详细设计”到“量产”阶段可基本由 CAD/CAE/CAM/CAT/RE/CAPP 等传统 CAX 软件支持。CAI 为整个流程提供隐性知识,包括:规则、方法、技巧、经验、原理等,其他 CAX 技术所提供的则为显性知识,包括:外观设计、总体布置、零件造型、装配、工程绘图、仿真分析、测试结果、说明书、计算结果等。CAI 与 CAX 的区别如表 7.3 所示。

表 7.3　CAI 与 CAX 对比

	CAI	CAX
功能	基于专业知识解决产品研发、生产问题,生成并管理解决问题的概念(隐性知识)	基于数据和信息解决产品研发、生产问题。表达产品的概念,给出产品定义(显性知识)
目的	更多的突破性方案,解决问题	准确的产品定义与表达
操作对象	专业知识、隐性知识	数据、信息、显性知识
特点	产品定性知识	产品定量知识与数据
阶段	概念设计阶段	详细设计阶段
哲学	做正确的事情	把事情做正确
能力	提高企业、组织、个人的创新能力	提高产品开发能力

表格来源:施荣明、赵敏、孙聪著:《知识工程与创新》,北京:航空工业出版社,2009 年,第 132 页。

隐性知识和显性知识共同构成了企业的智力资产,而隐性知识的应用更需要强大且易用的计算机辅助工具加以支持。可以说,CAI 技术是企业信息化整体解决方案中的重要组成部分,在产品生命周期中起着举足轻重的作用。

7.3.3　TRIZ 与计算机辅助创新

早期的 CAI 仅仅是简单地将 TRIZ 理论的结题流程用程序代替人工操作，现代 CAI 技术则是"创新理论＋创新技术＋IT 技术"的结晶，使 TRIZ 理论不再只是专家们才能使用的创新工具，降低 TRIZ 理论门槛的同时，也加速了 TRIZ 理论的传播应用。以下介绍几种基于 TRIZ 的 CAI 软件：

（一）CreaX Innovation Suite：由总部设在比利时的 CREAX 公司研发，软件包括了定义问题、产生解决方案和评估解决方案三大部分。"定义问题"部分则包括了定义问题、明确资源和限制、问题再定义、理想化、构建系统模型（包含功能与属性复习模块）五个子流程；"产生解决方案"部分则包括了 2003 矛盾矩阵、创新原理、进化法则及趋势、进化潜能、物-场分析、认知映射图、科学效应及现象库等若干工具；"评估解决方案"部分则包括了创意管理者（帮助记录创新过程中随时产生的构想）以及评估工具（对产品不同属性的评估和分析）等功能。

（二）Pro/Innovator：包括技术分析系统（TSA）、问题分解、TRIZ 创新原理、TRIZ 技术矛盾解决矩阵、方案评价、专利查询、报告生成等功能模块，这些模块相辅相成，共同组成了先进的计算机辅助创新解决方案，用以提高研发人员解决技术难题、实现技术突破的效率。Pro/Innovator 软件能够实现的主要功能如表 7.4 所示。

表 7.4　Pro/Innovator 的主要功能

内　容	作　用	信息关联与知识关联
项目导航	对项目启动和定义、各模块之间的切换、方案评价、专利生成和项目报告生成的整个过程进行导航	将项目、问题、问题查询式、方案等内容关联
系统分析	根据技术系统的实际组成情况来表达（或重构）系统的功能，按照价值工程对系统组件进行理想度分析	组件之间的作用与价值关联
问题分解	从因果、时序、系统层次方面对系统中的问题进行分析和解析，寻找解决问题的资源	问题产生的原因、系统层次和时序的关联
解决方案	从 900 万份发明专利中提取的解决问题的案例知识	问题的关键词与解决方案的关联
创新原理	浓缩 250 万份发明专利背后所隐藏的 40 个共性发明原理	专利知识背后所隐藏的共性发明知识的关联
专利查询	支持访问美国、欧洲、日本和中国专利数据库	问题的关键词与专利的关联

288 | 工程师创新手册

续表

内　容	作　用	信息关联与知识关联
专利生成	将解决技术系统问题的过程中所产生的新知识以申请发明专利的方式予以保护,帮助用户撰写技术交底书初稿和专利申请文件初稿	解决方案的发明点与专利报告模板的关联
方案评价	对所有备选方案进行多参数、多专家的主、客观评价	解决方案与评价指标的关联
报告生成	自动生成记录了全部解题过程和所有使用到的文、图、表等内容的文件	项目解题过程(文、图、表)结果与 WORD 文档的关联
知识库编辑器	可按企业知识的类型定制知识模板,集中收集与管理用户方案,支持知识条目批量导入与导出,编辑本体库完成技术术语领域本体	新知识与库中原有知识的关联

表格来源:施荣明、赵敏、孙聪著:《知识工程与创新》,北京:航空工业出版社,2009 年,第 137 页。

Pro/Innovator 软件功能结构如图 7.4 所示。

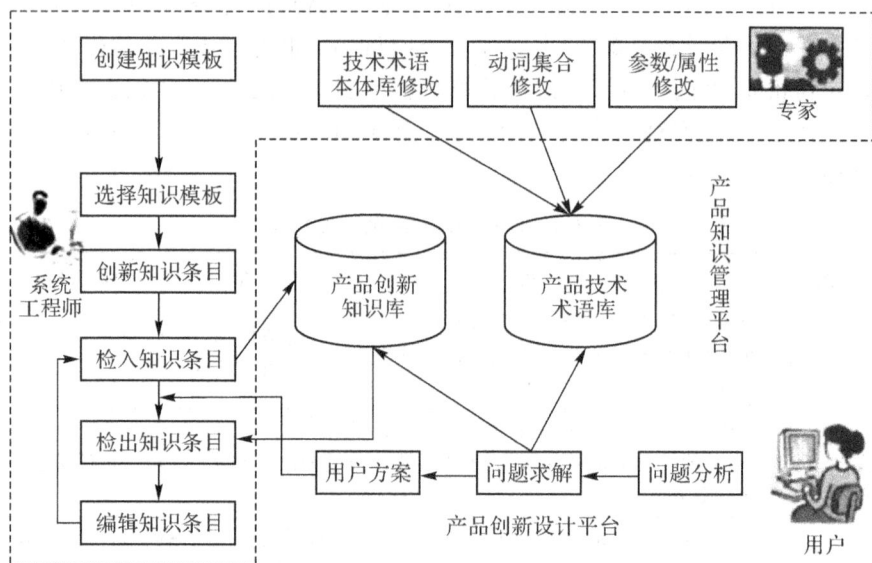

图 7.4　Pro/Innovator 软件功能结构

图片来源:施荣明、赵敏、孙聪著:《知识工程与创新》,北京:航空工业出版社,2009 年,第 35 页。

Pro/Innovator 软件解题流程如图 7.5 所示。

(三)其余基于 TRIZ 的 CAI 软件还包括国家技术创新方法与实施工具工

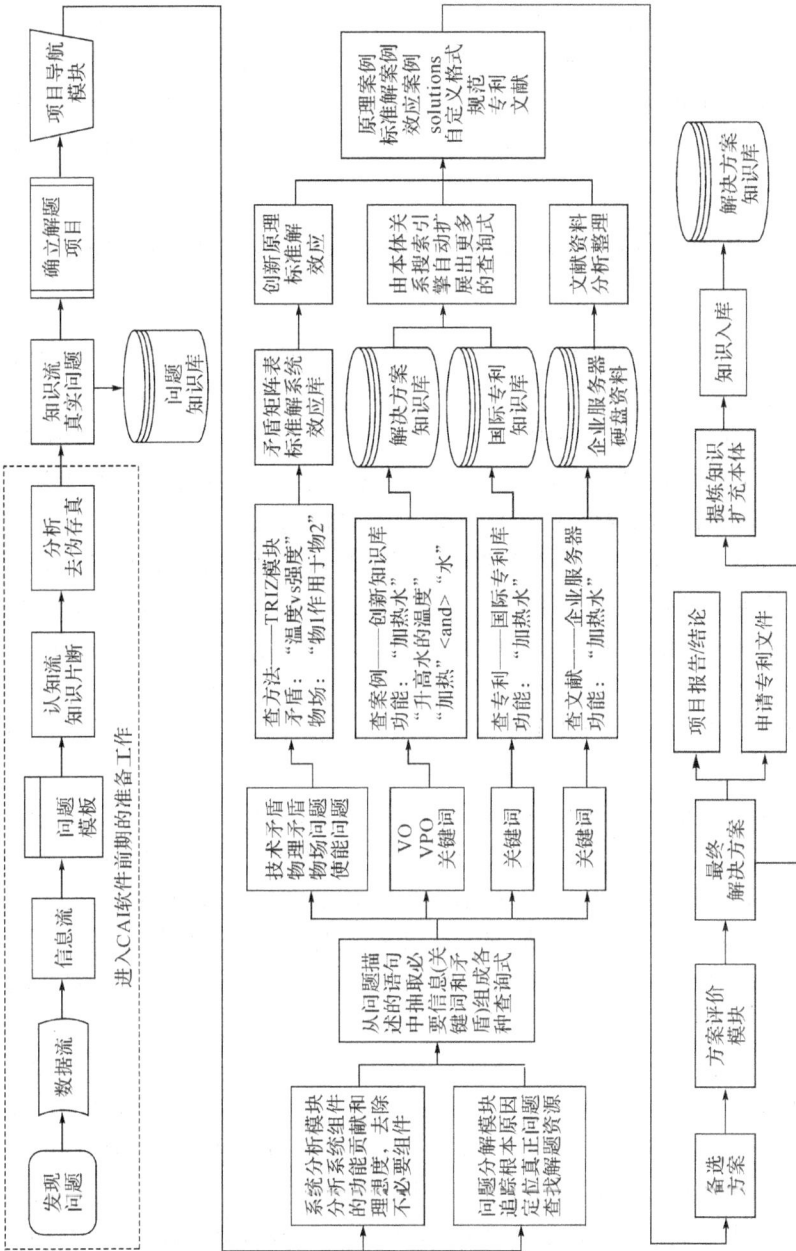

图 7.5 Pro/Innovator 解决问题流程

图片来源:施荣明、赵敏、孙聪著:《知识工程与创新》,北京:航空工业出版社,2009 年,第 136 页。

程技术研究中心（河北工业大学 TRIZ 研究中心）开发的 Invention tool 软件，该软件现共包含单机版、局域网和广域网三个版本。美国 Invention machine 公司的 Goldfire Innovator 软件；Ideation International 公司的 IWB 软件，另外还有 TriSolver2.1、Improver、Ideator、Eliminator 等等，限于篇幅在此不作详细介绍。

7.4 TRIZ 与其他设计理论的比较与整合①

产品质量首先是设计出来的，其次才是依靠先进制造技术生产出来的。对产品质量的贡献，设计约占七成，制造约占三成，管理只是保证实现产品质量，因此，要提高产品质量必须从设计环节抓起。设计决定产品的固有质量，产品设计质量的好坏最终决定产品是否满足顾客需求、能否为企业和社会带来效益。因此"设计"是影响企业产品竞争力的关键内容。

20 世纪 80 年代以后，许多跨国公司逐步认识到产品设计质量创新在产品全生命周期中的重要地位，把许多新技术、新理论和新方法，如：质量功能展开（Quality function deployment，QFD）、田口方法（Taguchi's method）与 TRIZ 理论整合，相继应用于产品的研发及设计阶段，合理有效地利用它们实现产品质量的源流管理，从而使企业不断开发和生产出满足顾客需求、价格低、质量好的创新产品。

质量功能展开是把顾客对产品的需求进行多层次的演绎分析，转化为产品的设计要求、零部件特性、工艺要求、生产要求的质量工程工具，用来指导产品的健壮设计和质量保证。这一技术产生于日本，在美国得到进一步发展，并在全球得到广泛应用。质量功能展开是开展六西格玛必须应用的最重要的方法之一。在概念设计、优化设计和验证阶段，质量功能展开也可以发挥辅助的作用。

田口方法是一种低成本、高效益的质量工程方法，它强调产品质量的提高不是通过检验，而是通过设计。其基本思想是把产品的稳健性设计到产品和制造过程中，通过控制源头质量来抵御大量的下游生产或顾客使用中的噪声或不可控因素的干扰，这些因素包括环境湿度、材料老化、制造误差、零件间的波动等等。田口方法不仅提倡充分利用廉价的元件来设计和制造出高品质的产品，而且使用先进的试验技术来降低设计试验费用，这也正是田口方法对传统思想

---

① 资料来源：赵新军：《设计质量创新——QFD、TRIZ 和田口方法的集成应用》，《工程设计学报》，2004 年 8 月第 11 卷第 6 期，第 169 页。

的革命性改变,为企业增加效益指出了一个新方向。

我国许多企业已开始应用现代质量控制与管理技术,如六西格玛技术、全面质量管理(TQM)、零缺陷管理等,但这些技术主要还是基于统计过程控制,质量控制的重点仍放在产品的制造阶段。随着我国加入 WTO,产品的竞争已转移到产品设计阶段,因此掌握产品设计阶段质量创新的先进技术就成为在竞争中取得成功的关键。目前,我国只有很少企业了解 TRIZ、QFD 和田口方法,而绝大多数企业对它们不甚了解,更谈不上应用,长此以往我国企业在激烈的市场竞争中就会无立足之地。

在产品的研发过程中,缺少 QFD 就会失去设计的方向和目标,即脱离了顾客和市场。但是,QFD 不能为顾客提供解决问题的具体设计方案。而 TRIZ 可以提供满足顾客需求的概念设计方案,从而实现产品设计创新。而田口方法的应用可以对创新设计方案中的各个参数进行优化,获得最优参数搭配组合,但不能消除引起变异原因的缺陷,TRIZ 刚好与之互补。因此,QFD、TRIZ 和田口方法就像不可分割、相互联系的七巧板一样,构成一幅完整的保证产品设计质量的完美图画。在实际产品开发过程中,还可以把质量屋(HOQ)中的工程措施之间的相互作用与 TRIZ 中的矛盾矩阵联系起来,处理工程解决方案之间存在的矛盾,得到满足顾客需求的创新设计方案。将 HOQ、QFD、TRIZ 和田口方法集成于一体,用于产品设计质量控制,充分体现了质量控制中的源流管理思想、创新思想和以顾客为中心的思想。

7.5 TRIZ 在非技术领域的扩展应用

TRIZ 理论的思维方法以及分析工具不仅仅能够应用于工程领域以及产品设计等技术方面,越来越多的学者将 TRIZ 理论应用在不同的学科中,包括商业模式的构建、企业管理、社会工作、人才培养等领域,极大地扩展了 TRIZ 的适用范围,反过来也丰富了 TRIZ 理论的内涵和实践。本文梳理了国内外在非技术领域 TRIZ 的应用情况,挖掘经典的、应用于工程领域的 TRIZ 向其他学科延拓的路径,并尝试探讨 TRIZ 在非技术领域应用的不足以及改进方向。

7.5.1 TRIZ 在商业以及管理领域的应用研究

自从 1911 年弗雷德里克·泰勒的科学管理理论诞生之后,管理科学作为一门新兴学科得到了长足的发展。纵观林林总总的管理理论,尝试解决组织内外出现的矛盾是其核心议题。TRIZ 理论是解决工程技术领域矛盾的有效武器,自然得到了企业管理领域学者的关注和研究。最早在 1999 年,Mann 和 Domb 将 TRIZ 理论中 40 条发明原理及其子原理移植到管理领域中,并为每个子原理配备了相应的管理实践示例。2001 年,Ruchti 和 Livotov 更进一步地将 TRIZ 流程化的思维方法引入到商业和管理领域中,提出了从目标设定到功能分析、矛盾分析、运用资源、构思解决方案、评估结果以及预期风险分析的非技术领域标准解题程序,并整合性地提出了 12 对商业管理领域的创新原理。至此,相关的研究大都停留在用 TRIZ 的视角去审视已经存在的管理知识和实践技巧,而 Mann(2004,2007)在其专著中进行了开创性研究,提出了企业管理领域的 31 个基本参数,这些参数包括了企业进行 R&D 的活动成效/花费/时间/风险,还有产品的质量/生产成本、顾客的收益/需求/反馈、组织的稳定性、沟通顺畅程度等等。进而将这些参数组成管理矛盾矩阵,配以 40 个发明原理,极大地增强了 TRIZ 在解决企业管理问题时的可操作性。除此之外,Mann 的研究还将 TRIZ 理论的其他内容引入到非技术领域的应用中,包括进化趋势、最终理想解、资源分析、裁剪法等等,可谓相关研究的集大成者。

后继的研究者大多遵循此种思路。叶继豪(2009)分析了经典 TRIZ 理论中全部 39 个工程参数,依照其内涵构建了相应的 39 个管理参数,并进行了详细阐述。纪建明和张东生(2011)采用基于问题驱动和基于能力的思维方法,形成了构造管理矛盾矩阵的方法论,给出了 36 个一般管理参数和相应的矛盾矩阵。表 7.5 列举了不同研究者构建的不同的管理参数,其数量和内涵各不相同。

表 7.5 不同研究者开发的不同管理参数

	经典 TRIZ 工程参数	39 个管理矩阵参数 (叶继豪,2009)	企业管理 31 个 基本参数 (Mann,2007)	36 个一般管理参数 (纪建明,2011)
1	运动对象的质量	企业部门的重要度或贡献度	研发规格/潜力/方法	产品与服务质量
2	静止对象的质量	企业整体的重要度或贡献度	研发成本	成本
3	运动对象的尺寸	部门间联络方式包括距离、能见度、透明度等	研发时间	时间
4	静止对象的尺寸	企业整理联络方式	研发风险	空间
5	运动对象的面积	企业某部门联系的紧密性	研发界面	效率

	经典 TRIZ 工程参数	39 个管理矩阵参数 （叶继豪，2009）	企业管理 31 个 基本参数 （Mann，2007）	36 个一般管理参数 （纪建明，2011）
6	静止对象的面积	企业整理联系的紧密性	生产规格/潜力/方法	制度化
7	运动对象的体积	企业各部门占据范围	生产成本	标准化
8	静止对象的体积	企业整体占据范围	生产时间	专业化
9	速度	执行的速度或速率	生产风险	盈利性
10	力	新运作机制	生产界面	企业成长性
11	应力	新运作机制的效率	供应规格/潜力/方法	灵活性
12	形状	某部门的组织构架和形象	供应成本	适应性
13	稳定性	和谐共事能力	供应时间	企业稳定性
14	强度	易出问题的环节	供应风险	市场份额
15	运动对象的耐久性	战术与操作消耗的时间	供应界面	社会责任
16	静止对象的耐久性	战略规划与执行消耗的时间	产品可靠性	社会形象
17	温度	工作积极性与工作热情	支持成本	环境与资源保护
18	照度	部门或员工的光环亮度	支持时间	对区域的贡献
19	运动对象的能量消耗	战术或操作的成本消耗	支持风险	安全性
20	静止对象的能量消耗	战略的总成本消耗	支持界面	满意的交易
21	功率	支出成本（或利润）的变化量	顾客收益/需求/反馈	信用的可靠性
22	能量的无效损耗	成本损失或浪费	信息数量	财务回报
23	物质的无效损耗	不合理的浪费或损失	通讯流量	财务稳定性
24	信息的损失	资讯无法取得或利用	系统引入的有害因素	员工稳定性

续表

	经典 TRIZ 工程参数	39 个管理矩阵参数 (叶继豪,2009)	企业管理 31 个 基本参数 (Mann,2007)	36 个一般管理参数 (纪建明,2011)
25	时间的无效损耗	时间的无效率性	系统副作用	员工福利
26	物质的量	拥有可利用之有形和无形资源总值	方便性	员工成长性
27	可靠性	决策不易受"可控参数"的影响	兼容性	愉快
28	测量精度	预测值与实际值相符程度	系统复杂性	管理开发
29	制造精度	预测值与实际值之差异量	控制复杂性	管理方便性
30	作用于对象的外部有害因素	免除负面效应冲击之能力	压力与张力	研究与开发
31	对象产生的内部有害因素	衍生负面效应	稳定性	学习能力
32	易制造性	设计或制造技术的成熟度或了解度		多样性
33	易操作性	操作与使用的方便性和正确性		国际化
34	易维修性	问题的可弥补性或可修复性		规模经济效应
35	适应性	对变化环境的适应性		范围经济效应
36	装置的复杂性	决策与控制的内含变数		学习曲线效应
37	检测的复杂性	管理疏漏之预测能力		
38	自动化程度	运作无人化或只使用少量人力		
39	生产率	单位时间完成有效产品或服务数		

将这些研究者的典型成果加以横向比较,不难发现相互之间的区别。Mann 的企业管理 31 个基本参数,重点关注了企业的研发、供应、生产、支持以及后续的顾客反馈、副作用、稳定性、复杂性等方面,其专著中也拥有详细的阐

述、应用流程和案例,体系结构比较完善。然而,将其与研发、生产、供应相关的15 个参数,以及与后续支持相关的 4 个参数合并起来考察,31 个基本参数没有体现出领导力、员工满意度、群体效应等主观因素,在纷繁复杂的管理问题面前,Mann 的体系更加擅长于解决研发、生产以及供应相关的"硬性"问题。叶继豪的 39 个管理矩阵参数与 TRIZ 的 39 个经典工程参数一一对应,具有直观而易于理解的优点,但是也会出现为了达成对应关系而出现重复(如"成本损失或浪费"与"不合理的浪费或损失")或者难以理解(如"部门或员工的光环亮度")的管理参数,这无疑会加大实践中使用该工具的难度和准确度;而纪建明的 36 个一般管理参数也具有类似的优点(参数比较全面)和缺点(粗略并缺乏具体的指导)。

侯怡如(2005)将 38 个管理参数重新定义为六个群组,透过类比的方式,将工程参数转化成具管理意义的策略,可帮助将 TRIZ 应用在管理领域,如表 7.6 所示。

(1)几何:从外在环境的观点,思考内部策略,企业如何从环境中获取利益,将几何工程参数视为环境条件中的产业内关键成功因素,透过利用关键因素使企业发展、修正并且执行策略。策略属性为"形成"(Formation),从外部观点思考企业的关键成功因素,能够产生优势的存在,目的是检视关键因素驱使企业迈向成功。

(2)资源:透过思考外部环境的因素,找出企业能维持利益所需的核心策略资产(core strategy asset),将资源工程参数视为企业所拥有的内部条件,思考如何强化组织的核心竞争力并且处理外部环境的改变。策略属性为"天赋"(aptitude),从内部的观点思考企业所提供能够学习检视所拥有的竞争力是否适合现今环境的能力。

(3)害处:企业经营透过选择投资组合来降低风险,为求永续经营,企业必须维持优势,组织必须具备耐力以持续地在产业生存,将有害工程参数视为企业内可接受的攻击,从中思考如何永续生存。策略属性为"可维持性"(maintainability),以时间的观点看,企业必须有能力在风险中维持长期的生存。

(4)物理:物理现象依循宇宙规则,而经营企业是一种人为的行动,但仍然存在自然界中,我们可以将物理工程原则视为企业与内外部环境的互动,思考最佳的互动结果。策略属性为"相"(phase),以空间的角度思考,是一种组织策略发展中的改变过程,检视与周遭环境的现象互动。

(5)能力:企业理所当然要生存并且创造价值,可将能力工程参数视为追求价值,企业思考如何利用价值来管理整体市场,简而言之,即是企业的策略创新改变市场的规则。策略属性为"价值"(merit),从宏观(macroscopic)的角度,企业透过创造价值可以展现在产业中绝对的地位。

(6)操控:企业存在于开放的系统中,受变动的环境所影响,可将操控工程参数视为与所有利害关系人的互动,思考何处是企业独特、卓越的定位。策略属性为"附属"(accessory),从微观(microscopic)的角度,思考企业在产业中展现相对地位的角色为何。

表 7.6　工程参数归类的六个群组

群　组	包含的工程参数
几何	3.运动对象的尺寸;4.静止对象的尺寸;5.运动对象的面积;6.静止对象的面积;7.运动对象的体积;8.静止对象的体积;12.形状
资源	19.运动对象的能量消耗;20.静止对象的能量消耗;22.能量的无效损耗;23.物质的无效损耗;24.信息的损失;25.时间的无效损耗;26.物质的量
害处	30.作用于对象的外部有害因素;31.对象产生的内部有害因素
物理	1.运动对象的质量;2.静止对象的质量;9.速度;10.力;11.应力;17.温度;18.照度;21.功率
能力	13.稳定性;14.强度;15.运动对象的耐久性;16.静止对象的耐久性;27.可靠性;32.易制造性;34.易维修性;35.适应性;39.生产率
操控	28.测量精度;29.制造精度;33.易操作性;36.装置的复杂性;37.检测的复杂性;38.自动化程度

表格来源:科技政策与资源研究中心(2007)。

总结来讲,TRIZ 在企业管理领域的应用研究聚焦的重点大都是用不同的角度对管理参数以及创新原理进行阐述和重建,其中不乏深刻的管理智慧。但是缺乏实践验证的相关报道以及反思。如何将 TRIZ 理论从研究者手中推广到企业家手中,并通过实践的反馈来修正 TRIZ 在企业管理领域的应用模型是下一步研究的重点。此外,提取具体矛盾中存在的工程参数,本身就是 TRIZ 在经典工程领域中应用时的重点和难点。而 TRIZ 管理矩阵的各个版本层出不穷,但是对具体的每个管理参数的内涵阐述、彼此之间区别的研究仍显匮乏。

7.5.2　TRIZ 在各项社会工作领域的应用研究

TRIZ 理论最初起源于工程技术界,然后被商业、管理界充分借鉴,研究者大都兼具学者和企业咨询顾问的双重身份,其对 TRIZ 的推广取得了良好的效果,TRIZ 的影响力得到进一步增强,逐步渗透到社会工作的各个领域,服务业、社会治理、人才培养等非技术领域都有 TRIZ 应用的研究和报道。

2003 年非典疫情爆发,TRIZ 研究人员借鉴了 40 条创新原理之中的 21 条,提出了一系列防治措施并被新加坡政府采纳,取得了良好的防治效果。例如,根据创新原理的第 6 条"多用性原理"以及第 32 条"颜色变换原理",在新加坡樟宜机场引入基于红外传感器的体温检测系统,这样就不需要大量的护士人工地给旅客检测体温,大大减少了人力资源消耗。至 2003 年 5 月中旬,机场已经安装了 29 个红外检测器。Soo Chin Pin 和 Haron(2010)利用 TRIZ 的分析框架完整地分析了公共场馆在举行大型群体性活动时的拥堵问题,其所利用的工具包括了矛盾分析以及进化趋势分析,并提出了一系列切实可行的解决方案。

在积极地将 TRIZ 理论直接应用在社会生活的各个方面的研究基础上,Saliminamin 和 Nezafati(2003)认为将 TRIZ 的理论做微小的改动应用在非技术领域是远远不够的,他集合了 TRIZ、工程、政治、经济、社会与哲学领域的专家,透过专家意见找出对应的 40 个非技术领域的原理。如表 7.7 所示。

表 7.7　非技术领域 40 个创新原理选摘列表

序　号	工程创新原理	非技术领域创新原理
1	分割	社会中介
3	局部质量	社会系统不同部分针对不同目标
4	不对称	在可控范围的失谐
7	嵌套	随时待命以激活的"被动"组织
10	预先作用	识别社会之中存在的需求并做必要的准备
12	等势	不改变社会中的对象,而改变环境本身

表格来源:Saliminamin 和 Nezafati(2003)。

7.5.3　结　语

综上所述,有关 TRIZ 在非技术领域的应用,各国学者已经进行了卓有成效的研究。然而,相关的研究一般聚焦于将 TRIZ 理论的工具嫁接到具体社会科学中,缺乏全面地、深入地对 TRIZ 的方法论和思维方式与非技术领域已有科学(如管理学、公共管理学)的深度融合及创造;这就对如何将 TRIZ 的遵循逻辑的创新思维流程和解决问题的工具应用在非技术领域提出了更高的挑战。最后,TRIZ 在非技术领域的实践应用案例相对缺乏,不能仅仅停留在一部分 TRIZ 研究者以及一部分管理咨询师之间。将 TRIZ 在非技术领域的研究成果付诸实践,有助于研究者发现理论中存在的偏差并加以改良,正所谓理论是灰色的,生活之树常青。

08 附　录

8.1　最终理想解训练习题解析^①

训练题 1 解析：

本题目中存在的矛盾是需要使用飞碟，但其被击碎后难以清理。

（1）飞碟所要实现的根本功能是指示中弹。

（2）为了实现指示中弹的根本功能，可以有两种理想情况：

（a）飞碟被击碎后不再需要清理；

（b）根本不需要击碎飞碟就能指示中弹，完成需要的功能。

（3）寻求实现理想情况可用的资源和方法，包括：

（a）采用自然可降解的材料制作飞碟，碎片散落在场地里不需清理。或者可以采用现制的冰块型飞碟，需要的时候可以起到指示作用，不需要的时候可以迅速融化消失，不需清理，是理想度更高的解决方案；

（b）可以在飞碟内部放置传感器，感应选手的射击。飞碟本身选用耐用材料，可以轻松地回收并多次重复使用。

训练题 2 解析：

（1）本题目中存在的矛盾是需要使用熨斗，而没人操控时熨斗很容易损坏衣服。

（2）熨斗所要实现的根本功能，获得平整的衣服。

（3）为了实现获得平整衣服的根本功能，可以有两种理想情况：

（a）熨斗永远不会烫坏衣服。

（b）衣服根本不需要熨斗也能变平整。

（4）寻求实现理想情况可用的资源和方法，包括：

（a）熨斗永远不会烫坏衣服，说明熨斗只有在人的操控下才会与衣服接触，人离开之时熨斗应自动保持与衣服脱离的状态。思考怎样才能实现自动保持站立状态？答案比较简单，就是我们常见的不倒翁——把熨斗的尾部设计成球面，使其成为整体的重心，因而熨斗就像不倒翁一样，平时保持自动站立的姿态，使用时轻轻按倒即可。不使用时熨斗就会自动站立起来，脱离与衣服的接触。

（b）不需要熨斗就能保持平整的衣服，需要从衣服本身的材质进行改进，现已有高支纯棉面料以及涤纶面料能够实现免熨烫的功能。

训练题 3 解析：

（1）本题目中存在的矛盾是需要使用容器来承装酸液和金属，而其容器会被酸液腐蚀。

（2）本例中需要实现的根本功能是测试酸液对金属的腐蚀作用。

（3）为了实现测试金属在酸液内腐蚀情况的根本功能，可以有两种理想情况：

（a）酸液只腐蚀金属样品，不腐蚀容器等其他部件；

（b）根本不需要容器，也能完成测试功能。

（4）寻求实现理想情况可用的资源和方法，包括：

（a）本例最常见的思路是选用其他材质的容器，在现实中简便易行；

（b）IFR 的思维训练追求极限情况——本例要实现根本功能是测试酸液对金属的腐蚀作用，有害功能是酸液会腐蚀盛装样品的容器。在酸液和金属之间，外在容器并非是必须的。不引入外在容器，就消除了有害功能，然而不引入容器应该如何盛装酸液？根据"系统自己实现所需功能"的提示，可以将金属样品打造成容器的形状，将酸液盛入其中，即可实现检测腐蚀作用的目的，又彻底解决了原有的矛盾。

训练题 4 解析：

（1）本题目中存在的矛盾是需要使用除草机，而除草机的使用费时费力、危险、有噪音。

（2）本例中需要实现的根本功能是获得美观、高度适中的草坪。

（3）为了实现获得美观草坪的根本功能，可以有两种理想情况：

（a）除草机不再有噪音，不再耗费人的时间精力；

（b）根本不再需要除草。

（4）寻求实现理想情况可用的资源和方法，包括：

（a）除草机不再耗费人的精力，简言之就是可以自动工作。现在市场上已经出现了智能机器人，可以实现自主清洗地板、修剪草坪等功能，耗电少、无噪音，系统理想度得以大大提升；

（b）根本不再需要除草，也即青草长到一定程度就不再生长——研究人员通过基因工程筛选出固定生长高度的青草，培育出"聪明草种"（smart grass seed），矛盾得以完美解决。

8.2　提取工程参数训练习题解析

训练题 1 解析：矛盾的两方面是"更大的搜索面积"导致"更加耗费时间"。因此，用工程参数的语言进行描述，改善的参数是"6. 静止对象的面积"，恶化的参数是"26. 时间的无效损耗"。

训练题 2 解析：服务生每次托举多个盘子，提升了单位时间内完成工作的量，因此改善的参数是"44. 生产率"，但与此同时手中盘子太多容易跌落，恶化的参数是"21. 稳定性"。

训练题 3 解析：轮船的尺寸越来越大，改善的参数是"3. 运动对象的尺寸"，结果是行船时阻力增加，恶化的参数是"40. 作用于对象的外部有害因素"或"16. 运动对象的能量消耗"。

训练题 4 解析：牵引能力的提升，可以认为改善的参数是"18. 功率"或"1. 运动对象的质量"，恶化的参数是"27. 能量的无效损耗"。

训练题 5 解析：改善的参数是"18. 功率"，恶化的参数是"1. 运动对象的质量"。

训练题 6 解析：想要改善螺栓被扳手拧坏的情况，可以认为是消除扳手对螺栓的有害作用，因此改善的参数是"30. 对象产生的外部有害因素"，这样的新式扳手可能没有成熟的生产线，难以制造，恶化的参数为"41. 易制造性"。

训练题 7 解析：一座座高楼拔地而起，密集地分布在市中心（如纽约曼哈顿、上海陆家嘴、香港中环等），改善的参数可以归纳为"4. 静止对象的尺寸"或"10. 物质的数量"，随之而来的问题包括地基不稳（对应恶化的参数为"21. 稳定性"），抗震性能差（"38. 易损坏性"），影响周边建筑物采光（"30. 对象产生的外部有害因素"）等，均可提取为恶化的工程参数。

训练题 8 解析：矛盾的两方面是"增强法兰的密封性和强度"导致"质量增加，维修繁琐"。因此，用工程参数的语言进行描述，改善的参数是"13. 静止对象的耐久性"或"35.可靠性",恶化的参数为"2.静止对象的质量"、"36.易维修性"或"45.装置的复杂性"。

8.3 物-场模型及标准解综合应用案例解析[①]

案例一解析：

（1）由于不易直接找到该技术系统中的矛盾,采用物-场模型及标准解系统对该问题进行分析。在所要解决的问题中,仅有维修对象 S_1,属于不完整物-场模型。若对管道从外部检测维修,需挖开所有的管沟,费用过高,因此采用从管道内部维修,采用将不透水的柔性物质 S_2 增加到该技术系统中,形成不完整模型 $S_1 + S_2$,如图 8.1 所示。

（2）对于不完整模型,标准解提供了第一类标准解法中 1.1.1 至 1.1.8 的标准解法。物-场模型的改变形式为:补充元素。

图 8.1 案例一 不完整物-场模型

通过分析,应用标准解 1.1.3（假如系统不能改变,但用永久的或临时的外部添加物来改变 S_1 或 S_2 是可以接受的,则添加）,为该技术系统 S_2 表面抹胶,将物-场模型的形式改变,如图 8.2 所示。

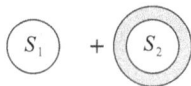

图 8.2 案例一 引入外部添加物不完整物-场模型

（3）用人工可将抹胶的防水膜贴在管道的内表面,构成完成的技术系统物-场模型,如图 8.3 所示。

（4）利用人工为管道内表面贴防水膜,工作效率低,质量不能保证,而且遇到管道内径较小的情况,人无法进入管道内部。因此考虑用第五类标准解对其进行简化和改善。

选用第五类标准解法中的 5.1.1 间接方法（使用无成本资源,如空气、真

[①] 来源:常卫华著:《TRIZ 理论在建筑工程中的应用》,北京:中国科学技术出版社,2001 年,第 99—106 页。

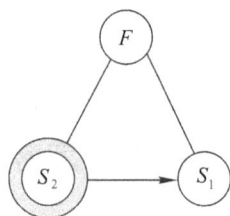

图 8.3 案例一 完整的物-场模型

空、气泡、泡沫、缝隙等),改善技术系统中场的作用。

将防水贴膜制成防水圆管,圆柱形截面直径大于管道内径,用固定圈按照一定距离间隔固定在防水贴膜上。此时注意,防水贴膜已经抹好的胶在圆柱形管的内表面。将圆柱形防水贴膜一端封闭,敞口端沿管道维修孔截面周长固定。防水圆管刚插入管道时较松软,用空气压缩机向封闭的套管中充气,防水圆管受压后延展,与维修管道壁粘结。当套管延伸至维修管道端部时,防水圆管封闭端的封闭绳索束达到极限破坏后断开。这样就完成了维修管道内表面贴防水膜的工作,如图 8.4 所示。

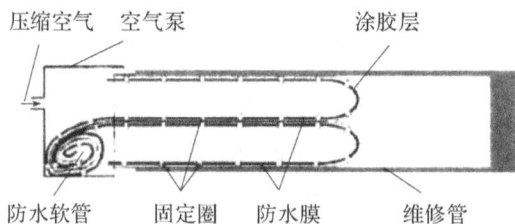

图 8.4 维修管道技术方案

案例二解析:

(1)由于不能直接找到该技术系统中的矛盾,采用物-场模型对该问题进行分析。所要解决的问题中,有检验对象 S_1、加载试验机 S_2、机械场 F,但 F 不能完成全部检测工作,属于效应不足的完整模型,如图 8.5 所示。

(2)对于效应不足的完整模型,采用第二级标准解系统。相应的,物-场模型的改变形式有以下几种:加入 S_3 和 F_2 提高有用效应,加入 F_2 强化有用效应。

通过分析,具体采用标准解 2.2.1 利用更易控制的场替代(对可控性差的场,用易控场来代替,或增加易控场。由重力场变为机械场或由机械场变为电磁场,其核心是由物理接触变到场的作用)。

(3)将机械力转变为场的作用,则可在建筑材料试块检测中,引入空气压力

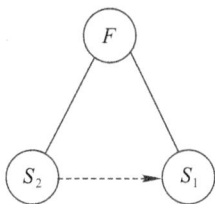

图 8.5 案例二 效应不足的完整物-场模型

场。具体来讲,将建筑试块放入密闭罐进行加压,达到标准压力值后突然减压,可检验其是否开裂、强度特征以及其内部是否存有裂缝。其物-场模型如图 8.6 所示。其中选择密闭罐作为检测仪器 S_3,空气压力场作为 F_2。

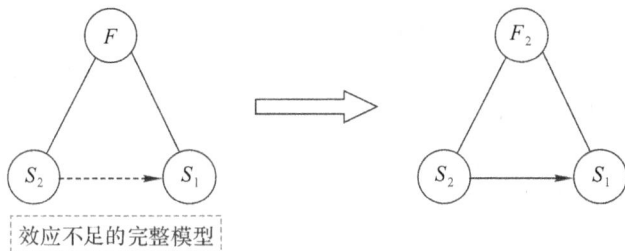

效应不足的完整模型

图 8.6 案例二 加入 S_3 和 F_2 提高有用效应

案例三解析:

(1)在所要解决问题的技术系统中,有地震作用对象建筑物 S_1、建筑基础 S_2、地震作用 F。其中,地震作用 F 对建筑物基础 S_2、建筑物 S_1 产生了有害效应。该物-场模型属于有害效应的完整模型,如图 8.7 所示。

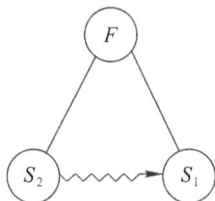

图 8.7 案例三 有害效应的完整物-场模型

(2)对于有害效应的完整模型,参考第一类标准解法中的 1.1.6 至 1.2.8,以及 1.2.1 至 1.2.5。有两种改进思路:加入 F_2 消除有害效应,加入 S_3 阻止有害效应。

在建筑物抗震设计中,加入另一种场抵抗地震作用似乎很难实现,因此,首先考虑第二种改变形式,即加入一种新物质 S_3 阻止有害效应。其物-场模型如图 8.8 所示。

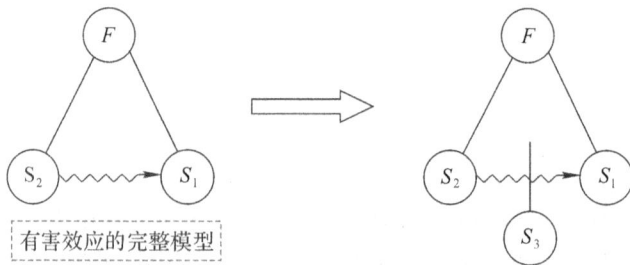

图 8.8 案例三 加入 S_3 阻止有害效应

方案一:应用标准解 1.2.1 在系统的两个物质之间引入外部现成的物质(在一个系统中有用及有害效应同时存在,并且 S_1 及 S_2 不必互相接触,则可引入 S_3 来消除有害效应)。

具体来讲,在建筑物主体结构与地基之间引入新物质——隔震垫,以消除地震对建筑结构主体的有害效应,如图 8.9 所示。

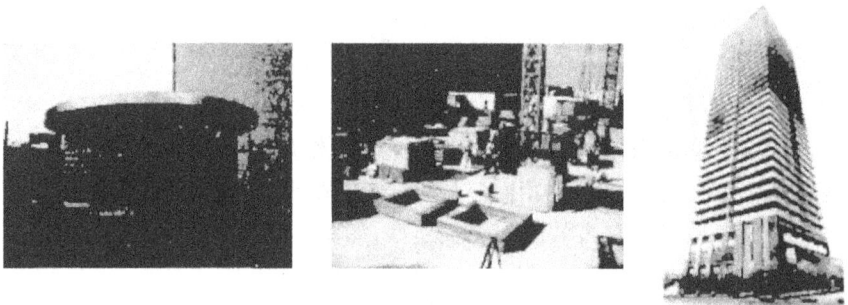

图 8.9 横滨 Park 大楼引入隔震垫消除隔震作用

昆明机场是目前世界上最大的一个隔震建筑,横向 328m,宽 277m,基底总面积达 8.5 万 m^2,用隔震垫 1800 个。这是由于云南地处断裂带,地震频发,属于抗震重点区域。采用隔震技术,很好地解决了昆明机场的建筑抗震设计问题,如图 8.10 所示。

方案二:应用标准解 1.2.2 引入系统中现有物质的变异物(标准解 1.2.2 与 1.2.1 类似,但不允许增加新物质。通过改变 S_1 或 S_2 来消除有害效应)。

按照标准解 1.2.2 的要求,在标准解 1.2.1 的基础上对建筑物主体结构与建筑地基隔离,但不增加新物质,仅对建筑主体进行改变。苏联抗震专家基于

图 8.10　昆明机场隔震项目

俄罗斯套娃的理念申请了一项抗震专利名叫 Vanka-Vstanka,如图 8.11 所示,其重心沿中心轴对称。

图 8.11　俄罗斯套娃 Vanka-Vstanka

　　该项技术已应用到建筑设计中,如图 8.12 所示。在这种形式的建筑中,上部结构为刚性,下部柱脚形成圆形,由砂、橡胶或其他弹性材料制成。在建筑底部形成两层地板,中间"十"字形交叉的柱有 Vanka-Vstanka 的特性,地震来临时柱子可以晃动。

　　方案三:应用标准解 1.2.3 引入第二物质(如果有害效应是由一种场引起的,则引入物质 S_3 吸收有害效应)。标准 1.2.3 针对由场引起的有害效应提出,引入新物质吸收有害效应。地震作用正是由场引起的,该解决方法对建筑抗震设计很适用。

　　具体来讲,在建筑抗震设计中,可加入附加的质量、弹簧体系,以起到消耗

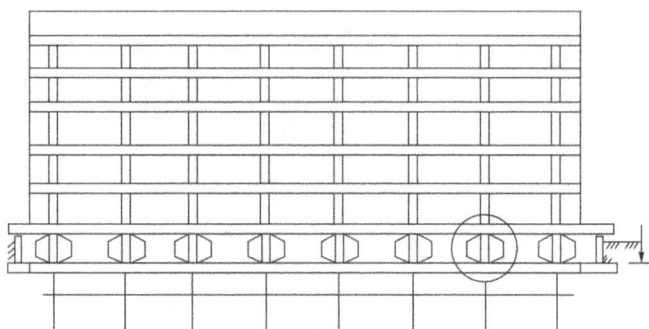

图 8.12　隔震地板

地震能量的功能,如引入调谐质量阻尼器 TMD,或设置专门的容器灌注液体,通过液体晃动,起到耗能作用,如调谐液体阻尼器 TLD。

此外,可结合其他结构功能构件兼起耗能作用,其中有耗能支撑、减震墙、制震壁、容损构件等,均能吸收地震能力,达到耗能减震的作用。

以上这些方法均为在建筑物中引入新物质,吸收地震作用的能量,达到消能减震的作用。由于种类繁多,这里仅以耗能支撑为例,说明其工作原理和作用。

耗能支撑由支撑芯材和套管组成,如图 8.13 所示。其设计思想是让芯材承担轴向力,套管不承受轴力,起防止支撑屈曲的作用,而芯材用低屈服点钢材制成,在压力作用下产生较大塑性变形,通过这种变形可以达到耗能目的。

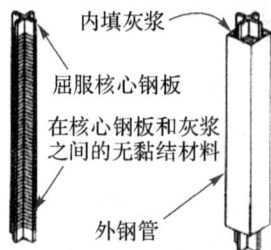

图 8.13　耗能支撑

屈曲约束支撑不仅可以用于新建结构,而且还可以用于已有结构的抗震加固和改造。1995 年,日本神户地震以后,多个建筑的抗震加固选用屈曲约束支撑。1999 年,中国台湾地区地震后,也选用了屈曲约束支撑对重点工程进行加固。

物-场模型的第一种改变形式为加入 F_2 消除有害效应,物-场模型如图 8.14 所示。

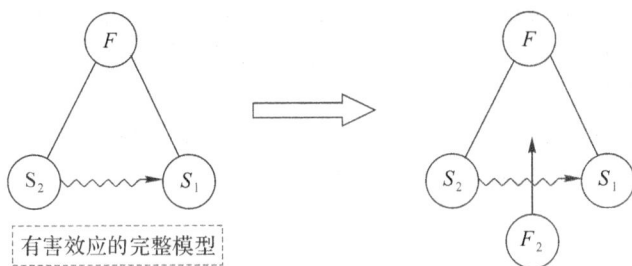

图 8.14　加入 F_2 消除有害效应

　　前面提到,在建筑抗震设计中,加入另一种场抵抗地震作用似乎很难实现,但可以利用另一种场改变建筑结构的阻尼,从而改变建筑主体结构的振动特征。在地震作用下,减少建筑物自身的振动,如图 8.15 所示。

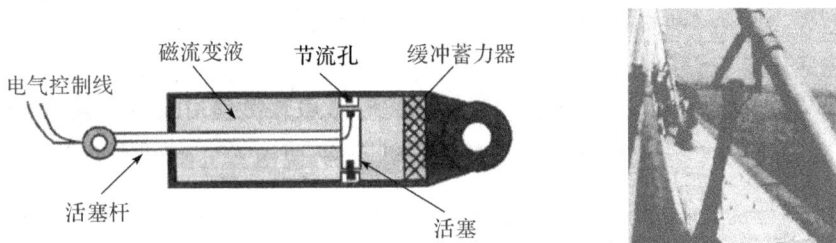

图 8.15　磁流变阻尼器

8.4　思想者专栏解析

　　思想者专栏一:

　　应用平台技术、迭代创新。

　　思想者专栏二:

　　三者是总体和局部的关系,其中,系统扩展—裁剪路线是总体,单—双—多路线是"扩展"的前半部分,系统裁剪则是"裁剪"的后半部分。三者分开的主要原因是每一个都有较大的应用价值。

　　思想者专栏三:

　　时间分裂:设置红绿灯;

　　空间分离:高架桥、立交桥;

　　系统级别分离:Park&Ride(P&R)停车换乘系统,指在城市中心区以外轨道交通车站、公交交通首末站以及高速公路旁设置停车换乘场地,低价收费或免费为私人汽车、自行车等提供停放空间,辅以优惠的公共交通收费政策,引导乘客换乘公共交通进入城市中心区,以减少私人小汽车在城市中心区域的使用,缓解中心区域交通压力。这是将私家车系统里的人分离到超系统中去;

条件分离:单双号限行、设置公交车道、紧急车道。

8.5 TRIZ 发展历史简表

表 8.1 TRIZ 发展历史简表

时　间	内　容
1946—1950 年	G. S. 阿奇舒勒开始研究 TRIZ 并举办早期的培训。同时,他逐渐认识到解决技术冲突是获得创新解决方案的关键
1950—1954 年	1950 年,G. S. 阿奇舒勒给斯大林写了一封信,批评当时苏联的创新系统。结果,他被作为政治犯被捕入狱,在狱中因祸得福,有机会与大量科学家及工程师交流,完善自己的思想和理论体系。1954 年他被释放,恢复名誉
1956 年	G. S. 阿奇舒勒和 R. Shapiro 发表了一篇论文:"关于技术创造力"(*Journal Questions of Psychology*,1956,6:37—49)。该文是第一篇正式发表的 TRIZ 论文,介绍了技术冲突、理想化、创造性系统思维、技术系统完整性定律、发明原理等。同年,最初的发明问题解决算法也诞生了。该算法包含 10 个步骤及最初的 5 条发明原理(到 1963 年变成了 40 条发明原理的一部分)。发现新的发明原理的研究正式开始
1956—1959 年	发明问题解决算法,包含 15 个步骤、18 条发明原理,其中一个步骤为理想解,从而诞生"最终理想解"的概念
1963 年	术语"ARIZ"正式引入。一种改进的 ARIZ 算法包含 18 个步骤及 7 条发明原理。G. S. 阿奇舒勒发表了最初的技术系统进化系统定律
1964 年	提出了改进的 ARIZ 算法,包含 18 个步骤、31 条发明原理,同时提出了技术冲突解决矩阵的最初形式,该矩阵有 16×16 个参数
1964—1968 年	诞生了另一个 ARIZ 版本,包含 25 个步骤及 35 条发明原理,更新了矩阵(32×32 个参数)。同时,G. S. 阿奇舒勒和他的同事开始研究创新思维系统并提出了理想机器的概念
1969 年	G. S. 阿奇舒勒建立了 AZOIIT(Azerbaijan Public Institute for Inventive Creativity,阿塞拜疆发明创造力公共学院),这是苏联的第一个 TRIZ 培训与研究中心,之后又建立了 OLMI(a Public Laboratory of Invention Methodology,发明方法学公共实验室),该实验室为全国 TRIZ 的推广应用提供资源

续表

时 间	内 容
1971 年	ARIZ-71 诞生,包含 35 个步骤、40 条发明原理,冲突解决矩阵已包含 39×39 个参数(即经典矛盾矩阵),也引入了"时间—尺寸—成本"的概念("Time-Size-Cost"),以及小矮人法(Method of Little Men)的第一个版本。同时,Yuri Gorin 开展了物理效应知识库的研究,该知识库将一般的技术功能与特定的物理效应和现象相关联,并用以解决发明问题
1974 年	在圣彼得堡建立的 TRIZ 学校,成为苏联最有影响的 TRIZ 学校之一
1975 年	G. S. 阿奇舒勒提出了物-场模型及最初的 5 种标准解。ARIZ-75 B 包含 35 个步骤及一些 TRIZ 新概念,如物理矛盾、物-场模型等。与此同时,阿奇舒勒意识到仅仅通过矛盾矩阵来解决问题本质上仍是一种改善的试错法,这是远远不够的。因此,他将矛盾矩阵的内容作为附录,从 ARIZ 的主体部分中排除,并把解决发明问题的全部精力聚焦于物理矛盾的阐述和消除上
1977 年	提出了 ARIZ-77,包含 31 个步骤,引入了物理矛盾,发表了 18 个标准解
1979 年	G. S. 阿奇舒勒出版了《创造是一门精密的科学》(*Creativity as an Exact Science*)一书,本书至今仍被视作 TRIZ 领域经典著作。同时,他定义了技术系统进化理论,并将其作为新的研究方向,并确定了若干技术进化路线,这就是后来的技术系统进化九条法则
1982 年	ARIZ-82 诞生,包含 34 个步骤,引入了 X-元件(X-element)及小问题(mini-problem)的概念,还引入了一个矛盾表,物理矛盾解决原理和小矮人法,发表了 54 个标准解(inventive standards) G. S. 阿奇舒勒启动了生物效应的研究,认为与物理效应研究类似。与此同时,TRIZ 开始应用在其他领域,如数学及艺术
1985 年	发布了 ARIZ-85C,成为被广泛接受的正式版本。它包含 32 个步骤,给出了许多新规则和建议,并且特别注重利用时间、空间及物-场资源来获得理想解。标准解系统被分为 5 类,共 76 个标准解,一直沿用至今。同时,物理效应知识库、几何及化学效应知识库也开发成功。G. S. 阿奇舒勒得到结论:ARIZ-85C 已经相对完善,因为该算法已经过成千上万个实际问题的检验,因而将研究的重点转向了技术系统进化理论以及 OTSM(俄语缩写,意为"General Theory of Powerful Thinking,强有力思考的一般理论") 同时,一组 TRIZ 专家,B. Zlotin, S. Litvin 和 V. Guerassimov 开始研究 FCA(function-cost analysis,功能—成本分析),以及随之而来的 TRIZ 的扩展版本 FCA-TRIZ,其中的功能剪裁成为重要特色(现在已很少采用 FCA-TRIZ,认为功能分析是 TRIZ 的一部分)。并行的研究还有系统进化定律及趋势的研究,获得了一些趋势及技术进化路线,TRIZ 工具的应用也延伸到专利规避领域

续表

时　间	内　容
1986 年	G. S. 阿奇舒勒将他的研究转向创新个性,与他的助手 I. Vertkin 一起研究了大量创造性名人的传记,开始研究"创造性个性开发理论"(Theory of Creative Personality Development,俄语缩写为 TRTL)。该理论将确认具有创造性的人才生命中所遇到的矛盾类型及他们如何解决矛盾。在这段时间,面向儿童的 TRIZ 版出现了,并在很多学校及幼儿园进行了实验 另外,在此之前,TRIZ 和 ARIZ 被人们认为几乎是等价的,利用 TRIZ 的思想来解决问题时总是按部就班地应用 ARIZ,而自此之后,人们逐步尝试单独地选用 TRIZ 所提供的工具来解决问题,如发明原理、学科效应库等
1989 年	第一个基于 TRIZ 的计算机辅助创新软件在美国的发明机器(Invention Machine™)实验室诞生了,该软件包括功能分析、40 条发明原理、技术矛盾解决矩阵(发明原理和矩阵作为一个独立的工具使用,尤其适用于 TRIZ 新手)、76 个标准解、知识效应库、特性传递(Feature Transfer)等内容 同年,俄罗斯 TRIZ 联合会成立
1990 年	俄语"TRIZ 杂志(*Journal of TRIZ*)"创办。该杂志由于经济原因 1997 年停刊,2005 年复刊
1990—1994 年	G. S. 阿奇舒勒和 I. Vertkin 出版了《创造型人才人生战略》(*A Life Strategy of a Creative Person*)。在该书中,他们总结了"创造性个性开发理论"的成果;V. Timokhov 出版了生物学效应数据库;Ideation 公司开发并提供各系列基于 TRIZ 的软件包
1994—1998 年	俄罗斯 TRIZ 联合会扩展升级为国际 TRIZ 联合会(International TRIZ Association)。1996 年网上杂志 *TRIZ JOURNAL* 诞生了,网址为:http://www.triz-journal.com,成为 TRIZ 研究内容发表的主要阵地。1998 年,TRIZ 创始人 G. S. 阿奇舒勒去世
1998—2004 年	不同 TRIZ 专家领导组织开发了自己的 TRIZ 版本,包括 I-TRIZ、TRIZ＋、xTRIZ、CreaTRIZ、OTSM-TRIZ 等,一系列 TRIZ 工具也随之诞生,而 1998 年之前由 G. S. 阿奇舒勒主持开发的 TRIZ 称为经典 TRIZ,防止混淆 一种 TRIZ 的简化版出现了,即系统发明思维(Systematic Inventive Thinking,简称 SIT)及其变形标准化系统发明思维(Unified Structured Inventive Thinking,简称 USIT),以及高级系统发明思维(Advanced Systematic Inventive Thinking,简称 ASIT),在后续章节中本书将着重介绍 USIT 在经典的 TRIZ 版本之外,解决技术矛盾的新版矩阵(被称为 2003 矩阵)出现了,40 条发明原理在不同领域(商业、艺术、建筑、不同工业领域等)中得到了广泛应用,在本书第三篇之中将对此进行详细介绍 TRIZ 在非技术领域的应用进一步拓展,主要是面向商业管理领域的 B-TRIZ、面向儿童的 OTSM-TRIZ 和面向教学的 TRIZ(TRIZ for pedagogy)。世界各地有关 TRIZ 的研究逐渐普及,包括法国、意大利等国家都成立了 TRIZ 联合会,阿奇舒勒 TRIZ 研究院(阿奇舒勒 Institute for TRIZ Studies)在美国成立

续表

时 间	内 容
2004 年至今年	复杂问题的解决仍是 TRIZ 的薄弱环节,因而面向解决复杂问题的新工具出现了:根矛盾分析(RCA＋,Root Conflict Analysis)、问题流技术(Problem Flow Technology)、问题网络(Problem Networking)等,这些工具适合于面向复杂问题矛盾网络求解过程的管理 基于先前研究的各类新工具不断出现,如杂糅(Hybridization,是替代性系统合并(Alternative Systems Merging)的改进版本)、预期性失效预测(Anticipatory Failure Determination,AFD)、面向功能的搜寻(Function-Oriented Search)、测绘系统进化趋势雷达图(Radar Plot for Mapping Trends of Systems Evolution)等 出现了 ARIZ 新版本,但需要经过大量实例的检验。同时,出现了关于150 个标准解的建议。技术系统不同的进化趋势显现,新的技术进化路线被引入,Ideation International 提出了 400 条技术进化路线 最重要的一点在于,许多研究尝试把 TRIZ 与现代质量管理方法进行整合,例如质量功能展开(Quality Function Deployment,简称 QFD)或者TRIZ 在六西格玛系统中的运用(TRIZ is used within Design for Six Sigma)

表格来源:http://www.innovation-hub.cn/BBS/Topic.aspx? BoardID＝17&TopicID＝85。以及檀润华编著:《TRIZ 及应用:技术创新过程与方法》,北京:高等教育出版社,2010年,第 12—15 页。

8.6　TRIZ 全球研究情况

表 8.2　TRIZ 全球研究情况

国家	机 构	代表人物	研究领域	成 果
埃及	埃及依泽亚大学(University of Gezira)	Sulieman M. Zobly	热诱导	通过案例研究,促进热诱导系统的发展;利用 TRIZ 求解热诱导过程中的问题,找出了"通过机械、热、辐射或电动变形"实现能量转移的方法
奥地利	维也纳科技大学(Vienna University of Technology)	Veit Kohnhauser	工业工程、人体工程学、自动化及生产工程	将 TRIZ 理论运用于产品开发过程中,使客户为中心的创新产品达到零缺陷

续表

国家	机 构	代表人物	研究领域	成 果
澳大利亚	皇家墨尔本理工大学(RMIT University)	Louri Belski	物-场模型研究与开发	澳大利亚顶尖的 TRIZ 咨询顾问,建立了 TRIZ 理论应用模型的 6 个步骤:1.模拟了物-场模型的实例来阐述存在的冲突;2.用 5 种模型的解决方式解决冲突;3.应用 MATCEMIB 的 8 个领域来产生创新想法;4.将想法进行整合;5.应用物-场模型分析实际情境;6.应用实践
澳大利亚	昆士兰科技大学(Queensland University of Technology)	Vladis Kosse	机械工程学	提出机械、制造业、土木、结构、航空、电力、军事、农业、流程和材料等工程学科中的一些复杂问题,运用 TRIZ 为这些研究的案例提供了解决方案
巴西	巴拉那联邦理工大学(Universidade Tecnológica Federal do Paraná)	Marco Aurélio de Carvalho	机械工程学	合作出版了 TRIZ 方案的合集,涉及工业设计、商业管理以及其他领域
巴西	巴西航空理工学院(Instituto Tecnológico de Aeronáutica)	Luis Gonzaga Trabasso	商业	将 TRIZ 运用于商业流程管理项目中,特别是在建议和实施阶段,减少了创新的障碍,优化了结果
巴西	金边大学(Universidade Estadual de Campinas)	Franco Giuseppe Dedini	机械工程学	将 TRIZ 理论运用汽车工业,使用 TRIZ 在流程规划中解决问题,展示了 TRIZ 对于帮助汽车制造企业获利的作用
巴西	圣保罗大学(Escola Politécnica da Universidade de São Paulo)	Marly Kiatake João Roberto Diego Petreche	建筑设计、土木工程	建筑领域的运用
巴西	圣卡塔琳娜州联邦大学(Universidade Federal de Santa Catarina)	Fernando A. Forcellini André Ogliari	机械工程学	研究并利用 QFD 和 FRIZ 建立铸件规范。Forcellini 建立 TRIZ 协会推动统计方法在工程设计中的发展

国家	机 构	代表人物	研究领域	成 果
比利时	鲁汶根特管理学院（Vlerick Leuven Gent Management School）	B. Clarysse	高科技创新企业	在相邻市场中科技企业的增长策略与这些企业的估值模式的分析；对即将进入新技术领域或相邻市场的成立公司的收购决定分析
比利时	天主教鲁汶大学（Catholic University of Louvain）	Joost Duflou	技术改良	将 TRIZ 理论运用与产品生产流程系统的创新
俄罗斯	伏尔加格勒国立师范大学（Pedagogical College）	Anna Korzun	学前教育	TRIZ 理论在学前教育领域的应用
俄罗斯	共青城阿穆尔州技术大学（Komsomolsky-on-Amur State Technical University）	Vivtor Berdosonov	高等教育学	分析了 TRIZ 理论对帮助发展创新性思维、系统化知识、解决技术性问题的可能性，提出 TRIZ 中创造性思维帮助提升智力，TRIZ 分形图帮助训练系统化知识
法国	法国国立工艺学院（Ecole Nationale Supérieure d'Arts et Métiers）	P. Martin	产品、技术和制造工程和管理、供应管理和采购	
法国	南特中央理工学院（Ecole Centrale de Nantes）	A. Bernard	机械工程和物流，逆向工程，基于知识的计算机辅助工艺设计系统、虚拟工程行业	他们系统地利用 TRIZ 解决了设计过程中的安全性问题

续表

国家	机 构	代表人物	研究领域	成 果
法国	南特中央理工学院（Ecole Centrale de Nantes）	R. Hasan	电器工程	
法国	斯特拉斯堡大学（University of Strasbourg）	Denis Cavallucci Roland De Guio	工业工程学	Denis Cavallucci 将有 TRIZ 框架介绍的机械设计付诸西方设计实践，在合著的关于机械设计的书籍中写了数章 TRIZ 内容并联合创立法国 TRIZ 协会担任首任会长。Roland De Guio 推动了 TRIZ 理论在求解技术和非技术多学科领域问题的应用，并致力于利用数据分析、人工智能、TRIZ 理论促进工程创新
韩国	韩国产业技术大学（Korea Polytechnic University）	Kyeong-Won Lee，Hyo June Kim	机械设计、机械工程	
加拿大	西安大略大学（University of Western Ontario）	Melissa Gordon	商业管理	TRIZ 理论在解放个人潜力，建立起高性能的团队中的应用
捷克	捷克技术大学	Zdeněk VOSTRACKY	技术与商业、机械工程学	应用 TRIZ 系统创新方法研究技术与商业相互关系
美国	阿拉巴马大学（The University of Alabama）	John R. Dew	质量提升	
美国	爱荷华路德学院（Luther College Iowa）	Timothy P. Schweizer	教育	向教育工作者介绍了 TRIZ 理论发展至今的过程，并提出为了提升学生的创造性，将其运用于教育势在必行
美国	宾州州立大学（Pennsylvania State University）	Madara Ogot	工程设计、工程教育	应用 TRIZ 理论改变黑箱模型设计出 energy material-signals 模型

续表

国家	机 构	代表人物	研究领域	成 果
美国	波士顿大学 (Boston University)	Roger D. H. Warburton	项目管理	应用 TRIZ 理论在需求不确定的情境下维护供应链稳定性
美国	东斯特劳斯堡大学(East Stroudsburg University of Pennsylvania)	Faith H. Waters	教育	用用户希望使用的概念,通过教育矛盾矩阵和教育 40 原则解决在教育领域的冲突和矛盾
美国	范德宝大学 (Vanderbilt University)	Dr. Paul H. King	生物医学工程	
美国	佛罗里达亚特兰大大学 (Florida Atlantic University)	Raviv	电器工程	开发"系统化创新思维方法"(Systematic Inventive Thinking)课程
美国	卡内基·梅隆大学(Carnegie Mellon University)	James F. Antaki	生物医学工程和计算机科学	
美国	克莱顿大学 (Creighton Intellectual Resources Management)	Lee I. Fenicle	医疗器械	TRIZ 在医疗器械开发、销售中的应用
美国	密歇根州州立韦恩大学 (Wayne State University)	Eugene I. Rivin	机械工程	系统介绍了创新理论 TRIZ
美国	乔治·梅森大学(George Mason University)	Tomasz Arciszewski	视觉思维的创造性设计	跨学科的创新设计研究

续表

国家	机 构	代表人物	研究领域	成 果
美国	韦恩州立大学（Wayne State University）	Kai Yang	工业和制造工程	利用 TRIZ 和公理化设计增强稳健型设计
南非	比勒陀利亚大学（University of Pretoria）	Victor E. Ross	机制和物理力学系统属性	矛盾矩阵的分类方法实现了 TRIZ 创新原则的可视化
日本	大阪学院大学（Osaka Gakuin University）	Toru Nakagawa	TRIZ 理论研究与运用	在日本介绍 TRIZ 理论第一人，并提出 TRIZ 本质上是关于技术的新认识，将技术当作"技术系统"看待，并认为技术系统的进化就是理想度的提高过程；TRIZ 的主要作用则是解决创造性问题，它提供了一种一般化的辩证思考方式，帮助人们从问题的"最终理想解"出发逆向寻找问题的最佳现实解，并提出了消除系统中最尖锐、最根本矛盾——物理矛盾——的方法即分离原理
西班牙	巴伦西亚理工大学（Asociado Universidad Politécnica de Valencia）	Jose M. Vicente Gomila	工业工程优化	以 TRIZ 理论开发新的商业模式
新加坡	新加坡国立大学（National University of Singapore）	Tan Kay-Chuan, Chai Kah-Hin, Jun Zhang	产品与服务设计	应用 TRIZ 理论提出了服务设计的新方法
匈牙利	布达佩斯技术与经济大学（Budapesti Müszaki és Gazdaságtudományi Egyetem）	Balazs Vidovics	机械、工业/技术设计	TRIZ 被视为其项目开发过程中的核心方法论，并经常在关于 TRIZ 的国际项目中分享其经验，在学生中倡导简易 TRIZ 工具（easy TRIZ tool）

续表

国家	机 构	代表人物	研究领域	成 果
印度	塔塔基础研究院（Tata Institute of Fundamental Research Mumbai）	Department of Theoretical Physics		以 TRIZ 推动问题解决方式的创新,显示了在印度国家实验室中创新研究、解决问题和促进研发的潜力
英国	巴斯大学（the University of Bath）	Julian Vincent	机械设计	结合仿生学对 TRIZ 理论进行了方法论创新
英国	巴斯大学（the University of Bath）	Darrell MANN	机械设计	使用 TRIZ 和仿生学推动创新和问题解决,Darrell MANN 将 TRIZ 应用于飞机经济舱设计
英国	布鲁内尔大学（Brunel University）	Jones, E	生态创新	提出生态创新理论,即在开发产品设计中满足客户需求,体现商业价值,但同时能显著减少其对环境的影响,核心是生态设计和生态创新
英国	拉夫堡大学（Loughborough University）	Ming Kaan Low	生态设计	利用 TRIZ 理论实现绿色服务
英国	诺丁汉特伦特大学（Nottingham Trent University）	Roy Stratton	机械与制造工程	利用 TRIZ 确定设计中的物理冲突
英国	苏塞克斯大学（The University of Sussex）	Peter Childs	工程设计	提出了"BRIGHT"设计法
中国	东北大学	赵新军	机械工程及自动化	出版了中文 TRIZ 教材,开发了 TRIZ 软件,集成了 TRIZ、QFD、田口法,促进 TRIZ 理论在学生和工程师中的传播
中国	河北工业大学	檀润华	创新设计、概念设计、软件工程研究	应用于产品创新模糊前端（FFE）,驱动产品设计

续表

国家	机 构	代表人物	研究领域	成 果
中国	天津大学	牛占文	计算机辅助创新设计、工业设计方法学、计算机集成制造系统(CIMS)	发表国内首篇介绍 TRIZ 的论文《发明创造的科学方法论——TRIZ》
中国台湾	建国科技大学	Hsin-Sheng Lee	机械工程	利用 TRIZ 理论实现链接式光纤研磨机 (Link-Type Optical Fiber Polisher) 的创新设计
中国台湾	台湾成功大学	陈家豪 Jahau Lewis Chen	最佳设计、产品创新设计 (TRIZ 方法)、质量设计、绿色设计、仿生设计、结构最佳设计、绿色创新设计	应用 TRIZ 理论设计了高效拆卸废旧物品的系统
中国台湾	台湾成功大学	卓美珺	生态设计	从产品的生命周期理论提出一种新的生态创新设计准则
中国台湾	台湾交通大学	Ching-Huan Tseng	设计方法、工业产品设计	利用 TRIZ 设计新型自行车刹车片

8.7 发明原理案例贡献者

本书第四章第二节选用了大量发明原理的案例素材,其中大部分来自浙江大学竺可桢学院工程教育高级班 2010 级、2011 级的同学,在此向他们表示诚挚的感谢! 具体的案例贡献者如表 8.3 所示。

表 8.3 发明原理案例贡献者

编码	案例	来源
IP01	面向对象的程序设计	2010 年秋鲁春明
	火车车头与车厢	2010 年秋鲁春明
	组合家具	2010 年秋鲁春明
	伸缩门	2010 年秋鲁春明
	微纳化工	2011 年秋安亚通
IP02	分体式空调	2010 年秋赵卓然
	云计算	2011 年秋吴冲若
IP03	输煤系统水雾除尘	2010 年秋王智博
	食堂餐盘	2010 年秋王智博
	羊角锤	2010 年秋王智博
IP04	耳机线的不对称性	2010 年秋陈沛宇
	RSA 加密解法	2011 年秋吴冲若
	USB 接头防错设计	2011 年秋周贺
	零件防错设计	2011 年秋周贺
	高速弯道采取倾斜路面	2010 年秋陈沛宇
IP05	多核 CPU	2010 年秋朱巍
	玻璃加工	2010 年秋朱巍
	带橡皮的铅笔	2010 年秋王智博
	热水管和冷水管组合的水龙头	2010 年秋朱巍
	带过滤装置的泡茶杯	2011 年秋张璐
	多功能拖把	2010 年秋王世全
IP06	瑞士军刀	2010 年秋戴硕蔚、黄堃
	多功能家具	2010 年秋黄堃
	密码锁	2010 年王世全
	楼梯书柜	2011 年秋吴冲若

续表

编码	案 例	来 源
IP07	嵌套式家具	2010 年秋王世全
	组合刀具	2010 年秋丁继来
	象牙球	赵敏、胡钰著《创新的方法》，p79
	铅球轮胎	2010 年秋隋天举
	保温瓶	2011 年赵航琪
	电缆、天线及光纤	2011 年秋赵航琪
IP08	水翼船	2010 年秋寇鹏飞
IP09	钢筋混凝土浇注	2010 年秋寇鹏飞、黄堃
	悬索桥、拉索桥	2011 年秋沈珣、杨雄
IP10	产品撕拉口	2010 年秋黄堃、戴硕蔚
	人形锁	2011 年秋沈珣
IP11	防止菜刀切手的手指护具	2010 年秋许越
	安全气囊	2010 年秋许越
	消防应急照明灯	2010 年秋许越
IP12	测量塔高	2010 年秋韦晓亚
	火车掉头问题	2010 年秋韦晓亚
	山中行进沿等高线绕行	2010 年秋韦晓亚
	汽车修理部的地下修理通道	2010 年秋韦晓亚
	乳牛自动喂水器 水闸	欧肖泽、秦川、吴宇哲、陈伟坚、姚创沐、岳作功
IP13	跑步机	2011 年秋窦克勤
	自动扶梯	2011 年秋窦克勤
	车削工艺中将道具固定	欧肖泽、秦川、吴宇哲、陈伟坚、姚创沐、岳作功
	轨迹球与鼠标	2010 年秋赵前程
	反射式路灯	2010 年秋赵前程
	酒心巧克力的制作	2011 年秋窦克勤

续表

编 码	案 例	来 源
IP14	流线型在汽车、潜艇、飞行器上的应用	2010 年秋郭宇
	飞船利用离心力变轨	2010 年秋郭宇
	洗衣机	2010 年秋郭宇
IP15	奥德修斯(Odysseus)太阳能飞机	2011 年秋王思颖
	被中香炉	赵敏、胡钰著《创新的方法》,p97
	漂移板	2010 年秋陈松
	变焦镜头	2011 年秋王思颖
	活字印刷术	2010 年秋陈松
	自动铅笔	2010 年秋陈松
IP16	钢管连接生产问题	2010 年姚智
	大面积植皮方案	2010 年姚智
	侯氏制碱法	2010 年姚智
	艺术雕刻	2010 年姚智
	卫星回收	2010 年姚智
IP17	折叠式集装箱	2010 年朱疆成
	无影灯	柳泊桦、王鹏、孙琦琦、吴烁皓、赵晓沐、李思琦
	立交桥	2010 年朱疆成
	立体快巴	2010 年朱疆成
	悬挂式立体车库	2010 年朱疆成
	山地自行车牙盘与飞轮	2011 年秋王思颖
	双头手电	2011 年秋王思颖
IP18	聋者舞鞋	2010 年林瞳
	振动盘 电熔炉	2011 年秋王一楠、刘天宇、杜杉杉
	超声波清洗机	2010 年林瞳
	电子手表(压电共振)	2011 年秋杜杉杉、刘天宇、王一楠
IP19	周期性起作用的特制安眠药	2010 年秋许雯榕、王珂、齐书尧、彭枫琳、刘畅、钱之舟、梁博淼、孙艺

续表

编码	案 例	来 源
IP20	流水线作业	2010 年秋张钊
	BT 下载问题改进	2010 年秋张钊
	光刻机	2011 年秋邓柏寒
	CRT 显示屏	2010 年秋张钊
IP21	能够快速切割的伽马刀 速冻食品 牛奶高温瞬间杀菌	2010 年秋许雯榕、王珂、齐书尧、彭枫琳、刘畅、钱之舟、梁博淼、孙艺
IP22	沼气、垃圾等发电	2010 年秋许雯榕、王珂、齐书尧、彭枫琳、刘畅、钱之舟、梁博淼、孙艺
	疫苗	2011 年秋邹天旻、王业
	潜水氧气	柳泊桦、王鹏、孙琦琦、吴烁皓、赵晓沐、李思琦
	泄洪防洪水	2011 年秋邹天旻、王业
IP23	自动感应放水的抽水马桶 调节温度的锅 调节放水的水龙头	2010 年秋许雯榕、王珂、齐书尧、彭枫琳、刘畅、钱之舟、梁博淼、孙艺
	稳压芯片发明	2011 年秋王均
	啸叫现象的消除	2011 年秋王均
IP24	调制与解调 靶向药物治疗癌症 单细胞生物的囊泡	2010 年秋许雯榕、王珂、齐书尧、彭枫琳、刘畅、钱之舟、梁博淼、孙艺
	超临界萃取	谢丹、朱咪咪、陈城、曹萌、阳宇光、周义杰、林壮、宋涛
	观看 3D 影片特制的眼镜	2010 年秋许雯榕、王珂、齐书尧、彭枫琳、刘畅、钱之舟、梁博淼、孙艺
	卫星通信	2011 年秋王均、刘斌

续表

编 码	案 例	来 源
IP25	记忆材料 木马病毒、杀毒软件等 太阳能充电手机	2010 年秋许雯榕、王珂、齐书尧、彭枫琳、刘畅、钱之舟、梁博淼、孙艺
	祥云火炬的回热装置 废水供暖 运动发电	2010 年秋许雯榕　王珂齐书尧、彭枫琳、刘畅、钱之舟、梁博淼、孙艺
	运用电磁原理边骑车边充电的自行车	谢丹、朱咪咪、陈城、曹萌、阳宇光、周义杰、林壮、宋涛
IP26	谷歌街景	2010 年秋徐鸿燚、喻梦捷、曹盈秋、花昊、李晶鑫
	影子测量高度	2011 年秋陈滢
	实验室计算机模拟核爆炸(燃烧)	2010 年秋成员:徐鸿燚
IP27	医用注射器	2010 年秋喻梦捷
	载人飞船	2010 年秋喻梦捷
IP28	红外感应垃圾筒	2010 年秋曹盈秋
	用指纹、瞳孔等的扫描识别代替钥匙	2010 年秋曹盈秋
	声控开关、感应开关、红外线遥控器等	2010 年秋曹盈秋
	声控栅栏	谢丹、朱咪咪、陈城、曹萌、阳宇光、周义杰、林壮、宋涛
	触屏技术	2011 级李妍
	激光键盘	2011 级李妍
	磁场感应涡流加热	2010 年秋曹盈秋
IP29	液压千斤顶	2010 年花昊
	充气沙发	2010 年花昊
	液压或气压马达	2011 年林勇
IP30	自行车的车把套子、车垫	2010 年李晶鑫
	薄膜式电子剥离装置	2011 年毛赜析
	水上步行球	2010 年李晶鑫

续表

编码	案例	来源
IP31	空心砖	2011 年秋张芳源
	活性炭 多孔催化剂 核反应控制器	岳野、张轩朗、龚科、张弛、王欢、缪冬敏、魏筱丹、徐明泉、王昊
	电机蒸发冷却系统	2010 年赵婕
IP32	可变色军装	2010 年范静远
	感光玻璃	岳野、张轩朗、龚科、张弛、王欢、缪冬敏、魏筱丹、徐明泉、王昊
	杭州湾跨海大桥变色栏杆	2011 年张超
	验钞机 消化道钡餐 夜光增加照明度	岳野、张轩朗、龚科、张弛、王欢、缪冬敏、魏筱丹、徐明泉、王昊
IP33	金刚石钻刻钻石	2011 年秋林瞳
	蚕丝隐形眼镜	2010 年秋李永杰
	铸造工艺	2010 年秋李永杰
	锥形光纤	2011 年秋林瞳
	冰屋	2010 年秋李永杰
IP34	可消化性胶囊	2010 年秋潘安
	多级火箭	2010 年秋潘安
	自动铅笔	2010 年秋潘安
	砂轮	岳野、张轩朗、龚科、张弛、王欢、缪冬敏、魏筱丹、徐明泉、王昊
	能自愈的混凝土	2010 年潘安
	越割越快的割草机刀片	2010 年潘安
IP35	氮气(氨气)的运输	崔晓虹
	注射用冻干药剂	2010 年秋罗茜倩
	药物雾化吸入法	2010 年秋罗茜倩
	柔性电路板	2010 年秋罗茜倩
	低温麻醉	2010 年秋罗茜倩
	陶瓷烧制	2010 年秋罗茜倩

续表

编 码	案 例	来 源
IP36	储能材料	2010 年秋陈曦
	氟利昂在冰箱制冷中的应用	孙培
IP37	荧光灯泡	2010 年姚开元
	板栗剥壳	2011 年秋肖晃庆
	气体和水银温度计	严羽洁
	过盈装配	严羽洁
	晶体结构阀门	严羽洁
	热气球	严羽洁
	双金属片设计的启辉器	2010 年秋姚开元
IP38	水下呼吸器	2010 年秋姚开元
	双氧水消毒	朱琳
	氧-乙炔焰	2010 年秋易曦露
	负离子型空气过滤器	2010 年秋易曦露
	臭氧髓核消融术	2010 年秋易曦露
	臭氧压舱水处理系统	2010 年秋易曦露
IP39	惰性气体保护焊	2010 年秋余明钊
	惰性气体开葡萄酒	龚匡
	真空热水锅炉	2010 年秋余明钊
	六氟化硫绝缘	2011 年秋王思渊
IP40	电动汽车外壳	2010 年秋吕能
	PN 结	2011 年秋毛曙玭
	钢筋混凝土	孙培

8.8　本书图目录

8.9 本书表目录

8.10 参考书目及文献

[1]张武城.技术创新方法概论[M].北京:科学出版社,2009.

[2]李海军、丁雪燕.经典 TRIZ 通俗读本[M].北京:中国科学技术出版社,2009.

[3]赵敏,胡钰编.创新的方法[M].北京:当代中国出版社,2007.

[4]檀润华.TRIZ 及应用:技术创新过程与方法[M].北京:高等教育出版社,2010.

[5][白俄]尼古拉·什帕科夫斯基.进化树:技术信息分析分及新方案的产生[M].郭越红,等译.北京:中国科学技术出版社,2010.

[6]杨清亮.发明是这样诞生的:TRIZ 理论全接触[M].北京:机械工业出版社,2006.

[7][俄]根里奇·阿奇舒勒.哇……发明家诞生了:TRIZ 创造性解决问题的理论和方法[M].范怡江,黄玉霖,译.成都:西南交通大学出版社,2004.

[8]常卫华.TRIZ 理论在建筑工程中的应用[M].北京:中国科学技术出版社,2011.

[9]林岳,谭培波等.技术创新实施方法论 DAOV[M].北京:中国科学技术出版社,2009.

[10]施荣明,赵敏,孙聪.知识工程与创新[M].北京:航空工业出版社,2009.

索　引

后 记

选择 TRIZ 理论作为主要的研究方向，主要是因为 TRIZ 是当前最高效的实用性创新方法，其本质是一种系统化创新的方法，使得工程师在创新的过程中不用再依靠试错和灵感，而直接采用系统化的思维方式和结构化的工具来构建解决方案。2009 年我国正式开始创新方法试点推广工作，黑龙江、四川、浙江等九省市成为首批试点省份。因此根据实际情况开展 TRIZ 理论推广工作，探索应用 TRIZ 理论开展自主创新的规律，研究推广与应用 TRIZ 理论的有效途径、方法和策略，对有效提升企业自主创新能力，加速科技成果转化和产业化，大力推进科技与经济紧密结合，为经济社会持续快速健康发展提供强有力的科技支撑具有极其重要的意义。

正因如此，研究团队的各位成员感到责任重大。本书写作过程历时五年，数易其稿。值此图书即将出版之际，特对所有为本书编写做出贡献的同志和同学们表示衷心的感谢。参与本书编写工作的合作者有：李宇翔同学（前三章及第六章部分内容），朱颖芝同学、姚远同学、张英同学及李颜琳同学（第六章部分内容），潘鹏飞同学（第一章第二节部分内容），特别要感谢浙江大学竺可桢学院2007、2008 和 2009 级工高班全体同学（贡献了第四章部分原创案例）。同时本书在编写过程中多次得到北京市机电研究院名誉院长张武城老师、清华大学经管学院院长助理陈劲教授、浙江省科技人才教育中心陈敏主任等多名专家的建议和指点，恕不能一一列出，在此一并表示衷心的感谢。

另外，还要特别感谢本书的责任编辑李海燕老师对全书的编辑工作，感谢续设计为本书进行的装帧设计工作。

最后感谢姚思辰同学，你的微笑赐予我们力量，谨以此书作为你的周岁生日礼物！

没有各位老师、同仁以及同学们的通力合作，本书难以付梓，再次致以由衷谢意。同时由于能力和时间所限，疏漏欠妥之处难免，敬请各位专家老师及广大读者批评指正。

编著者
于求是园
2015 年 7 月

图书在版编目（CIP）数据

工程师创新手册：发明问题的系统化解决方案／姚威
等编著. —杭州：浙江大学出版社，2015.8(2018.11 重印)
　ISBN 978-7-308-14933-4

　Ⅰ.①工… Ⅱ.①姚… Ⅲ.①工程师－创造学－手册
Ⅳ.①T-29

中国版本图书馆 CIP 数据核字（2015）第 171495 号

工程师创新手册——发明问题的系统化解决方案

姚　威　朱　凌　韩　旭　编著

责任编辑	李海燕
封面设计	续设计
出版发行	浙江大学出版社
	（杭州市天目山路 148 号　邮政编码 310007）
	（网址：http://www.zjupress.com)
排　　版	杭州中大图文设计有限公司
印　　刷	虎彩印艺股份有限公司
开　　本	710mm×1000mm　1/16
印　　张	22.25
字　　数	412 千
版 印 次	2015 年 8 月第 1 版　2018 年 11 月第 3 次印刷
书　　号	ISBN 978-7-308-14933-4
定　　价	62.00 元